NF文庫
ノンフィクション

# 巨大艦船物語

## 船の大きさで歴史はかわるのか

大内建二

潮書房光人新社

# まえがき

現代の世界貿易は極めて効率的にシステム化された輸送体制の中で行なわれている。大量に生産された製品や半製品は大きな海上コンテナーに積み込まれ、工場から港に運ばれ、コンテナー専用船に積み込まれ目的地の他国へ向かう。コンテナーで到着した製品や半製品は直ちに組み立て工場や販売業者の手に渡り、あるいは加工されて消費者の手に届くのである。世界中の製造工場と販売機構は直結した中にあり、大量の製・商品が世界中で効率よくしかも短期間で販売され、消費者の手に入る時代になってしまっている。

このような至便の機能を確立したのは海上コンテナーによる輸送形態の発想が、それを専用に運ぶ船と結びついたからである。この便利なシステムはたちまち世界の貿易環境を激変させたのだ。そしてそれを可能にしたのが巨大コンテナー専用船の驚異的な開発であった。一隻一万総トン前後の船で数百個のコンテナーを運ぶことから始まったこの輸送システムは、今や数十万総トンの専用船で一度に二万個に近いコンテナーを運ぶ時代に突入しているのである。世界経済が日進月歩の発展を告げていることを象徴するものなのである。

この輸送機能の巨大化は海上コンテナー輸送ばかりではない。第二次世界大戦後から急激な需要の伸びを示した石油も、その輸送手段に隔世の進化があったからこそ可能であったのである。戦争直後の世界のオイルタンカーの、一隻当たりの石油積載量はせいぜい二万トンが限度であった。それが数年ごとに規模が拡大し、四万トン積載を可能にし、さらに二〇万トン台に達するとそれもたちまち凌駕する。今や一隻で五〇万トンもの石油を運ぶオイルタンカーが出現しているのである。現代のオイルタンカーこそ巨大船の発展の極致といえよう。

いったん巨大な船の建造が可能とわかると、その範囲は広がる一方である。かつて八万総トンの客船が出現し世界を驚愕させたが、現在では二〇万総トンを超える客船が現われているのである。その姿はまるで超高層マンションを横倒ししたよりも大きいと表現できよう。この船に搭載される救命艇の規模は、五〇〇年前の大航海時代に探検家たちが使ったキャラベル船よりも大型なのである。この巨大マンション型客船はこのキャラベル船規模の救命艇を一〇隻以上も搭載しているのだ。数十年前には考えられなかった船の巨大化である。

船の巨大化はひとえに船を造る材料の進化とそれを駆使する設計技術の発達、そしてその巨大化する船を推進する装置の発達があってこそ可能なのである。

艦艇の世界においては、巨大化の競争の始まりは敵に勝利するために、より強力な砲をより多く搭載すること、から始まっているのである。より口径の大きな砲をより多く搭載するためには、必然的に船体を大型化しなければならない。さらに敵の攻撃に対し強靭な船体を構築するには船体はまた大型にならざるを得ないのだ。砲搭載艦はより大型の装甲艦に発展しさらに戦艦へと行き着いた。

しかし、突然に現われた航空機は巨大化する戦艦を打ち負かす能力を持っていることを証明したのだ。戦艦の巨大化はまったく無意味なものとなり、戦艦は消え去った。残された巨大艦艇は航空母艦である。今後航空母艦がどれほど巨大化するかは予測不能である。オイルタンカーやコンテナー船、そして航空母艦は今後さらに大型化が進む種類の船に違いない。

本書は船の巨大化の過程を簡潔に解説したものである。本書を一読し巨大化してきた各種船舶の歴史をご理解いただければ幸甚であります。

巨大艦船物語——目次

# 巨大艦船物語

船の大きさで歴史はかわるのか

# 第一章　古代・中世の船

人類が水の上を移動しようとする思いとその手段を考えつくまでには、さほどの時間はかからなかったものと想像される。つまり数十万年から数百万年前には、すでに人類は水上を移動していたのではないだろうか。そして移動するときにその媒体に物を載せて運ぶこともたちまち考えついたであろう。

人間や物を載せて水上を移動する媒体を作ろうとしたとき、人は何によってそれらを作ろうとしたのであろうか。その媒体をしめす最古の記録が紀元前四〇〇〇年頃の古代エジプトの出土品に示されている。

岩盤や粘土に刻まれた当時の出土レリーフの中には、明らかに船と思われる姿を確認できるものがある。その形状や当時の出土した周辺の植生から導き出される答えは、ナイル川流域の湿地帯に無数に生育していたパピルスなどの植物の茎を束ね、これの集合体で舟らしきものを造り上げたらしい、ということである。ただこの仮称「パピルスの船」がどのくらいの重さの物を載せることができたかは不明である。

しかし以来約六〇〇〇年を経た現在でも、この「パピルスの船」とほとんど変わらない造りの船を実際に使っているところがあるのだ。

南米ペルーの高地にあるチチカカ湖周辺に住む住民は、そこに繁茂する葦などの植物を束ねて舟を造り、漁に使い、あるいは何人もの人や多くの荷物を載せて移動手段として使っているのである。

時代が下り紀元前二八〇〇年頃の古代エジプトの王であるクフ王は、かなり大型の舟を造り、何らかの行事に使ったらしいのである。その舟が現実に彼の墓の副葬品から発見されているのである。この船の全長は二二メートル、全幅は二・八メートルもあり、想像外の大きさの舟なのである。しかもその材料は炭素分析の結果、木材で、しかもその材質がレバノン杉であることも判明しているのである。この事実は船の歴史の上では衝撃的な出来事なのである。

レバノン杉は現在のシリアやレバノン地方、そして南部トルコ方面に豊富に繁茂していたヒマラヤスギの仲間で、巨木になることで知られている。これらの木材が今から四八〇〇年も前にどのようにしてエジプトまで運ばれたのか、さらにどのようにして巨木から舟材の板を造り出したのか、いまだに詳細が解明できていない事象なのである。少なくとも頑丈な木材を使って舟を作る技術が、今から約五〇〇〇年前には完成していたことになるのである。

じつはレバノンの地には早くからフェニキア人が居住しており、彼らは都市国家を造り近隣の地域との交易を展開していたのだ。彼らの主要な商材はまさにレバノン杉で、これを古代ギリシャや古代エジプトなどの近隣国に輸出していたのだ。また彼らはこの「交易」の媒体に独自に船を造りこれら商材を運んでいたのであった。彼らは早い時期に海洋を航行する船を建造する技術を習得していたのであった。この技術がエジプトにも伝わっていたことが容易に想像されるのである。

じつはこの造船技術がエジプトに伝えられていたらしいと思われる証拠が発見されているのである。紀元前一五〇〇年頃の古代エジプトのハトシェプスト女王時代の状況を記録したレリーフが、エジプトのデル・エル・バハリ渓谷で発掘された神殿で発見されたのである。

この壁画には大型の船が描かれているが、この船の現実の姿は推定で全長二五メートル、全幅六メートルという規模の船で、船体の中央には大型のマストが配置され、一枚の大面積の帆が張られているのが分かるのだ。さらに片舷には一五本の櫂が描かれ、それぞれの櫂を一人の人物が操っているのである。

この船の正体は、ハトシェプスト女王の命により建造されたもので、プント（アフリカ大陸北東部の地域の名称、現在のソマリア周辺）からアラビア半島沿岸からペルシャ湾にかけての航海を行ない、様々な交易を展開するのに使っていたものと推定されているのである。

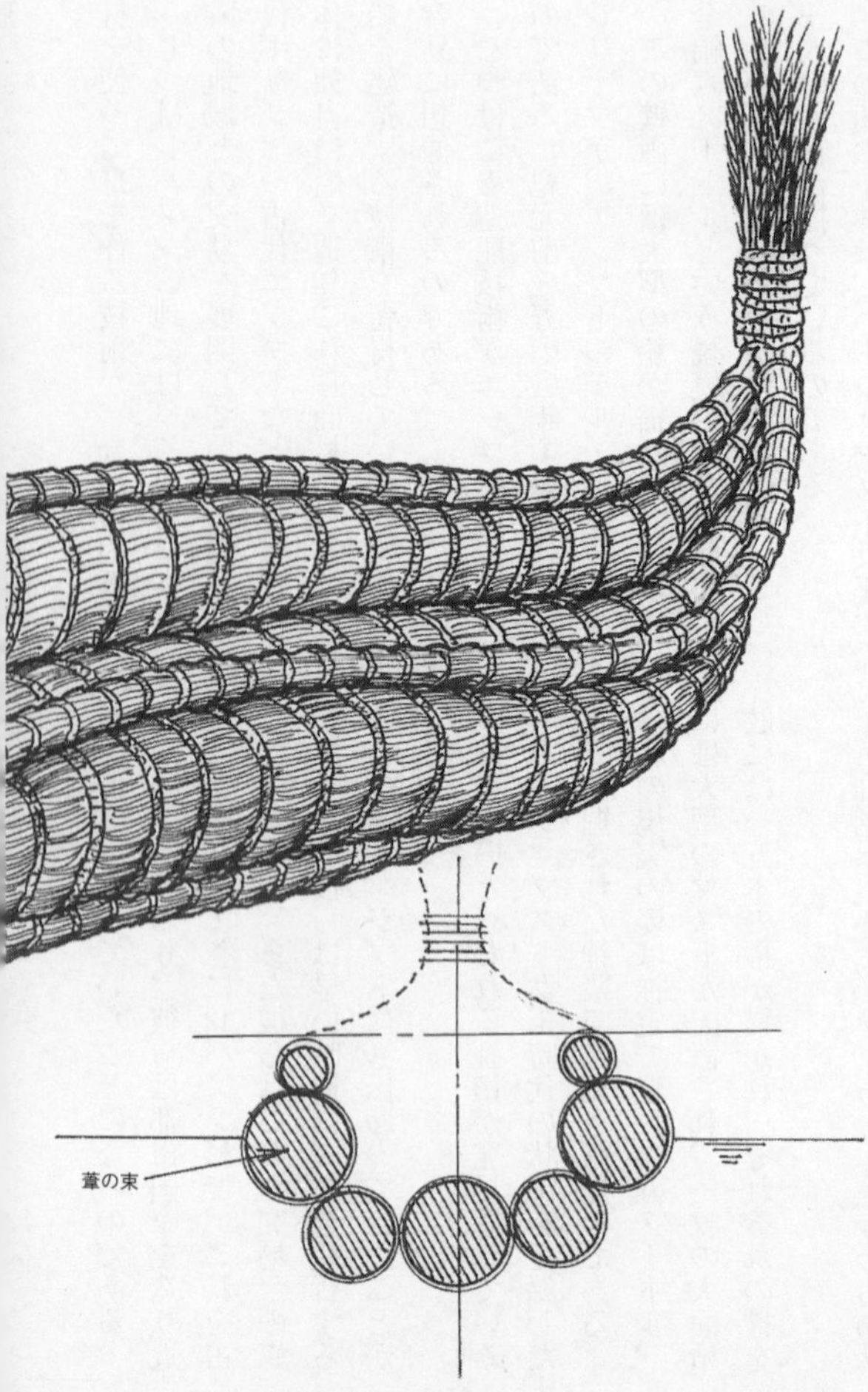
葦の束

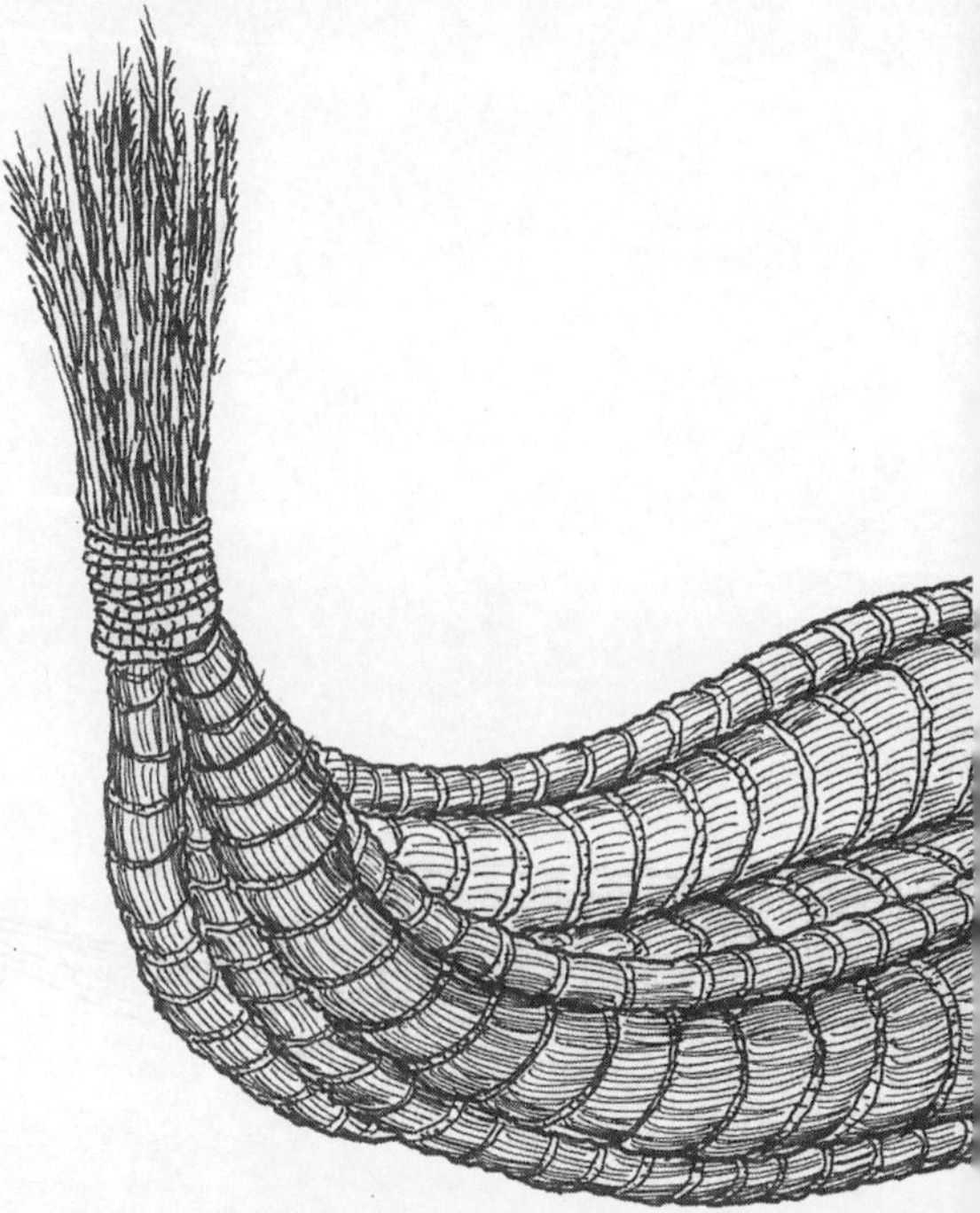

第１図　チチカカ湖の葦の船

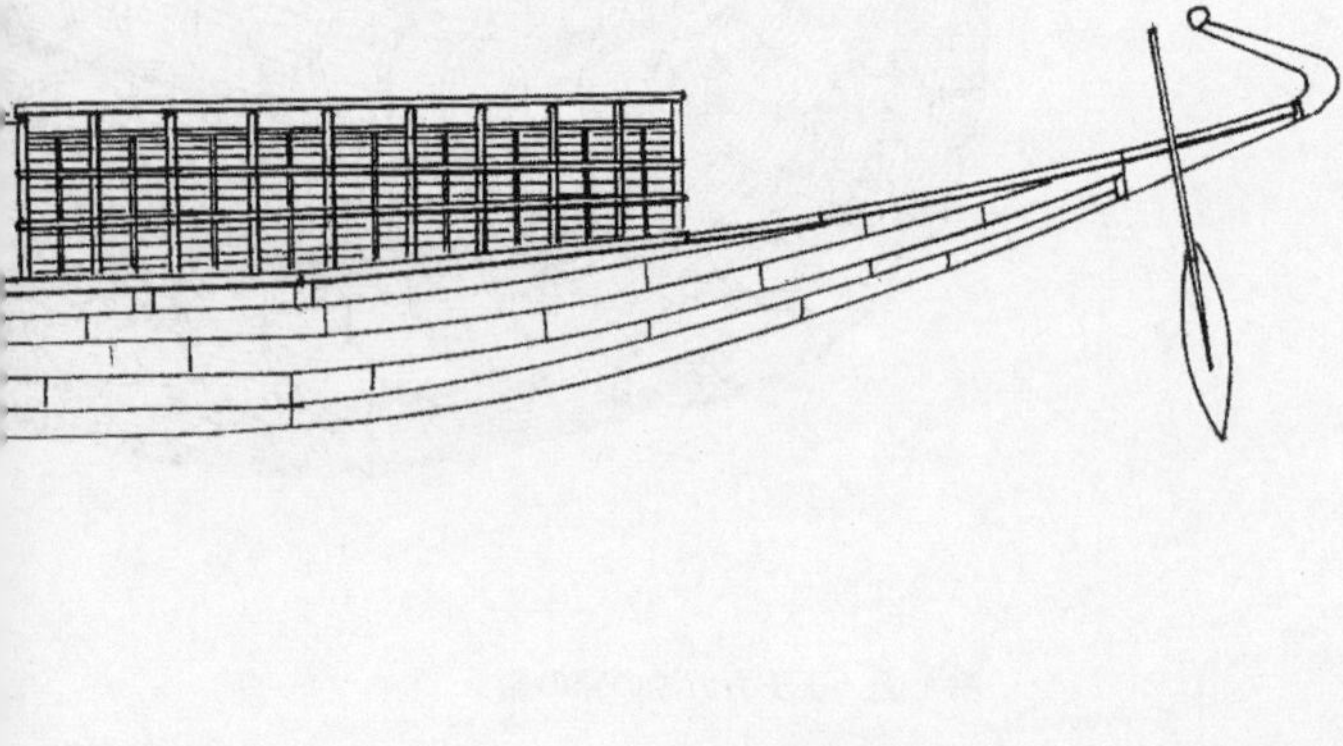

第２図　クフ王の舟

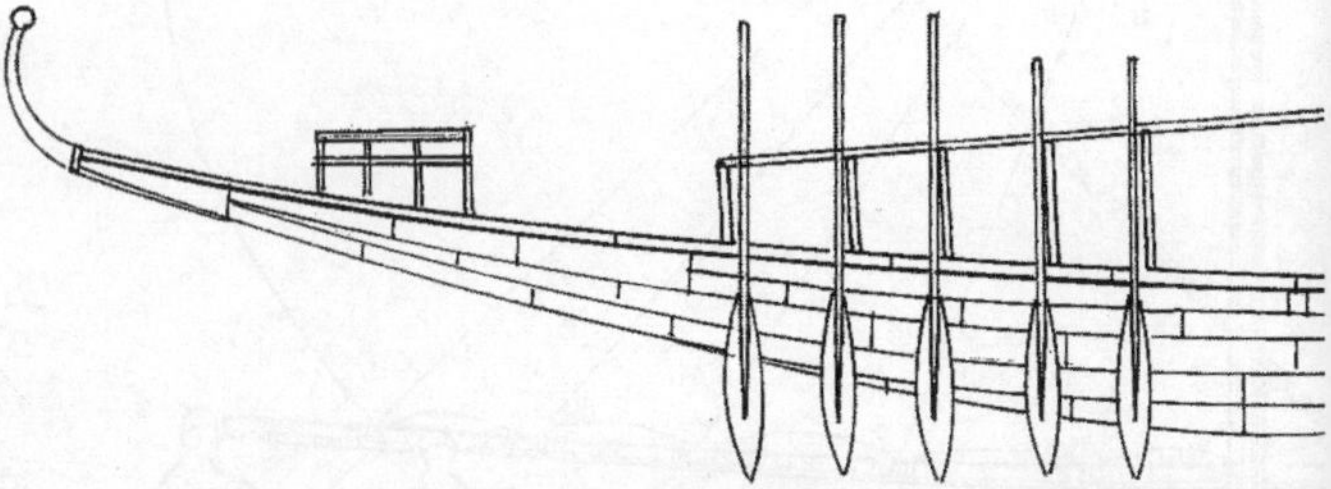

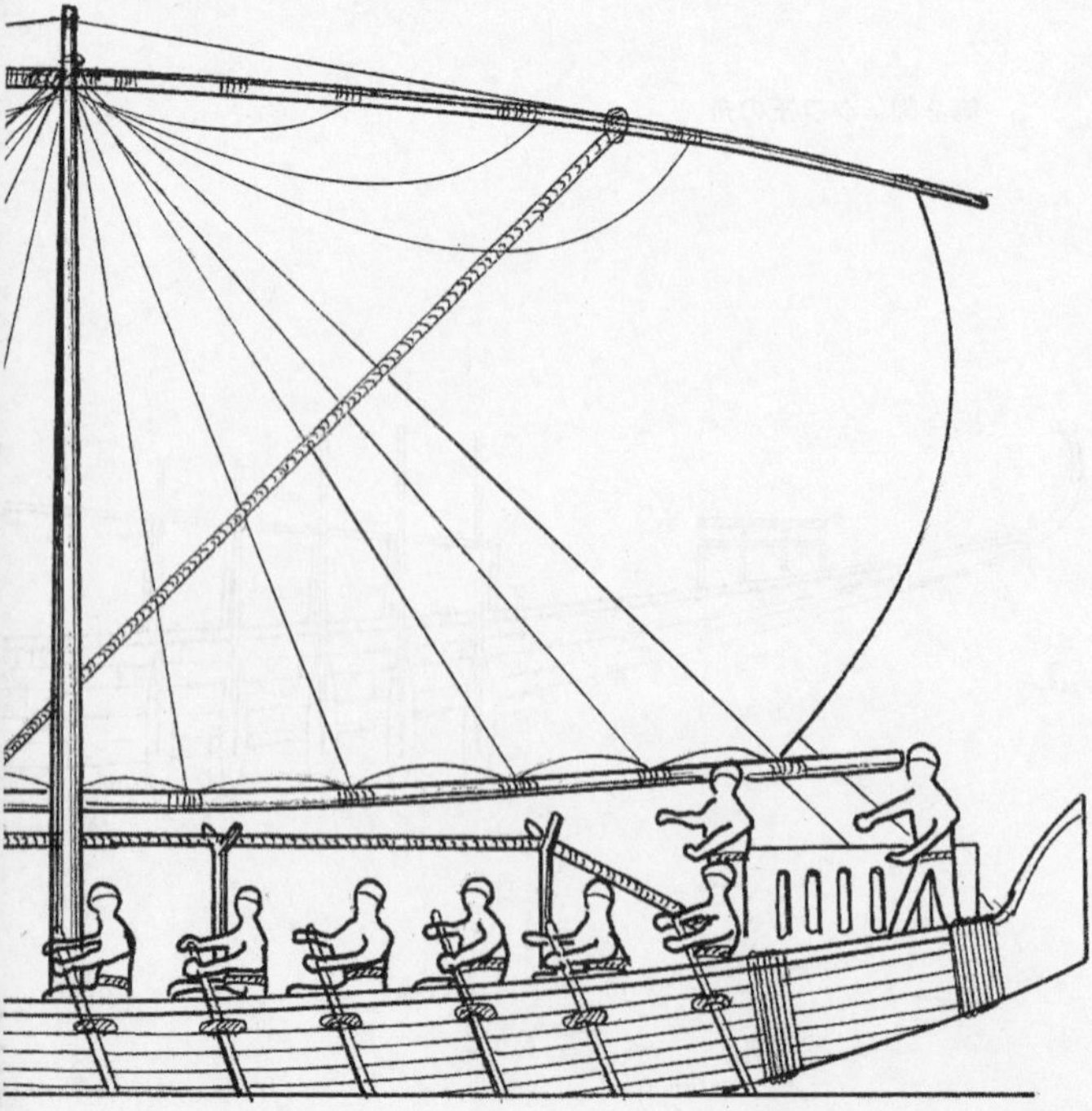

第３図　ハトシェプスト女王時代の航洋船

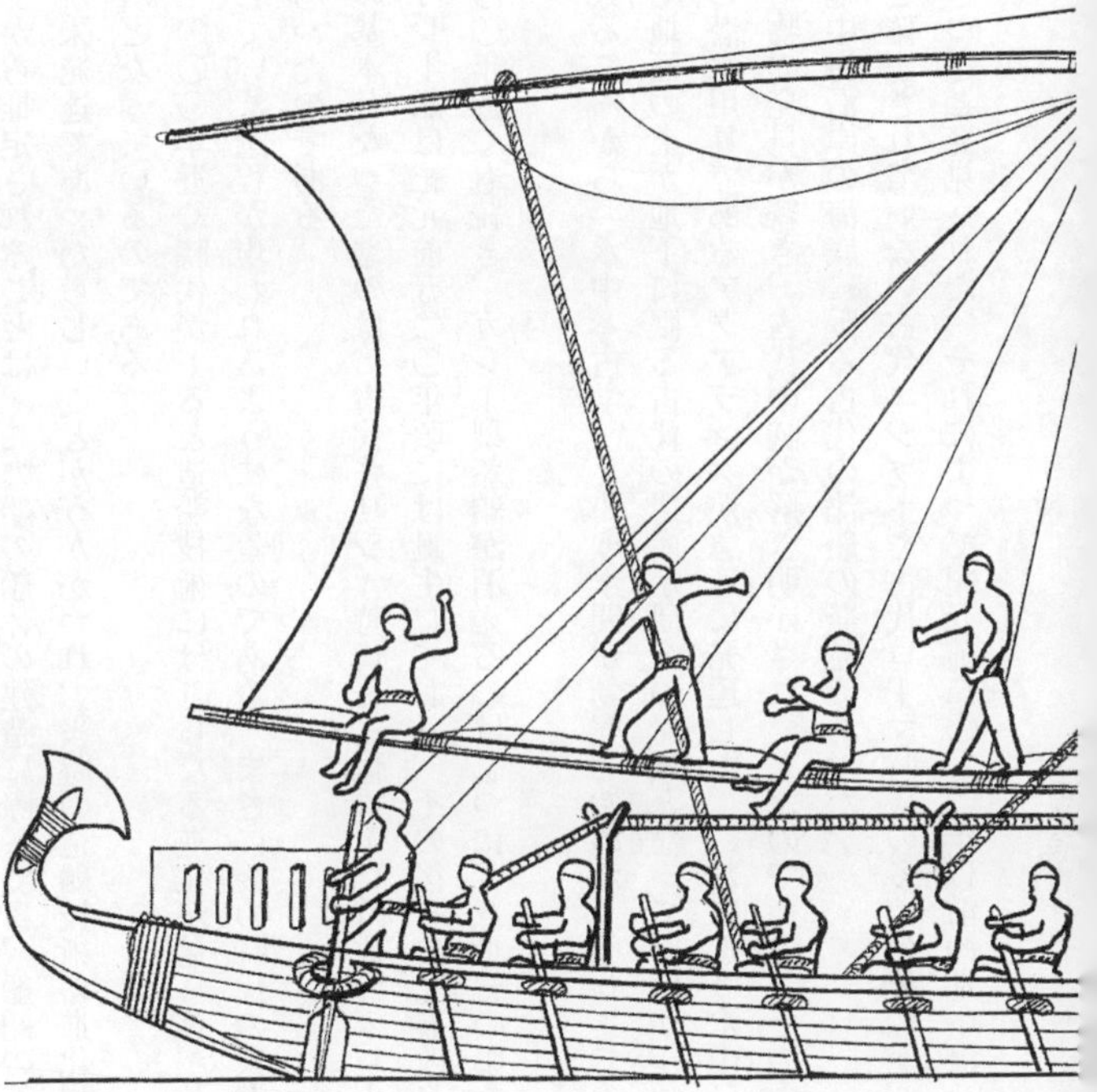

ただこのレリーフから推定されることは、この船の船体の建造に際しては、船舶の基本構造である竜骨構造が未発達であったらしいことがうかがわれ、当時の造船技術の進化程度を推測する格好の資料となっているのである。

そしてこれから一〇〇〇年近く時代が下ると造船技術にはさらなる進化が見られ、しだいに船が大型に発展していく過程が現われるようになるのである。まさに後の時代の大型船誕生の揺籃の時代であったのである。

後の大型船誕生の基本となったものは、古代ギリシャ時代と古代ローマ時代のガレー船であったのである。ガレー船は紀元前五〇〇年頃には誕生しており、その後その発展改良型の時代が延々と二〇〇〇年近くも続き、ガレー型船舶が消えるのはじつに十八世紀の頃なのである。

一九六〇年代に入るころから「水中考古学」という学問が勃興し始めた。それまでの考古学はすべてが地上で地面の上か地下に眠る古代の遺産が研究の対象となっていたが、一九六〇年頃から簡易式の潜水用具であるアクアラングが急速に発達した。これにより水中に眠るさまざまな古代の遺物の発見が続き、古代の謎が解き明かされてきたのである。その中でも注目されたのが、地中海沿岸の海底に眠る古代の沈船の発見であった。

地上ではほとんど確認されていない古代エジプトや古代ローマ時代の多くの沈船が、その積み荷とともにつぎつぎと発見された。それによって紀元前二〇〇〇年以前の地中海を中心とする国家の海上貿易の実態が明らかにされ、さらに沈船の調査からこれらの時代の船の構造などもかなり詳細にわかってきたのである。

これらの発見の中でもとくに注目されたのが、ギリシャのドコス島沿岸の水深二五メートルの海底で発見された通称「ドコスの船（Dokos's Ship）」である。この船は回収された船材の木片の炭素分析の結果から、船材はレバノン杉で紀元前二二〇〇年の船と判定されたのであった。この沈船の積み荷は大量のアンフォラ（酒や油を蓄える陶器製の大型の容器）で、海難により沈没したものと推定されたのである。この船の全長は欠損部を併せ推定すると二〇メートルを超えていたものと考えられており、すでに竜骨の原型と思われる構造が採用されていることも判明したのである。この船はガレー型船であったと推定されており、その規模は排水量一〇〇トン以上はあったものと考えられているのである。

（注）ガレー船とは、紀元前二〇〇〇年以前に誕生したと思われる船で、沿岸から近海区域の航海を行なった、多数の櫂と帆を推進力とする特異な形状の木造船である。戦闘用と交易用に地中海東部方面を中心に発展を続けた船で、とくに櫂による推進力に重点が置かれ、櫂を二段式や三段式に配置し、大型の船では櫂の数は片舷で四〇〜六〇本に達し、一本の櫂を三〜五名で操作する船まで現われた。

古代ギリシャ時代やローマ時代では戦闘時の操船の容易さからガレー船は軍船として

多用された。ガレー船の典型は古代ギリシャ時代の有名なサラミスの海戦（紀元前四八〇年）に見られ、このときのギリシャの最大のガレー船は全長三六メートル、全幅六メートル、櫂の数一五〇本という巨大船が出現していたことが記録に残されているのである。

ガレー式軍船の最大の特徴は、船首水面下を異常なまでに前方に突出させていることである。これは海上戦闘の主体は敵の船（同じガレー船）の舷側に船体を激突させ、この突出部で敵側の船体を破壊し沈没させることが目的である。そしてさらに激突させた敵船に武装兵士を送り込み、槍や刀で乱闘を展開し敵を撃滅するのが当時の海戦の戦法だったのである。

一連の海底調査の結果で発見された古代の沈船の中でも最大の船は、紀元前二四〇年と推定される巨大な木造ガレー船である。この船は実測全長三四メートル、全幅五メートルの大型船で、排水量は三〇〇トンを超えているものと考えられているのである。本船はカルタゴの軍船と推定されている。

その後発見された紀元前六〇年頃の沈船の中にも、推定排水量三〇〇トン前後の船が多数見つかっており、今から二〇〇〇年前頃の古代ギリシャやローマ時代には、当時としては「巨船」というにふさわしい大型木造船が、かなりの数が建造されていたことがわかるのである。

古代ギリシャ時代や古代ローマ時代の船の材料の主体はレバノン杉であったが、大量の船の建造のために伐採可能なレバノン杉はしだいに枯渇を来し、船材にはイタリア周辺に繁茂する松材が使われ始めている。

ヨーロッパが中世に移行してゆく段階で船の世界にも変化が表われていた。北欧地方で造られて発達していたコグ船が地中海方面にも出現し始めたのである。コグ船は西暦九〇〇年代にバルト海方面で完成され、北欧を中心とする貿易に盛んに使われた頑丈な構造の一本帆柱の船である。そして頑丈な構造が地中海方面でも受け入れられ、ガレー船とともに隆盛の時代を迎えた。

しかしガレー船と同様に大西洋などの外洋での航海には不適と判断され、より実用的でしかも大型の帆船が勃興するようになったのである。キャラック型帆船やキャラベル型帆船の登場である。この航洋性に優れた帆船はヨーロッパ全域で急速に発達し、大航海時代と合わせ西洋型大型帆船の時代が到来したのであった。しかし木材を使う造船技術には限度があり、その規模もせいぜい排水量二〇〇～三〇〇トン程度であった。

一方アジアでも船の大型化は進んでいた。それらの中心は中国が建造していたジャンク型帆船が主体で、やはり造船技術と船材の調達などから大型船の建造には限界があった。

西暦六〇〇年から八〇〇年代にかけて日本は合計一六回の遣唐使を中国に派遣したが、こ

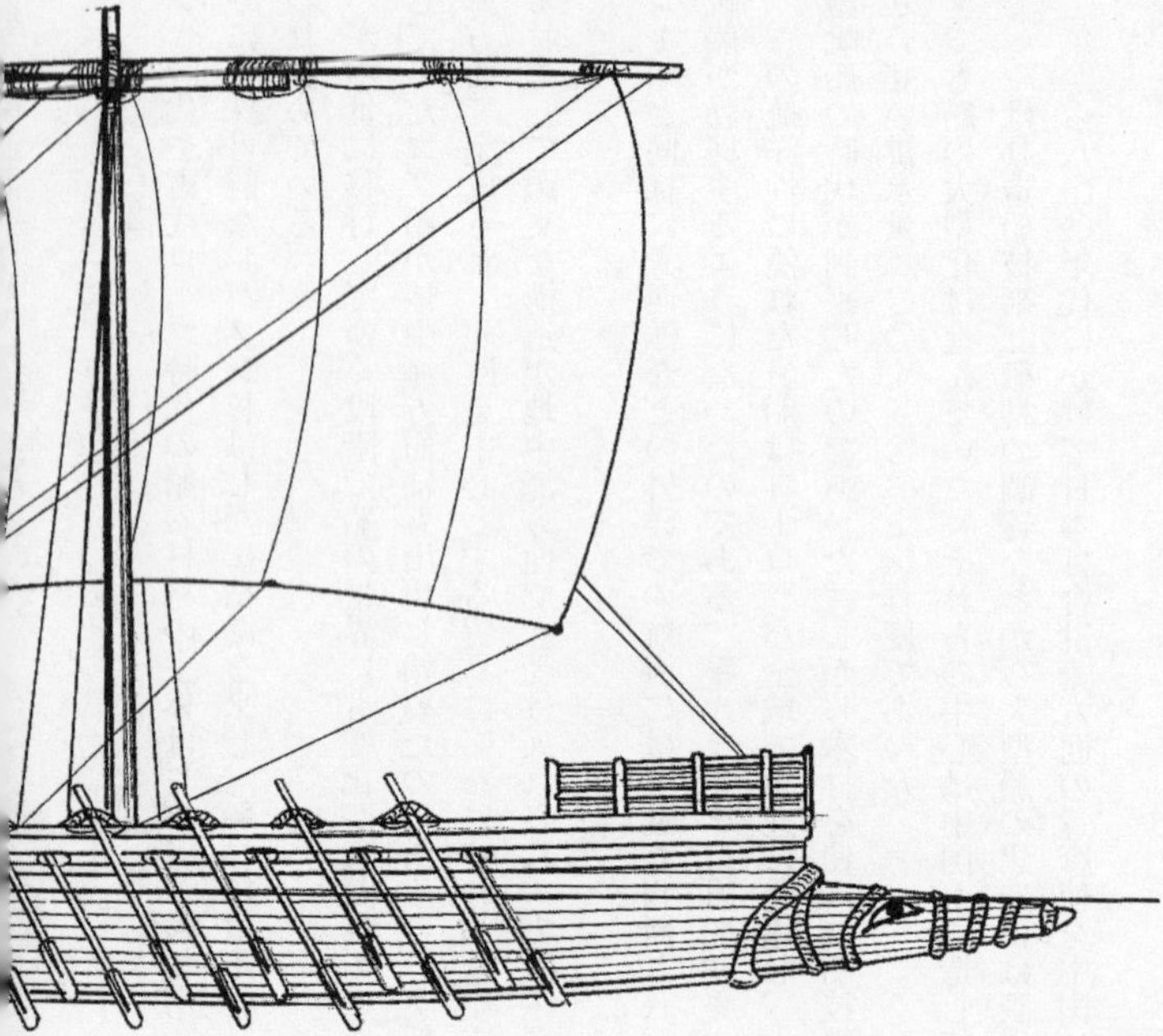

第４図　初期のガレー船

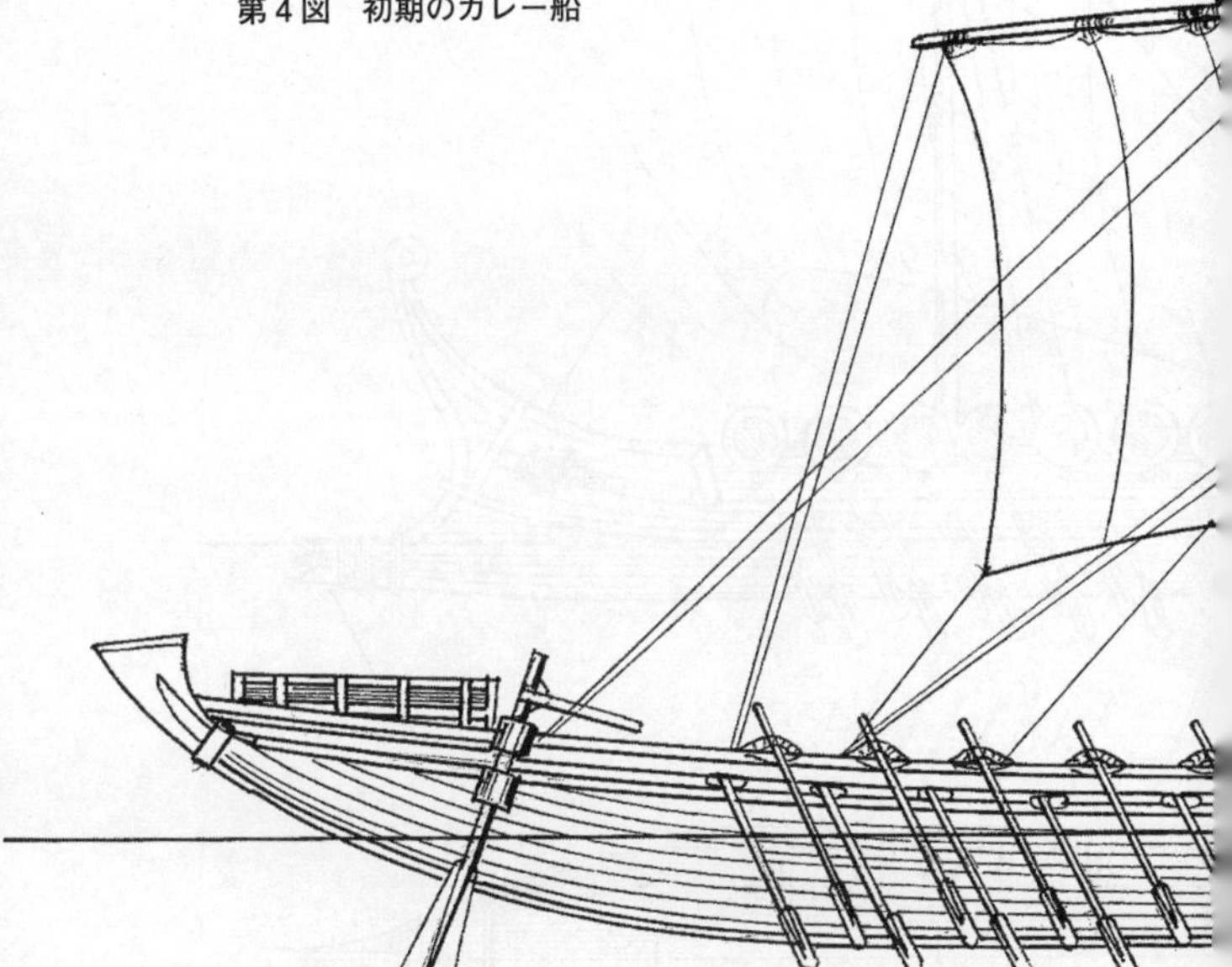

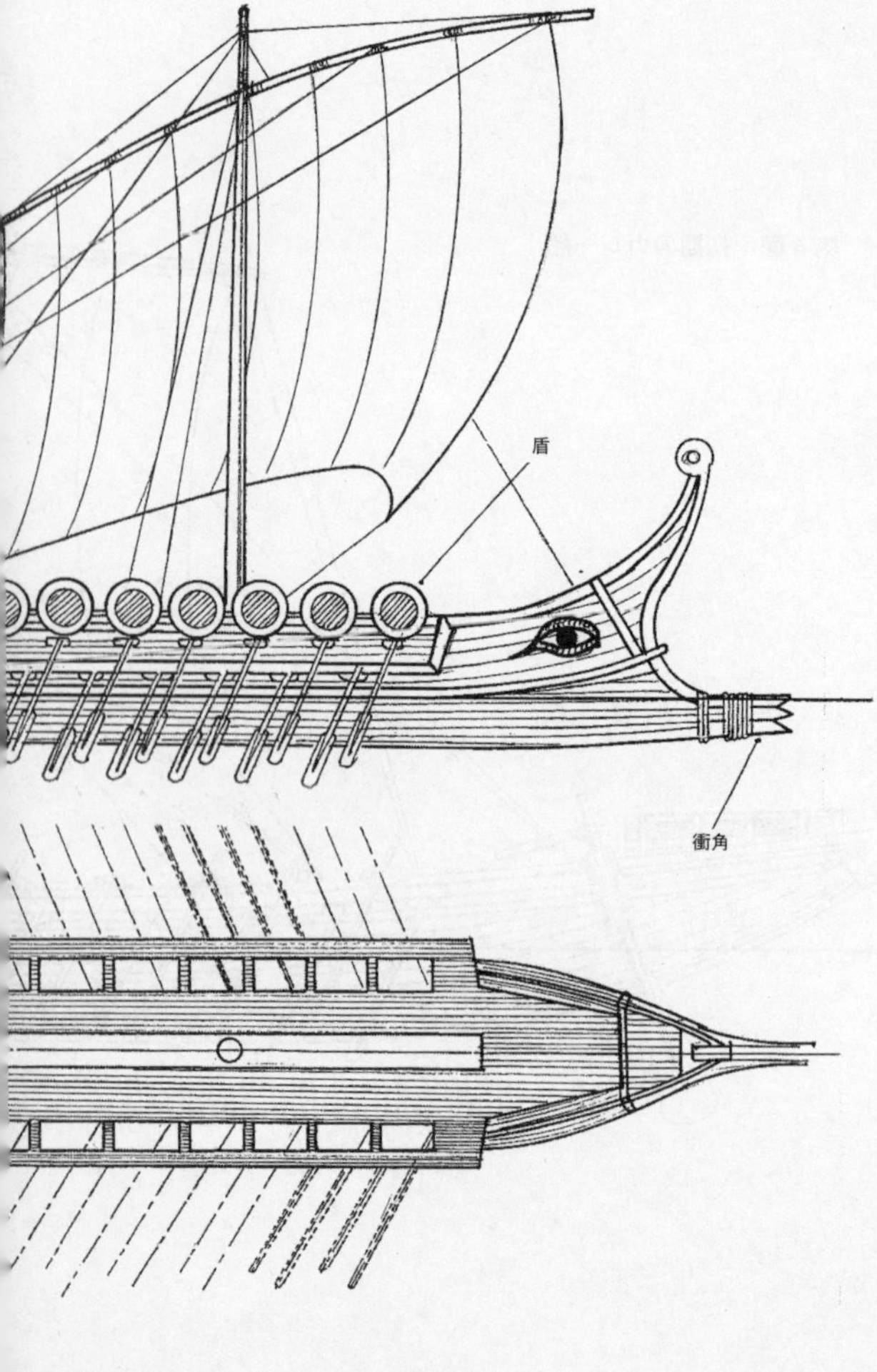
盾
衝角

第５図　ギリシャ時代の初期のガレー船

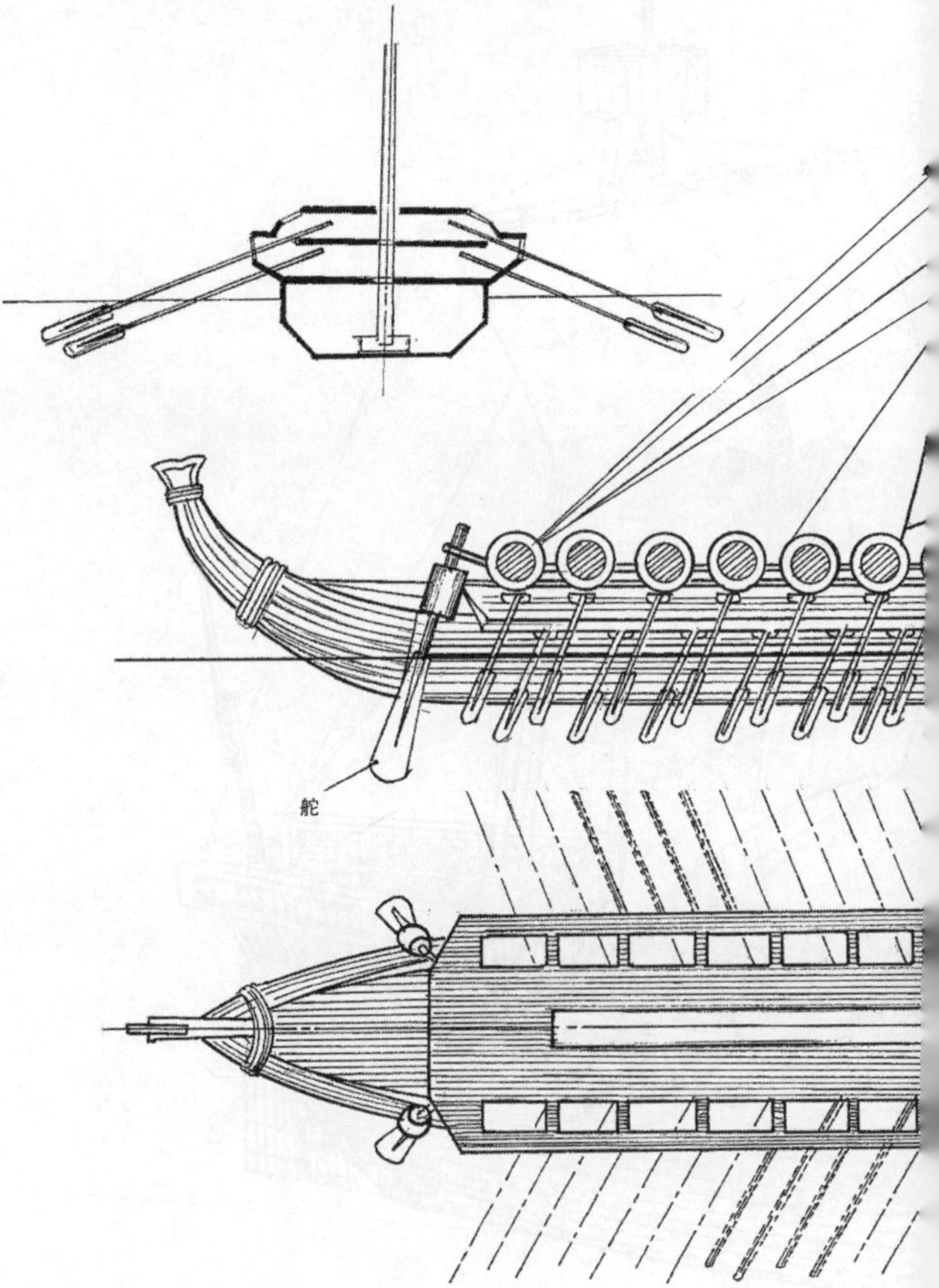

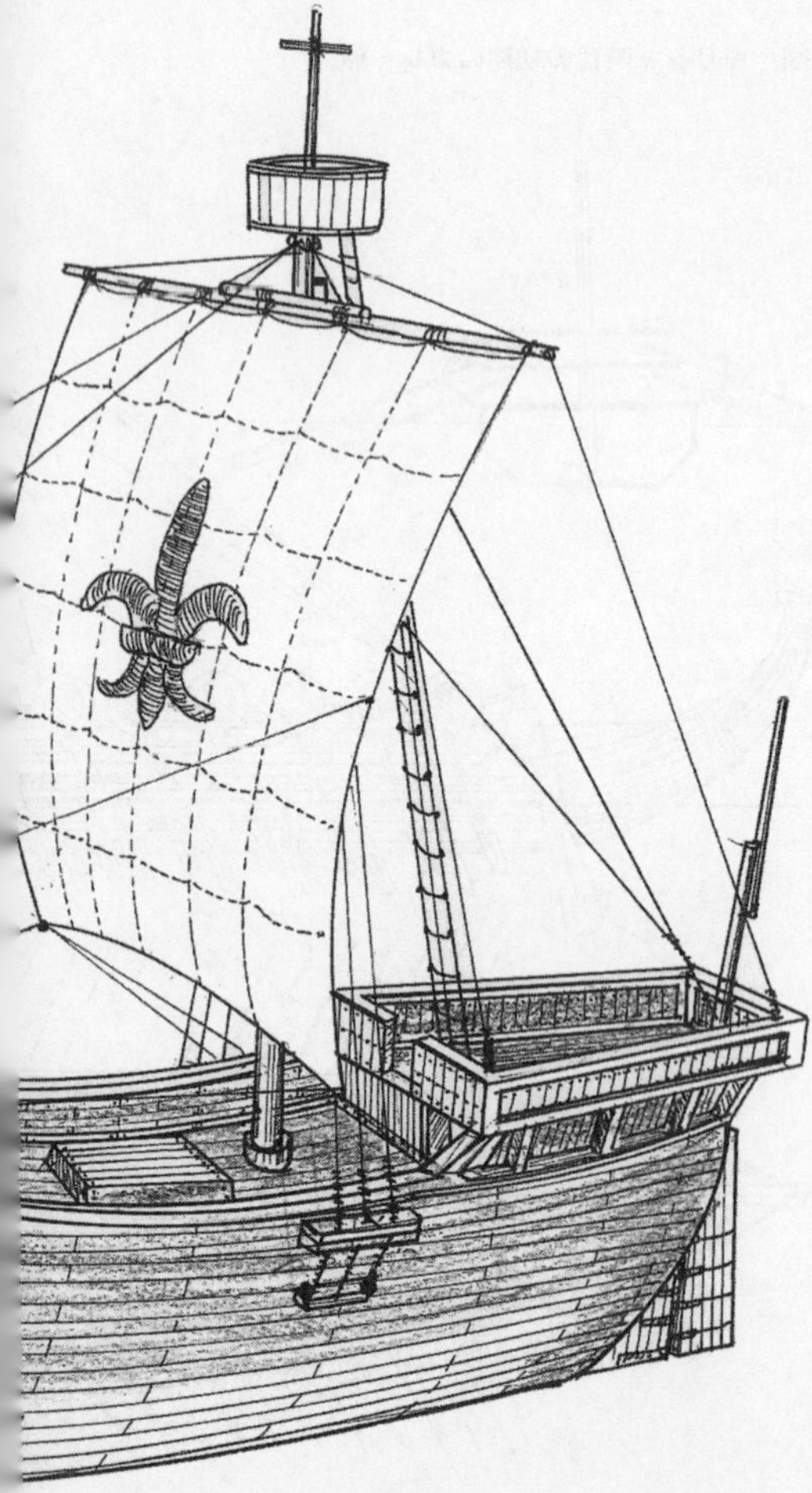

第6図　バルト海のコグ船

第７図　遣唐使船

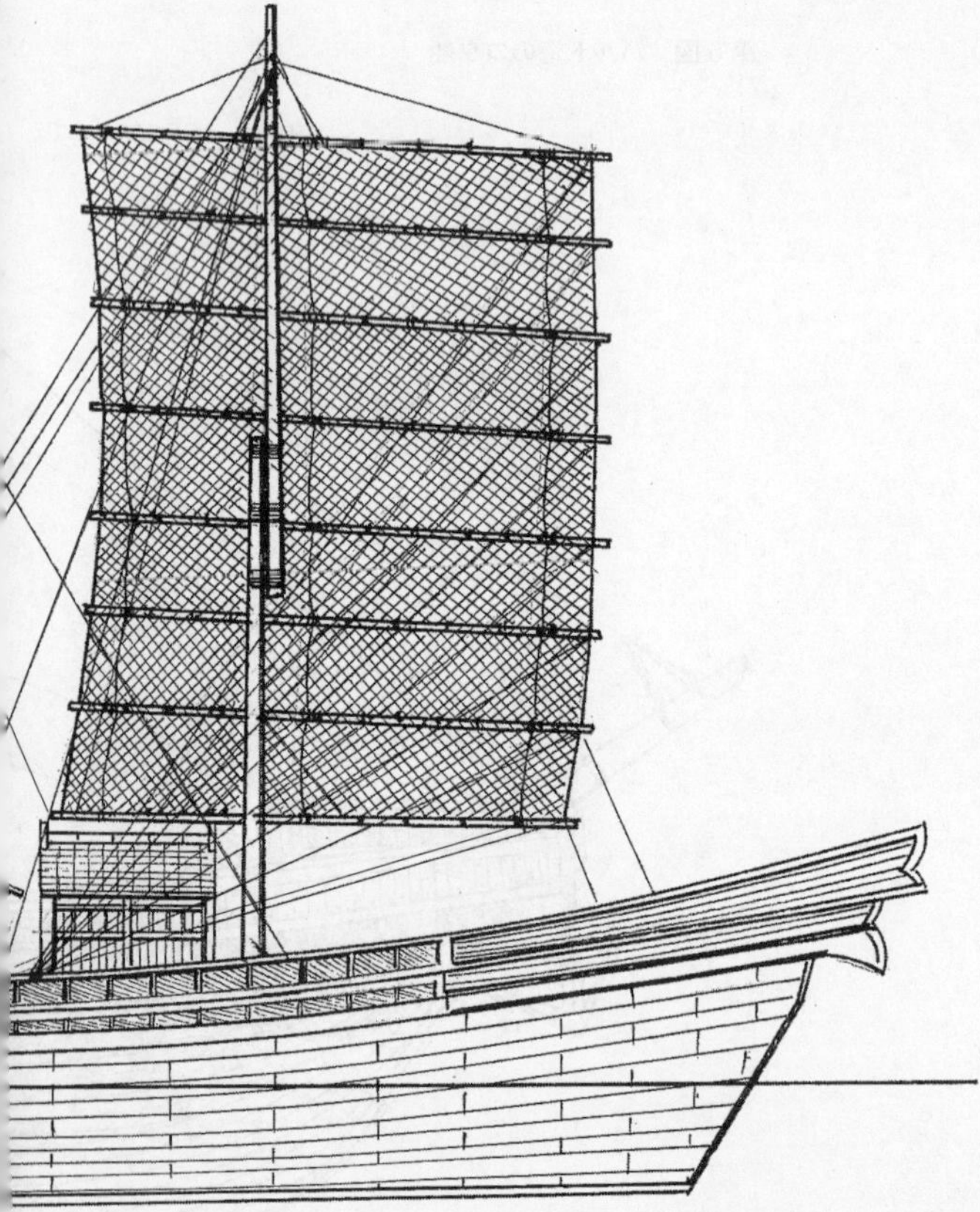

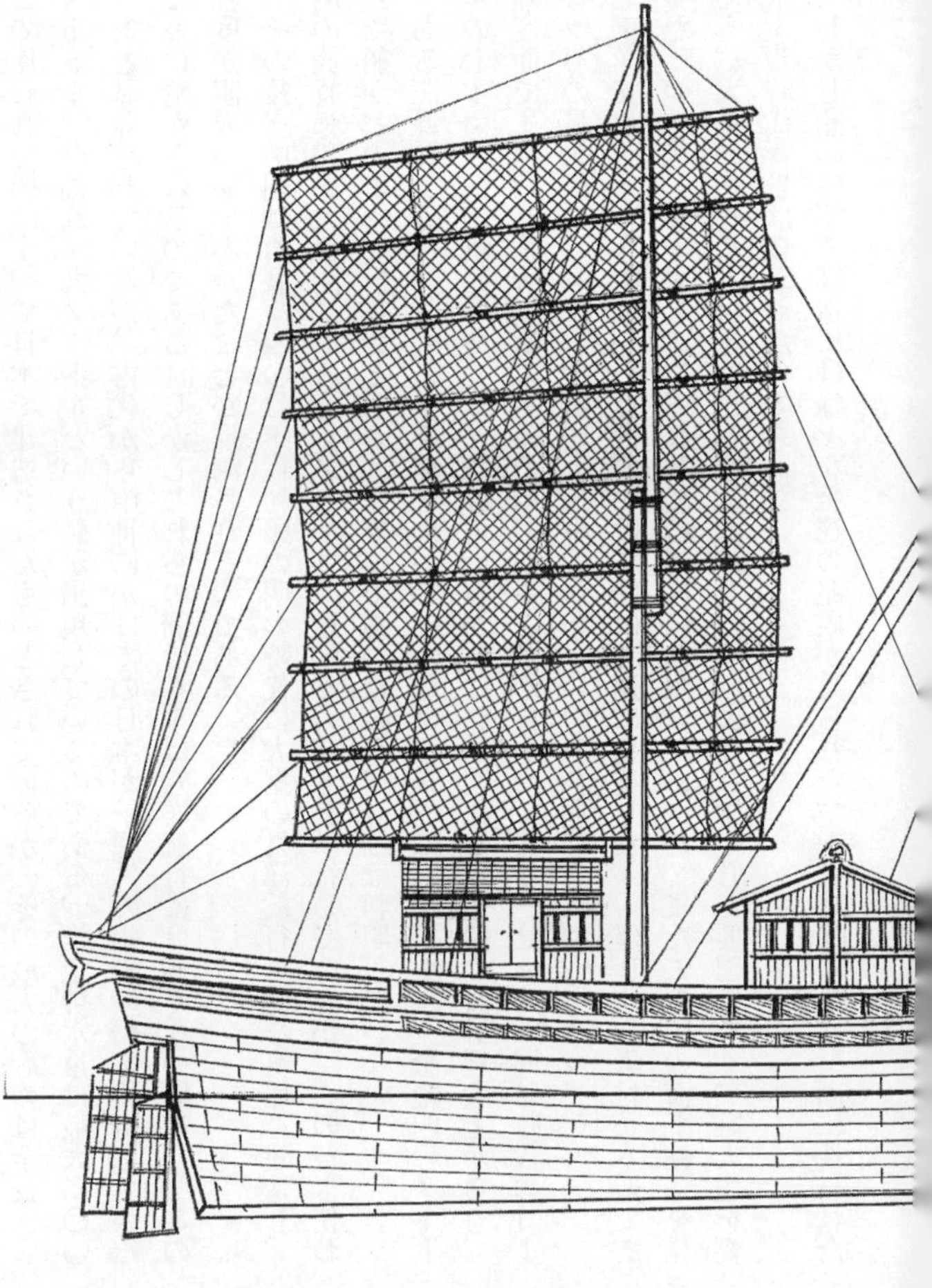

こで使われた船はすべて日本で建造されたものとされているが、その最大のものは全長三〇メートル、全幅八~九メートルという船が出現しているのである、推定排水量は最大二〇〇トンと試算されているが、古代から中世にかけての日本が予想外の規模の船を建造していたことに驚かされるのである。しかしこれらの船は本来は外洋航行には適さない構造で、この程度が限界の船であったことが推測されるのである。

その後、中国は西暦一四〇〇年代初頭の明の時代に大型の外洋航行可能な帆船を建造し、明の武将鄭和が大船団による遠くアフリカに達する大航海を挙行しているが、このとき使われた船がどのような構造でどのような規模であったのか、詳細は判明していない。

ある記録によると、このとき鄭和が乗っていた船は全長一二〇メートル、全幅四〇メートルの七本マストの帆船であったとされているが、これは現代の木造船の設計理論上からも、強度面でまったく荒唐無稽の規模の船であることが分かっており、せいぜい同じ時代のヨーロッパの最大級のガレオン型帆船（後出）程度であったと推測されるのである。

東洋でも西洋でも中世から近世にかけて船は急速に発達したが、建造する素材が木造であったこの時代、おのずと建造される船の規模には限界があった。またこの頃の海上輸送を見ても、大量の物資や人員を輸送しなければならないような切迫した要因はなく、巨大船を要求する時代背景はなかったのであった。

しかし船の外観や構造には様々な発達の兆候が見られた。中世時代の最も堅固に造られたコグ船も大型化してゆく兆しは見られた。その中でも最大級のコグ船は、一二八〇年にスペインが建造したヌエストラ・セニョーラがある。最大級とはいいながら本船の排水量は一九六トン、全長二九・四メートル、全幅四・六メートルの二本マストの船で、船首のマストは一枚の横帆が張られ、船尾側のメインマストには当時の地中海方面で多用された三角帆（ラティーンセール）が張られていた。

本船は商船であるが、当時地中海方面で跳梁していたバーバリ海賊（アフリカ北部沿岸を拠点とする海賊）に対抗するために、一〇〇名前後の兵士（船主が調達する徴用兵士）が乗船していた。

このコグ船はその後二〇〇年の間に航洋性能を高めるために船体を大型化し強度を高め、推進力となる帆走力の向上のためにマストを増やし、多くの帆を張る形式へ変化し、船体強度を増したキャラベル船とキャラック船へと進化してゆくのである。

ヨーロッパで大航海時代に突入した一五〇〇年代の、歴史に残る著名な探検家たちが乗り込んだ船はどのような規模の船であったか、興味がわくところである。一四九二年にコロンブスが大西洋を西インド諸島まで航海したときのサンタマリアは、排水量わずか五一トンのキャラック型帆船であった。全長二三・六メートル、全幅七・九メートルの船体は、新幹線車輌が二両並んだのと同じくらいの大きさであったのだ。

また一五一九年に世界一周の探検に旅立ったマゼランが乗り込んだ船も、三本マストのキャラック型帆船で、排水量八五トン、全長二八メートル、全幅八・五メートルの規模であった。日本の近海マグロ釣り漁船程度の大きさであったのだ。あまりの小型に驚かされるのである。

一五〇〇年にオランダに当時最大級のキャラック船が出現した。セイラギエンである。本船は全長三九・六メートル、全幅五・八メートル、排水量五二七トンという三本マストの船であった。本船は当時の船としては最大級の三〇〇トンの貨物の搭載が可能であった。

本船が完成して三五年後の一五三五年にフランスに巨大なキャラック船が出現した。グランデ・フランソワーズである。この船は有史以来に記録されている限りキャラック船としては最大の船で、排水量は一一二四トンに達した。全長四一メートル、全幅七・二メートル、四本マストの船で、本船も武装商船であった。

一六〇〇年代に入ると、キャラベル船やキャラック船はより大型で航洋性能を高めたガレオン船へと進化してゆくのである。この時代に入るととくにオランダは現在のジャワ島を中心としたインドネシア周辺を領土として獲得、これらの地域で産出される様々な物資（香料、金銀、陶磁器、材木等）をオランダ本国に運び込み、ヨーロッパ経済を牛耳るまでになったのである。その大量の物資を長距離運送する手段として発達したのがほかでもないガレオン型帆船であった。

一六四七年にオランダで建造されたエーンドラヒトは当時を代表する大型ガレオン型帆船

であった。本船の排水量は一一二六トン、全長四四・八メートル、全幅一〇メートルで、最大四〇〇トンの貨物の搭載が可能であった。この当時のヨーロッパの海運関係者らは、本船が当時の世界最大の船であったと考えていたようである。

本船も武装商船で、口径八センチから一〇センチの大砲（すべての砲弾は爆発しない球形の鉄球）五六門を搭載していた。

当時は大量の貴重な物資を運ぶ商船は、様々な海域で海賊の襲撃を受ける可能性があった。そして積み荷は略奪され乗船者は殺戮されるという悲劇が繰り返されるために、商船は自衛のために強力な武装を施すようになっていたのであった。

ガレオン型帆船は一五〇〇年代の末頃から一七〇〇年代にかけて、ヨーロッパを中心とした帆船時代の頂点にあった船で、時代とともにしだいに大型化していった。ガレオン型帆船はキャラック型帆船から発達した船であり、船底の上に三～四層の甲板を持ち、船首には一～二層の船首楼を持ち、船尾にも二～四層の船尾楼を持つ三～四本マストの帆船であった。船体の長さと幅の比率は四対一が基本となっており、キャラック船のずんぐり型から多少スマートな船型となっている。吃水は浅めになっており、速力が出るという特徴を持っている。

その外観は船尾が極端に持ち上がった独特のスタイルで、映画などで海賊船として登場する帆船はすべてガレオン型帆船である。

このガレオン型帆船が西洋型帆船の建造技術の基本を完成させたといっても過言ではない。

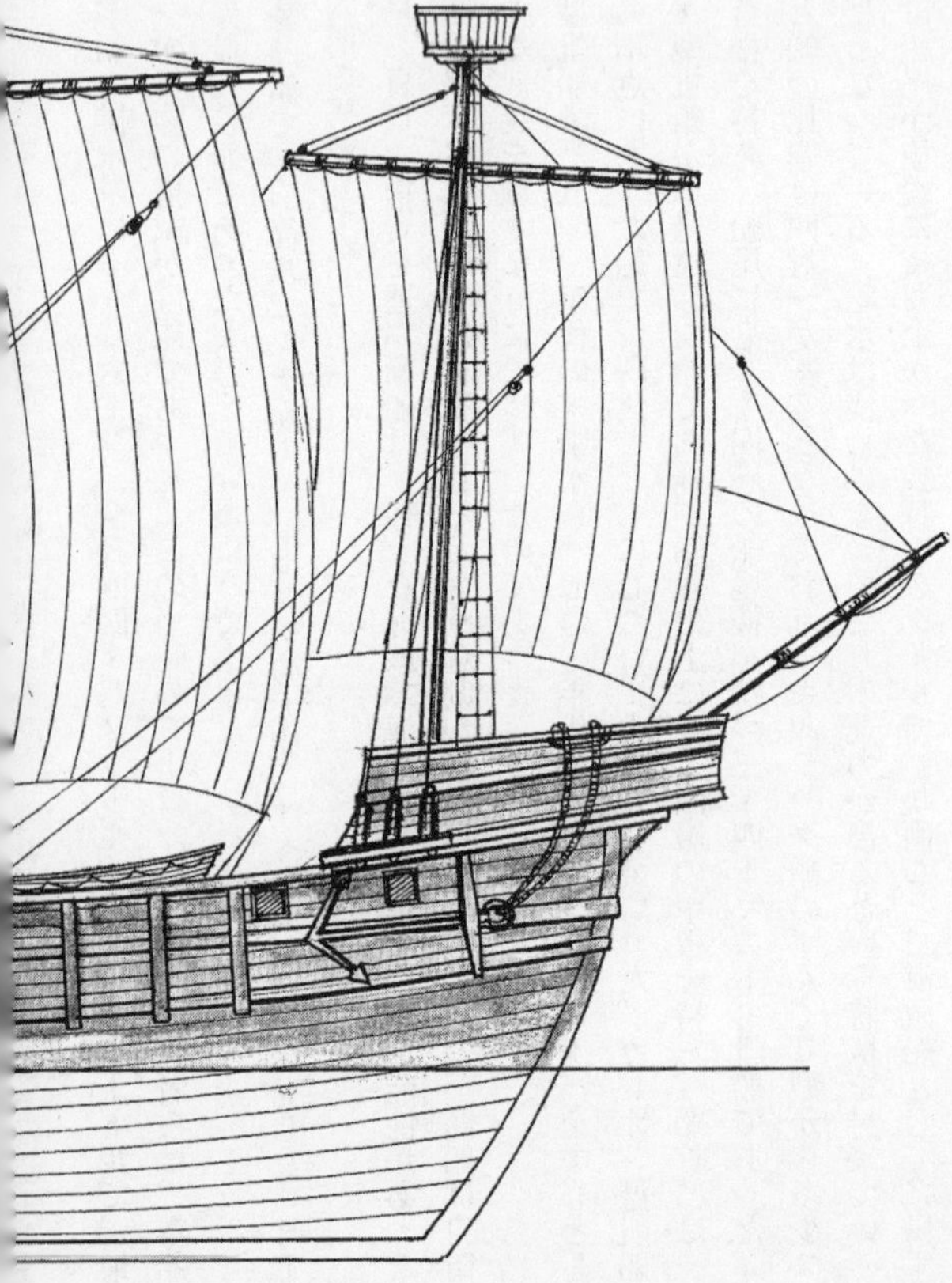

## 第8図　オランダ キャラック船セイラギエン

全　長　36.90m
全　幅　5.75m
排水量　527トン
武　装　9ポンド砲　12門
乗組員　78名

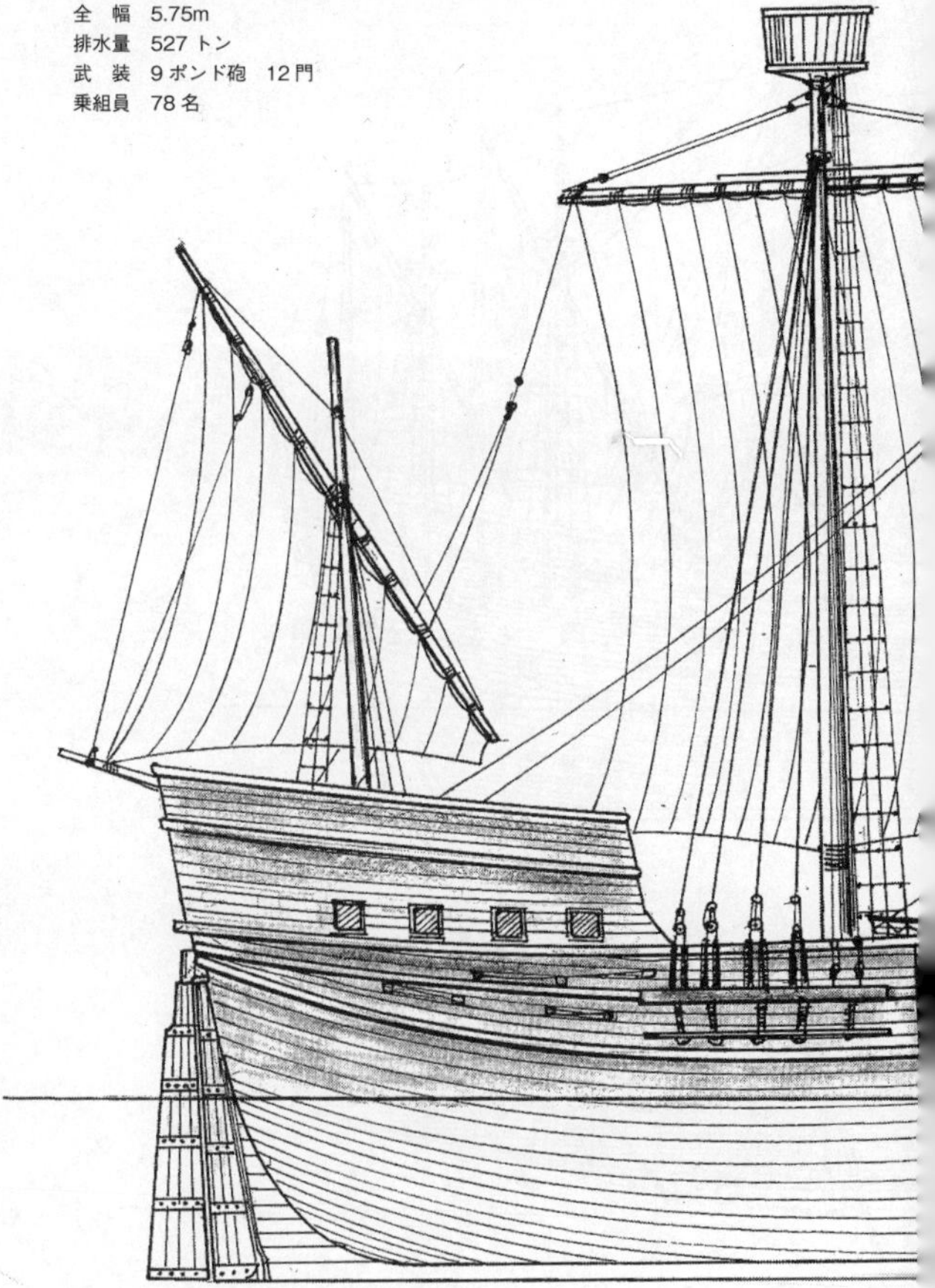

第９図　イギリス商船セント・ミッチェル

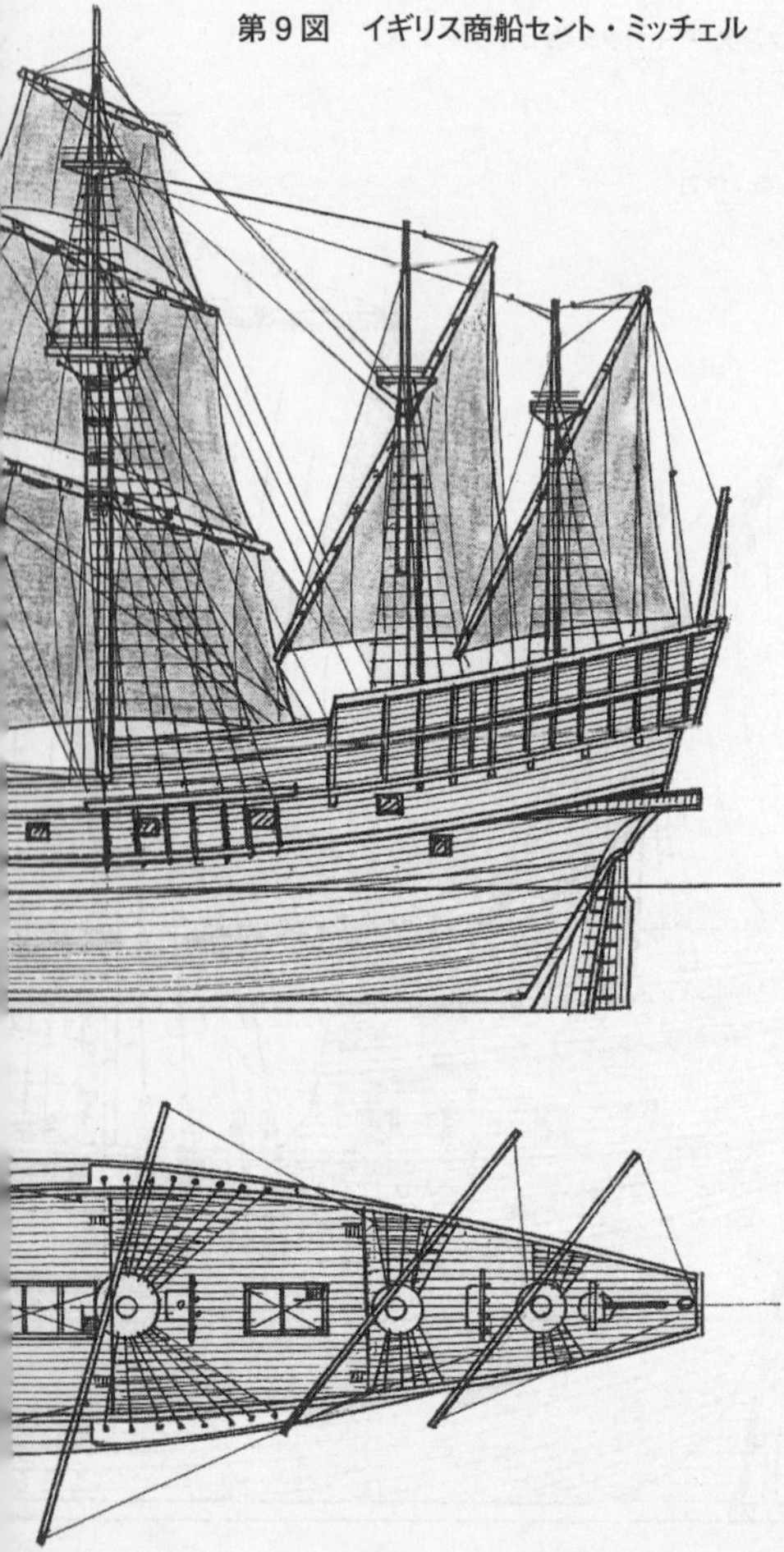

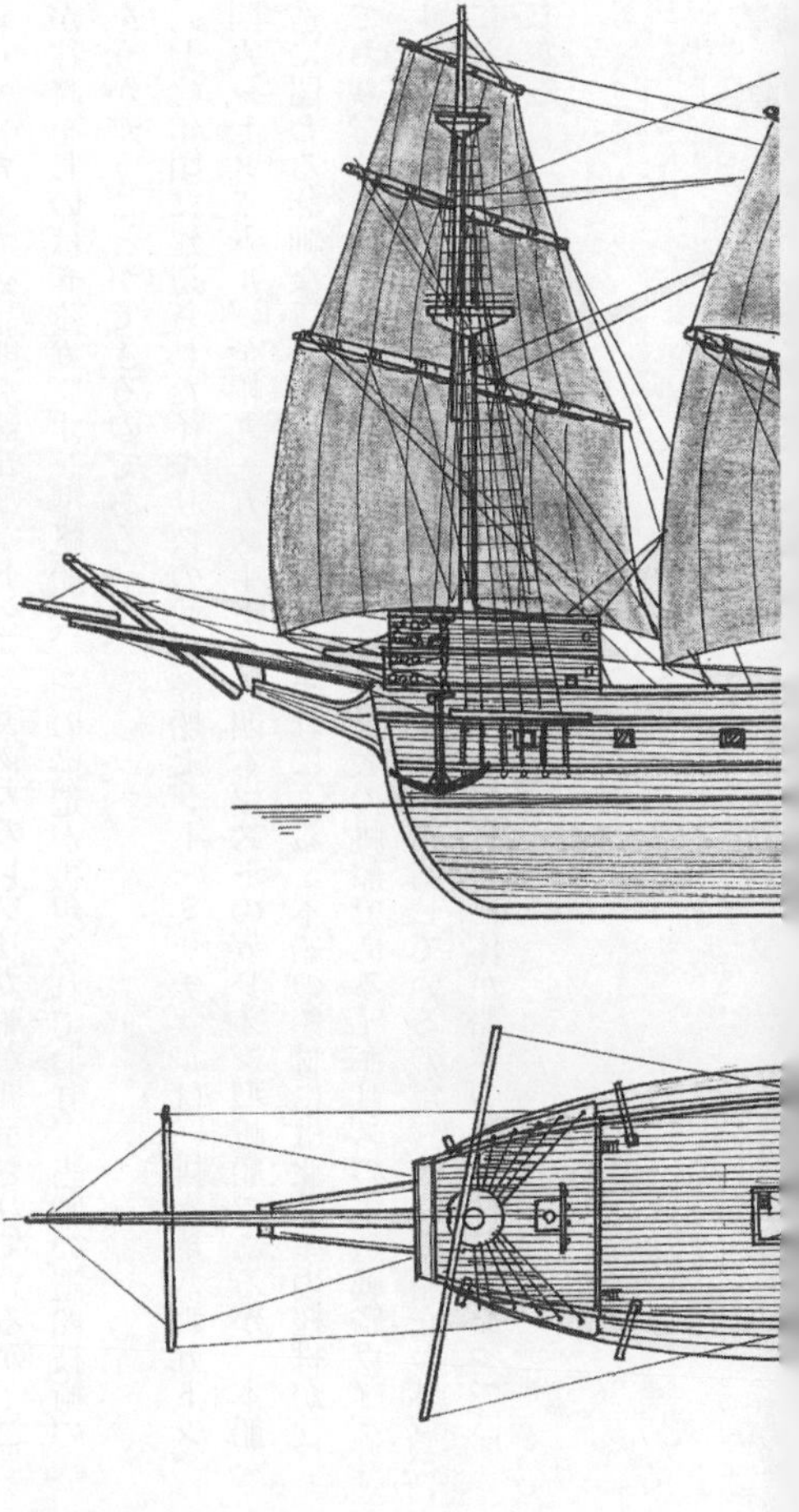

頑丈な竜骨構造と接ぎ木方式ながらも頑丈な肋材の組み上げ方、そして多層の甲板の構築、外板の取り付け方の工夫など、遠洋の航海に耐えぬいて多くの貨物の搭載を可能にしたのであった。そしてこのガレオン型帆船がしだいに進化し、後の戦列軍艦や、大型改ガレオン型ともいえる大型帆船へと発展してゆくことになったのである。

日本の宮城県石巻市に伊達政宗が遣欧使節団を送り込んだときに、日本で建造したサン・ファン・バウティスタ（排水量五〇〇トン）の実物大のレプリカ船が展示されているが、この船が往時をしのばせるガレオン型帆船で、その構造が再現されており、当時の造船技術の一端をうかがうことができるのである。

一六七〇年頃に建造されたイギリスの武装商船セント・ミッチェルは、排水量八六五トン、全長四六・七メートル、全幅九・五メートルの四本マストのガレオン型帆船であるが、本船の建造に関わる詳細な資料が現存している。それによると本船の船材には北欧産の樫材が使われており、その構造はその後に現われた世界最大の帆船であるイギリスの木造戦艦ヴィクトリーと、ほとんど共通する構造になっていることが判明しているのだ。舷側や船底の外板、さらに各甲板は厚さ一〇センチの樫材が使われ、この材料自体が船体の強度材料となっているのである。

# 第二章　帆船時代の軍艦

十七世紀に入るころのヨーロッパはガレオン型帆船全盛の時代であるが、これ以前の一五〇〇年代の後半頃から海賊対策のために商船を武装化した、キャラベルあるいはキャラック型帆船を母体にした、いわゆる武装商船が全盛となっていた。この傾向に対しヨーロッパ海運国列強は、本格的な海軍力整備のために武装商船を本格的な軍艦として発展させ、一方は純然たる商船として発達させる方向で帆船を分化させたのである。つまり正規の軍艦と純粋な商船の独自の発達が始まるのである。

一六〇〇年代にもキャラック型帆船やキャラベル型帆船は存在したが、その中でとくにその後著しい発展を遂げてゆくのが、新しい形式の帆船であるガレオン型帆船であった。そして武装商船もガレオン型商船が主流となるが、この頃になると、武装商船型のガレオン型帆船は、戦闘力をより強化した軍艦へと分化してゆくことになったのである。なお江戸時代の日本に来航した洋風帆船のすべてはオランダ式のガレオン型商船であったが、当初は武装を施したガレオン型武装商船が主体であったのだ。

この頃ヨーロッパの地ではイギリス、オランダ、スペイン、フランスなどの、海外を主体にした商業活動の活発な展開が始まり、これを機に国威発揚の必要性から、武装商船を戦闘専用の軍艦として発達させ、商船隊の保護を行なうと同時にこれら軍艦を国防の要とする方針を打ち出してきた。軍艦の集団組織、つまり海軍が設立されてゆくのである。軍艦の集団による海軍力で海運国家の保全が約束される国策である。

これら軍艦の基本はガレオン型帆船であるが、武装の強化とともにまた対抗する国家の軍艦との対決時の主導権を得るために、軍艦はしだいに大型化し独自の形態の帆船として発展してゆくのである。

一六六五年にオランダは巨大なガレオン型帆装戦艦を建造した。艦名はゼーベン・プロビンシエンである。本艦の要目は次のとおりであった。

排水量　一四二七トン
全長　六二メートル
全幅　一三メートル
帆柱　三本
武装　一五センチ砲三〇門、一〇センチ砲二四門、七センチ砲二〇門

乗組員　　七四三名（大多数が帆装、砲操作員で、斬込隊を兼務の兵士）

ゼーベン・プロビンシェンは当時としてはまさに驚異的な大きさと戦闘力を持つ戦闘艦であり、イギリス、スペイン、フランスの保有する帆装軍艦を圧倒的に引き離す規模と戦闘力の軍艦であったのである。まさに当時の戦艦ドレッドノート的な脅威の軍艦である。

じつは同じ頃の日本でも驚異的な規模の軍艦を建造していたのである。この軍艦は安宅丸（「アタケマル」と記述されている）と呼ばれる純日本式の船体構造の木造船であった。

この船は日本独自の船体設計（和船）の船で、構造的には当時の日本の代表的な木造船である千石船に近似の構造とされており、和船を大幅に拡大した構造で、規模としては当時の世界最大の木造船（軍艦）であったのである。

本船は一六三一年（寛永八年）の建造とされているが、本船に関する詳細な資料はごく限られたもの以外は現存しておらず、正確な外観や規模についても詳細は不明である。現在本船に関して確認されている資料は「安宅丸御船仕様帳」「安宅丸御船諸色注文帳面」などわずかで、本船に関わる絵図や諸資料については、その正確さを確認する術がないのである。ただ多くの本船に関わる手記などから、この船が格別に大きな軍船であったことは判明している。

安宅丸に関する最も信頼できる資料（「巨船安宅丸の研究」石井謙治氏著）によると、安宅

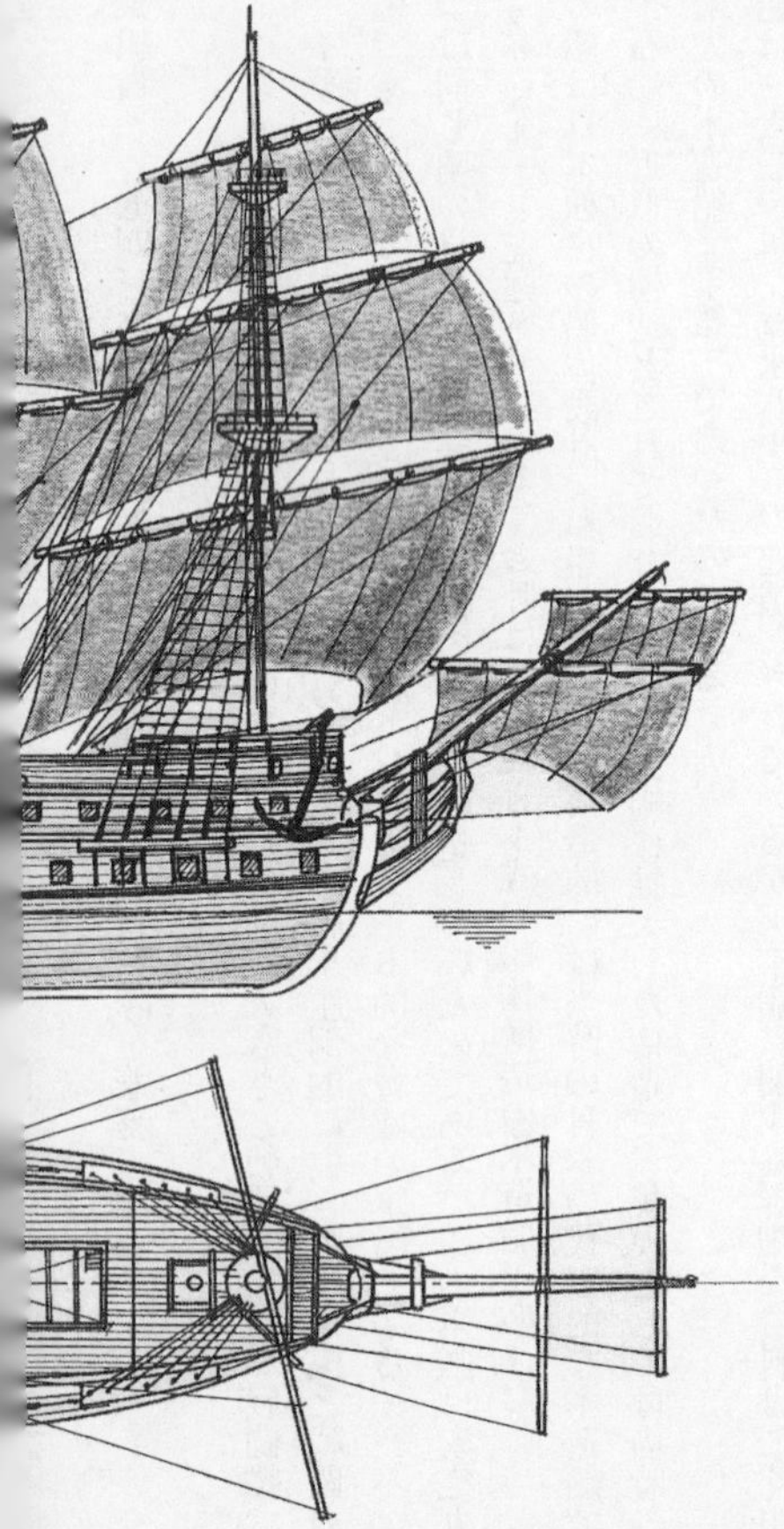

第10図　オランダ帆装戦艦
ゼーベン・プロビンシェン

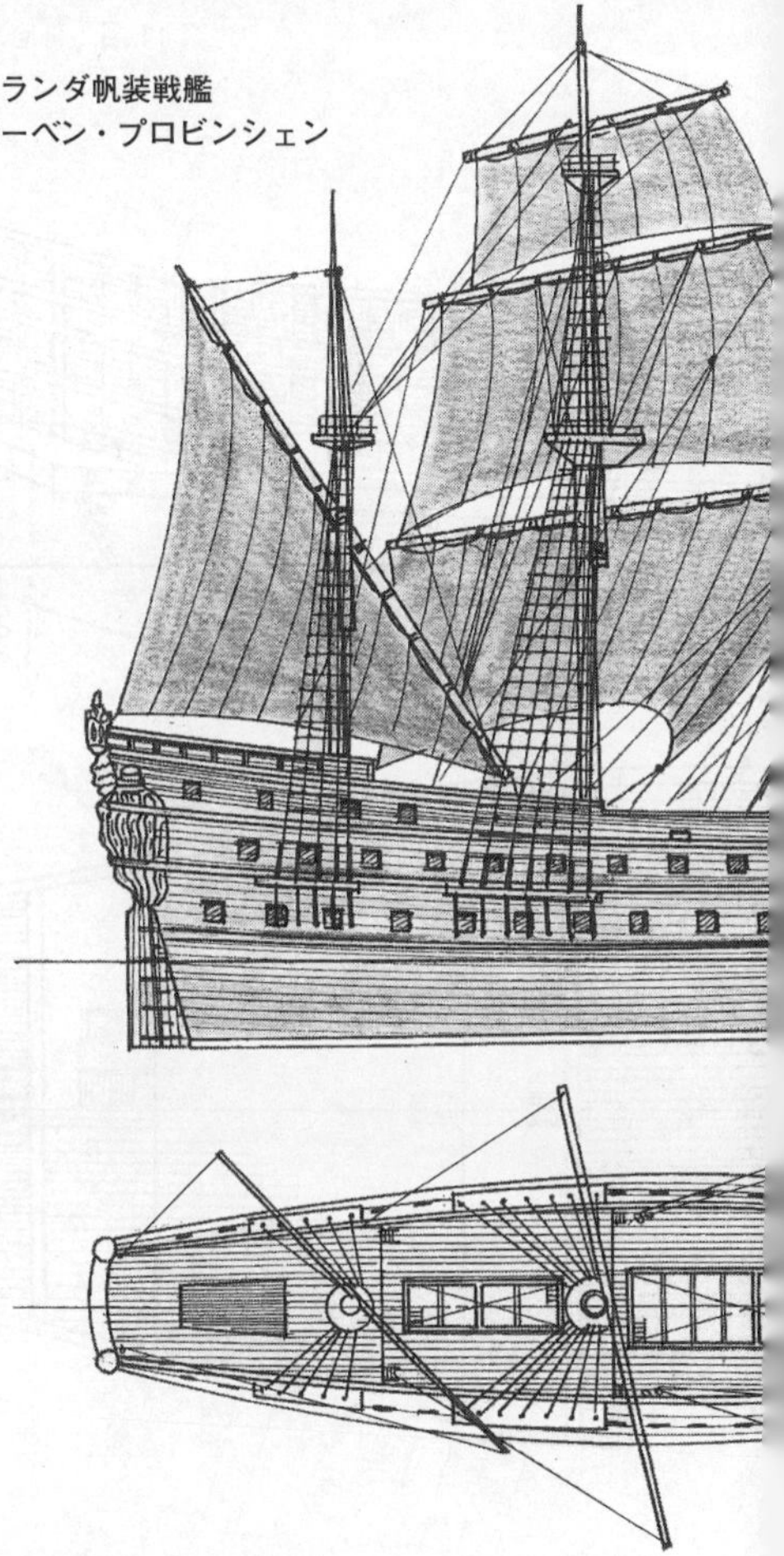

第 11 図　幕府軍艦安宅丸

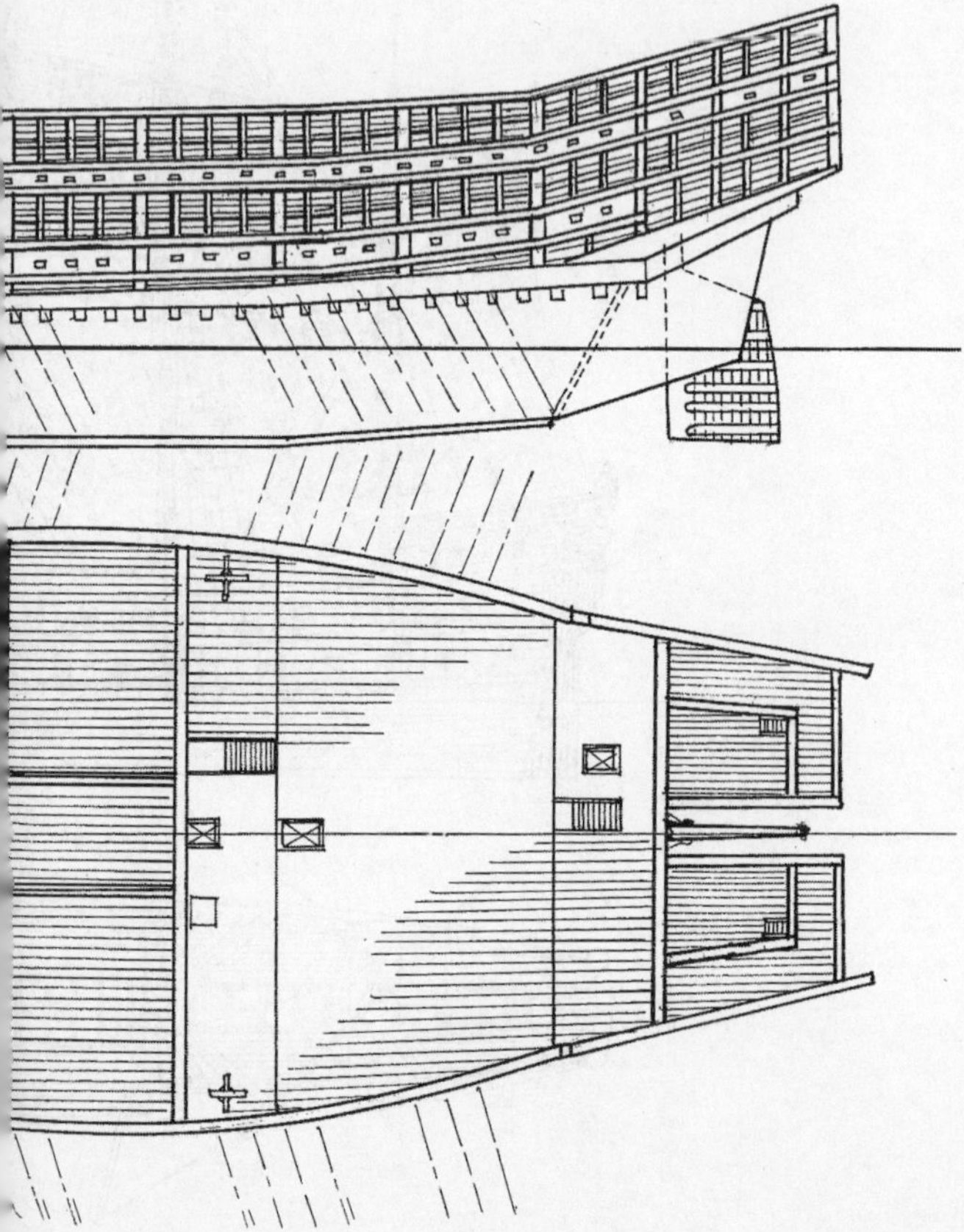

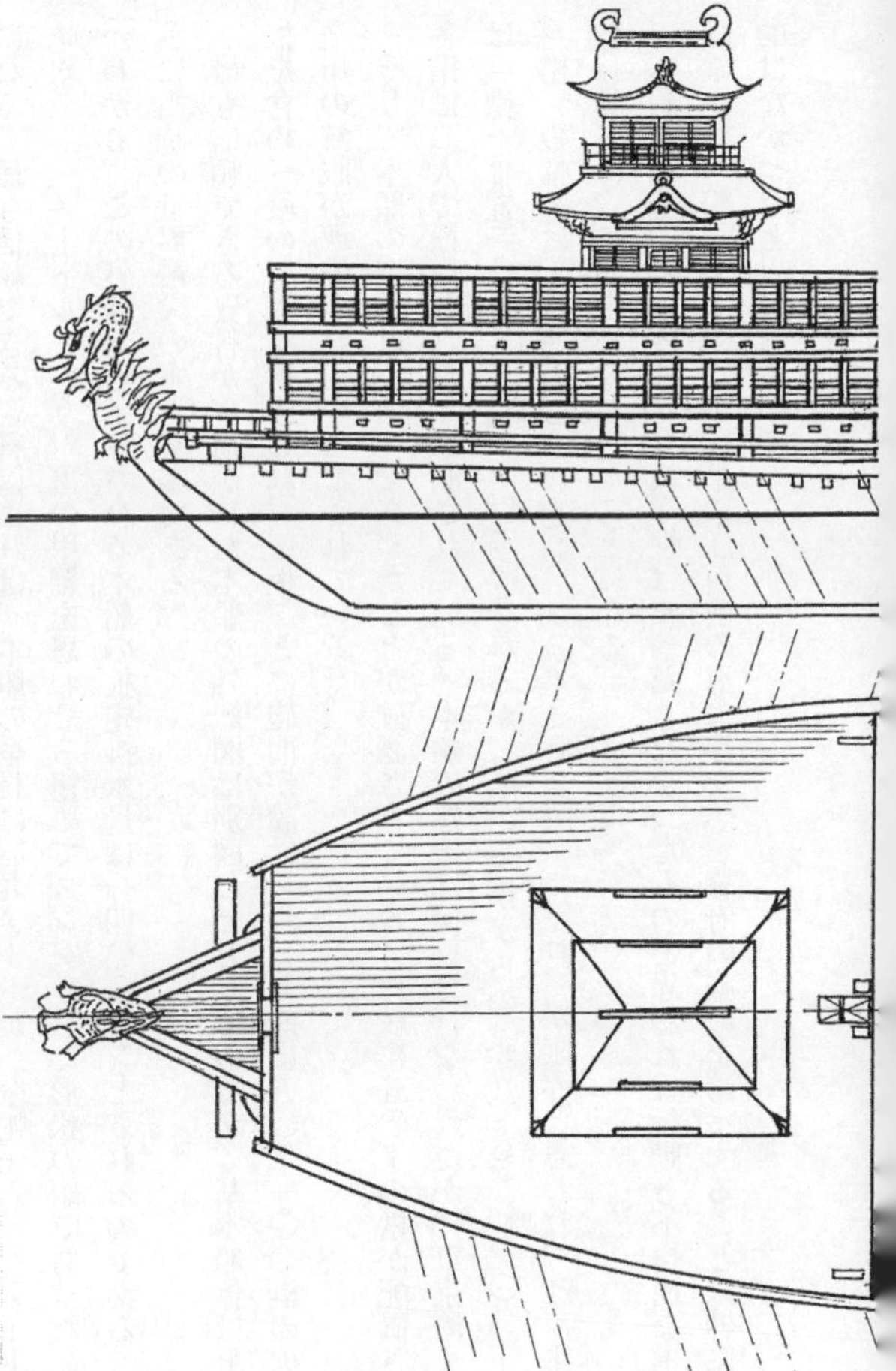

丸の建造の目的は、江戸前の海の防備であり、時の徳川幕府の命により建造されたものとされている。つまり本船は徳川幕府直属の「軍船」で、当時の幕府の唯一の軍艦であったことになる。最も信頼できる資料によれば、本船の全長は三九メートル、全幅一六・一メートル、吃水三・三メートルという、亀の甲羅を思わせる極めてズングリした形状の船であったことがわかる。この外観から試算される本船の推定排水量は一四〇〇トンとされるのである。まさに当時の世界最大の木造軍艦である。

最も信頼できる資料から描かれた本船の外観図は別図のとおりであるが、基本船体は上甲板を含め三段の甲板で構成され、甲板ごとに砲門が設けられ、片舷に五〇〜一〇〇梃の火縄銃用の銃眼が準備されていたとされている。

そして本船の推進は「櫓」であったことが確認されている。片舷に五〇丁の櫓が配置され、各櫓は二人で操作されたと推測されている。本船の建造は伊豆で行なわれたが、東京湾までは「櫓」推進で移動されたものと思われるが、船の規模からの試算でも、約一〇〇丁の「櫓」の推進による速力はせいぜい二ノット（時速三・六キロ）が限界と思われ、江戸までの移動には二日弱を必要としたことになる。

本船は構造的、強度的にも航洋性はまったくなかったものと思われ、行動も不自由な本船は確かに「船」ではあるが、単に江戸前の海に浮かべ、幕府の威厳を誇示すること以外に目的はなかったと思われるのである。

本船は建造後は隅田川河畔の蔵前付近の特設の巨大な「御船蔵」に収容されたが、膨大な維持費が災いし建造から五一年後には解体されている。

安宅丸を軍艦という視点で評価するのにはいささかの問題はありそうである。正しくは移動が可能な海に浮かぶ防御構造物として評価すべきものであるに違いない。

戦艦ゼーベン・プロビンシェンが出現する一世紀前の一五六七年に、スペインは初期のガレオン型武装商船サン・マルチンを建造しているが、本船は排水量一〇〇〇トンで全長三七・三メートル、全幅九・三メートルの規模を持ち、大砲を最大五〇門搭載可能であった。

これに対しイギリスも初期のガレオン型軍艦リベンジを建造していた。本船も一種の武装商船で、排水量九七六トン、全長三七・三メートル、全幅八・七メートル、大砲は最大三〇門の搭載が可能であった。

この二隻をそれぞれ旗艦とするイギリスとスペインの集団（武装商船集団）は、一五八八年にアルマダの海戦を展開した。この海戦に勝利したイギリスは以後のヨーロッパ海域の覇権を握ることになるが、同時にこの海戦により武装商船は本格的な戦闘艦艇へ進化するきっかけともなり、また海軍というものの位置づけが明確化されることになったのである。そして以後のヨーロッパでは、木造ではあるがつぎつぎと強力な戦闘艦、巨大な軍艦が出現するようになってゆくのである。

一六五四年にイギリスは世界最大の木造戦艦（戦列艦）を建造した。なお戦列艦とは後の戦艦に相当する軍艦で、大型の船体に多数の大砲（五〇門以上）を搭載し、海戦においてはつねに戦列の前面に位置し砲戦を交える軍艦のことである。本艦の艦名はロイヤル・ソブリンと命名された。

本艦は典型的なガレオン型帆船の軍艦で、吃水線上に三層の甲板を設け、そこは砲甲板とされ口径七～一五センチの大小大砲六六門を搭載した。最上甲板の上甲板にも多数の小口径の速射砲が装備されていた。

甲板には三本の大型のマストが配置され、船尾には大型の船尾楼が設けられ、艦長や士官の居住区域となっていた。本艦はその後のガレオン型帆装戦艦の基本型となったもので、ガレオン型商船とは違った頑強な上部構造を持つ、戦闘専用の船型が確立されていったのである。本艦の要目は次のとおりである。

| | |
|---|---|
| 排水量 | 一六三七トン |
| 全長 | 七一・〇メートル |
| 全幅 | 一四・八メートル |
| 武装 | 一五センチ砲二四門、一一センチ砲二〇門、七センチ砲二二門、小口径速射砲多数 |
| 乗組員 | 七八〇名 |

本船の船材は樫材と楡材であった。船底中央の竜骨（キール）は四〇〜五〇センチの角材が使われた。これら角材は接木方式で並べられ、そこに等間隔で三〇センチ角の樫や楡材を接ぎ木方式で曲線加工した肋材を立ち上げ、厚さ一〇センチの樫材の板を外板と内板として張り付け、また各甲板も五〜一〇センチ厚の板が張られて構成された。

一六九二年にフランスがロイヤル・ソブリンを凌駕する戦列艦を建造した。艦名はロイヤル・ルイであった。本艦の要目は次のとおり。

排水量　二一三〇トン
全長　六三・八メートル
全幅　一七・二メートル
吃水　七・五メートル
武装　一六センチ砲三〇門、一〇センチ砲三二門、七センチ砲三〇門、五センチ砲一六門
乗組員　八五六名

本艦は先のロイヤル・ソブリンよりもずんぐりした船体の戦列艦で、三本マストには大面積の帆が張られたが高速力を期待することは無理であったが、その砲戦力は合計一〇八門という猛烈な戦力を持つ軍艦であった。

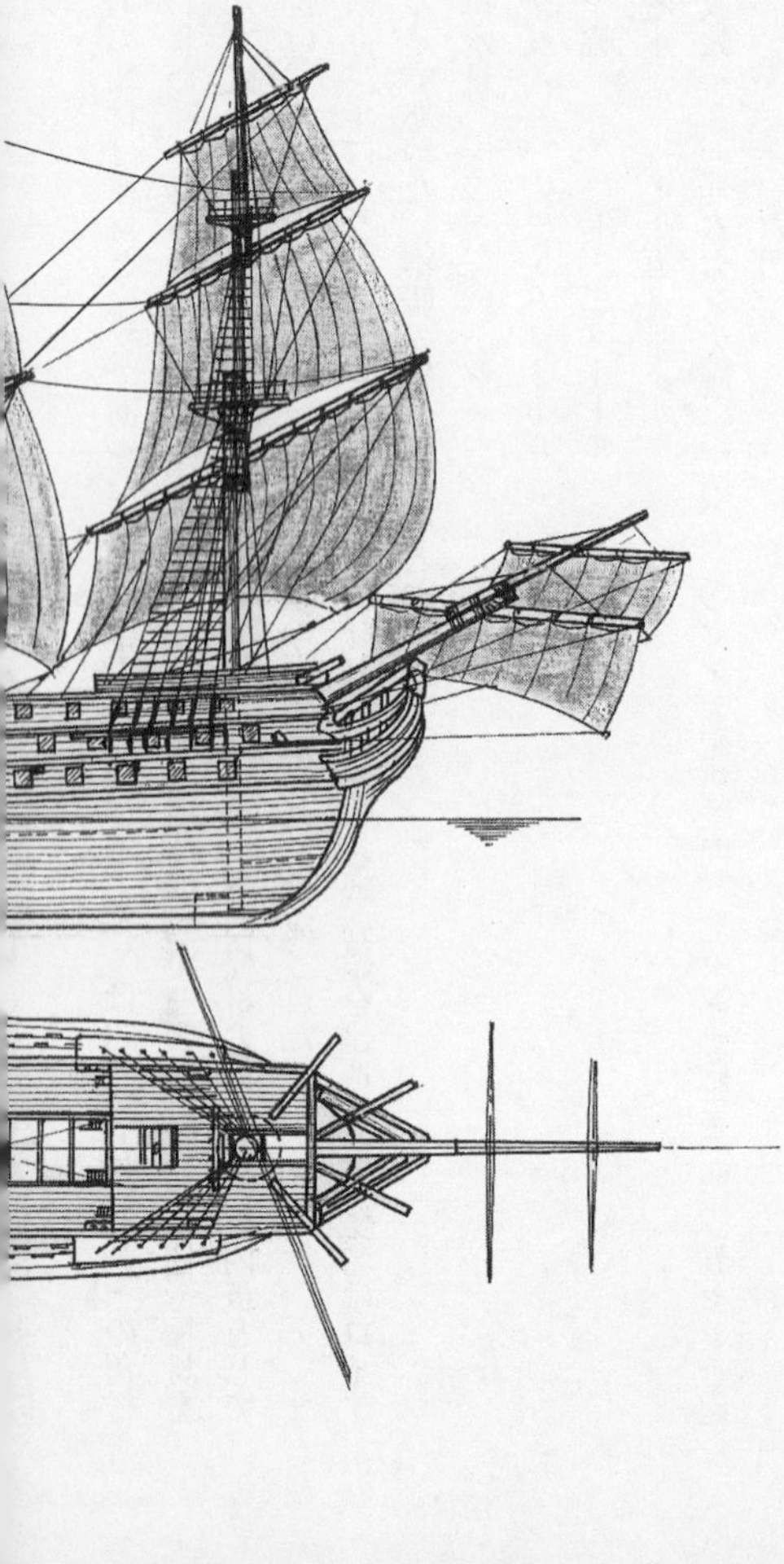

第12図　イギリス帆装戦艦
ロイヤル・ソブリン

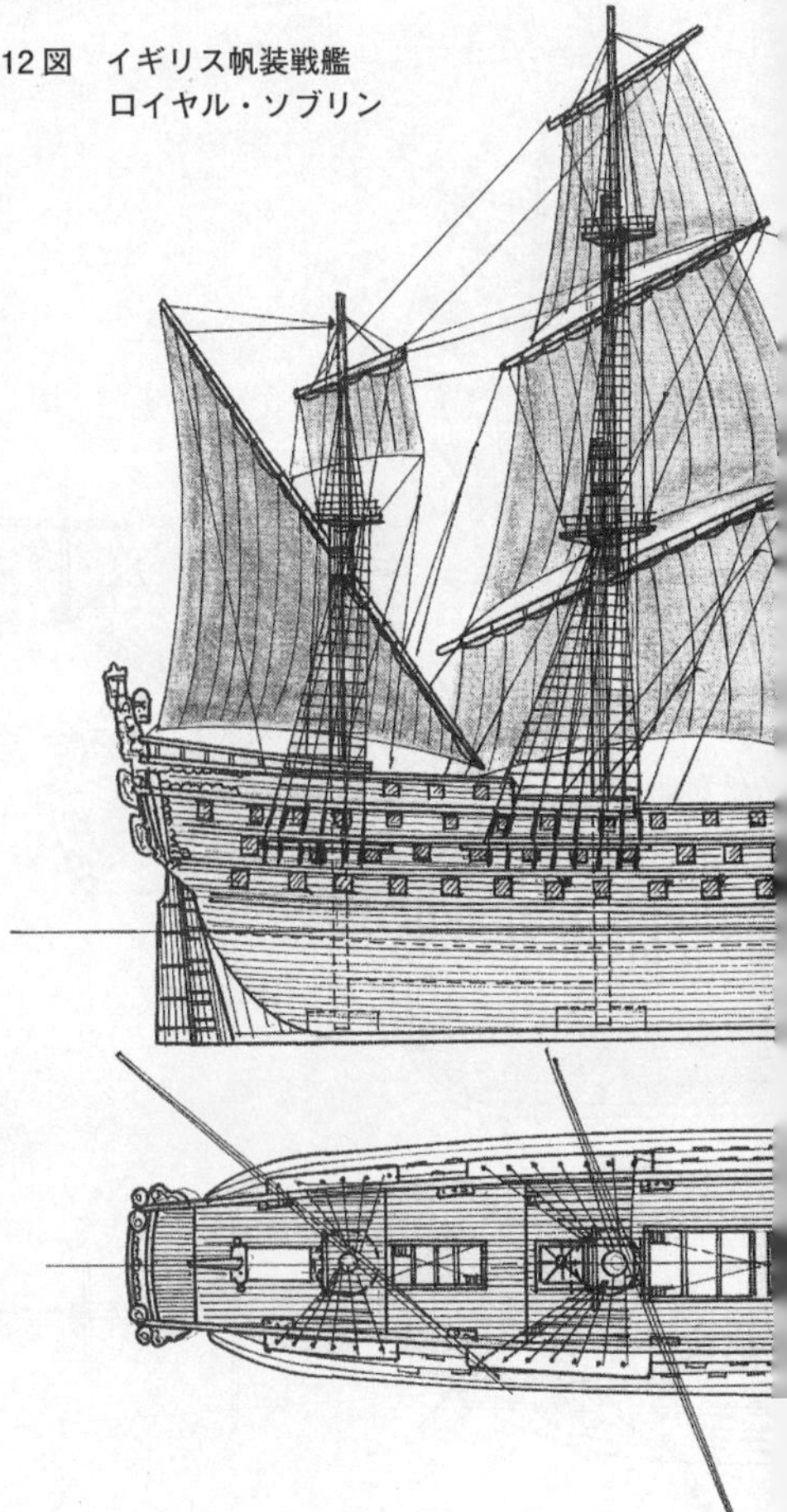

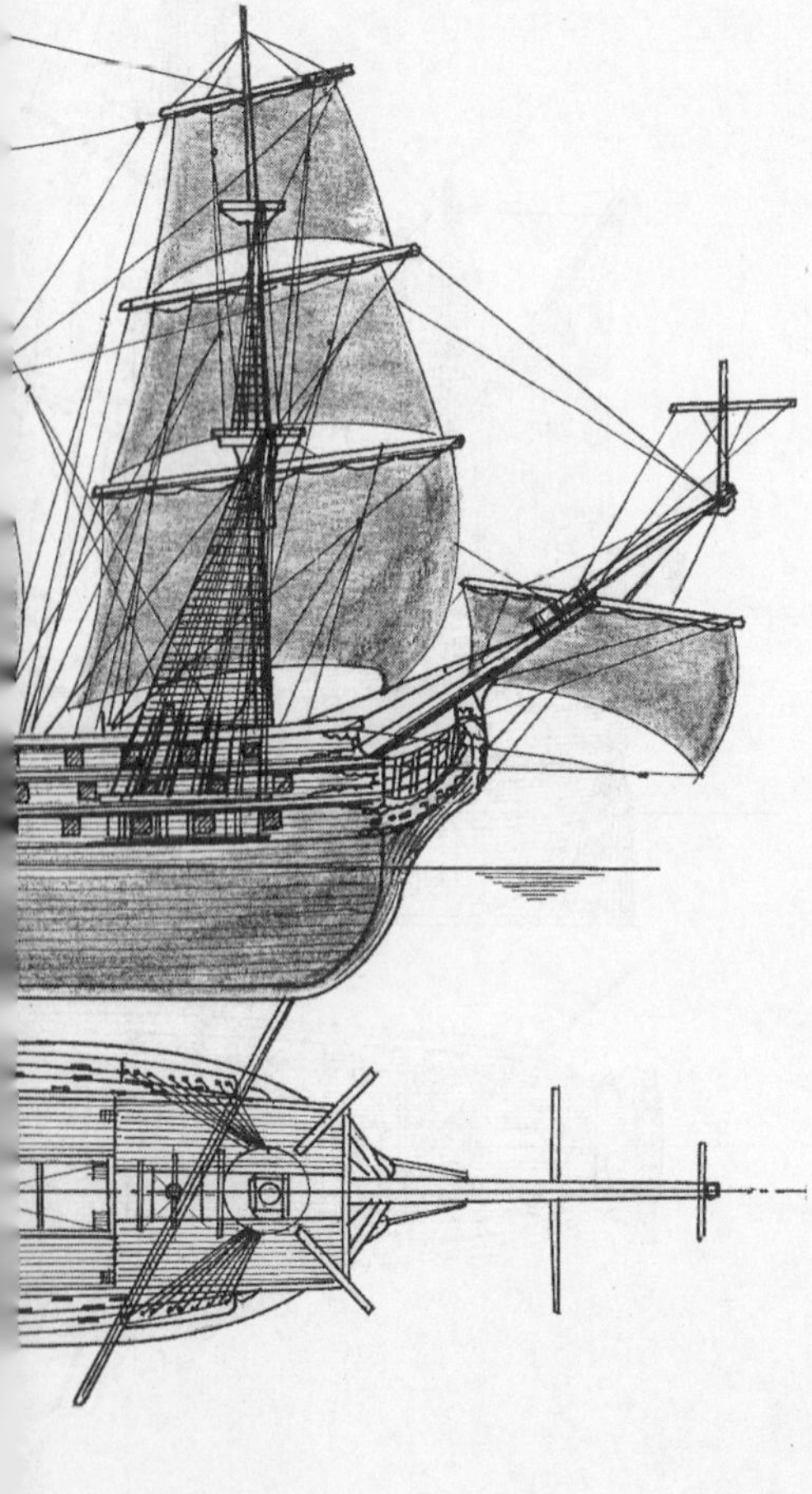

第 13 図　フランス帆装戦艦ロイヤル・ルイ

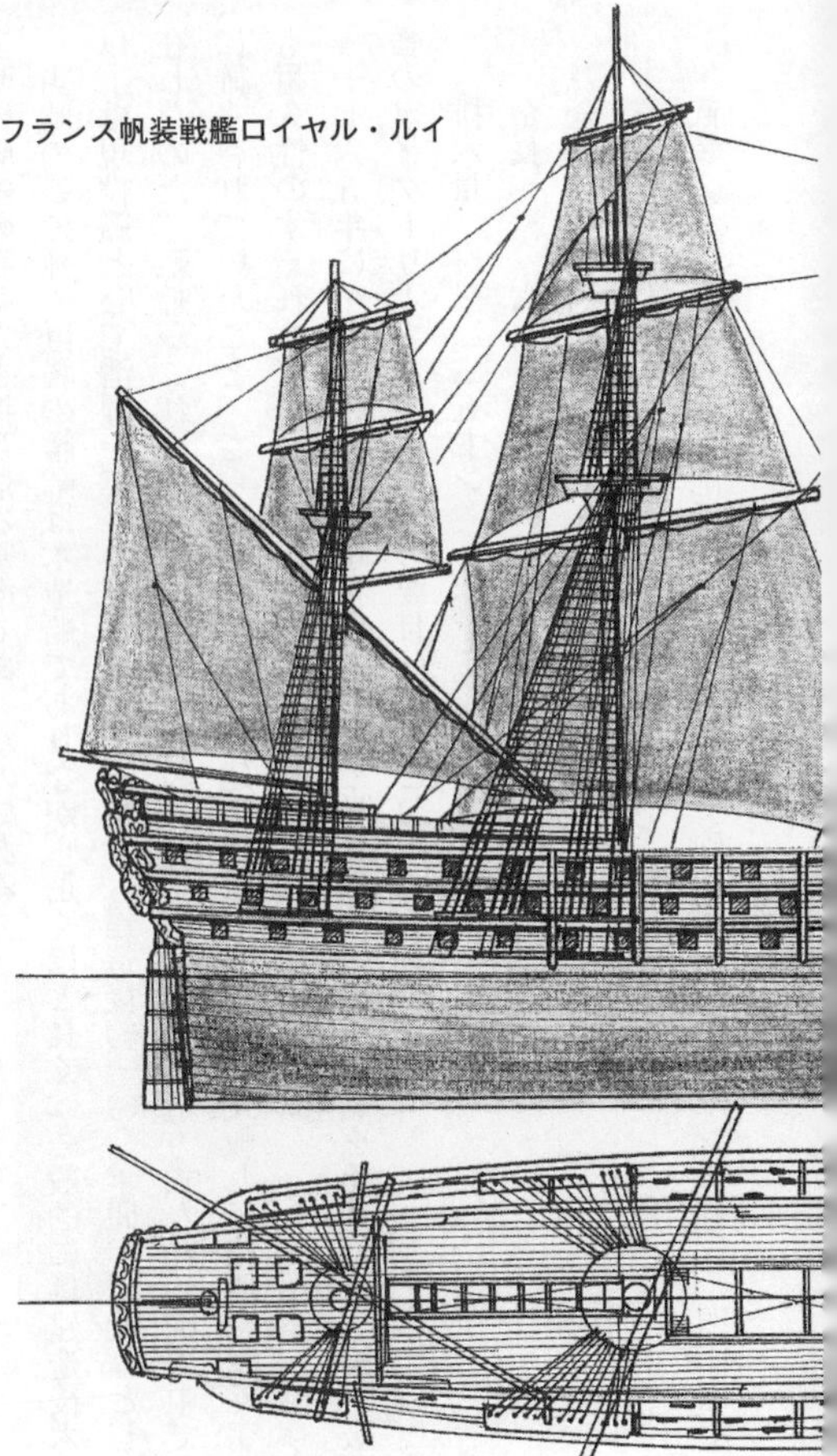

この時代の軍艦が搭載していた大砲は爆発力のない鉄の玉を撃ち出し、命中の衝撃力で敵艦船の外板やマストなどを破壊し沈没に至らしめるもので、鉄球の玉を撃ち出す直前に高温で焼き、焼玉を発射して敵の木製の船体に火災を起こさせる、という手段が一般的な攻撃方法であった。つまりいかに多くの打撃力の大きな大口径の大砲を搭載できるか、というのが当時の戦艦の戦闘力を推し量る基準であったのである。

当時のこの種の巨艦の艦齢は木造船でありながら驚くほど長く、一般的には建造後六〇年以上は現役艦として活躍していた。ロイヤル・ルイも建造後約一〇〇年間、現役艦として存在したのだ。艦齢がこれほど長く保たれた要因には、木造船の建造方式が経験則の中で高度に確立されていたこと、さらに船体が後年に建造される木造船に比較して格段に厚く、しかも耐久性のすぐれた樫や楡材で造られていたことにもある。

一七六五年にイギリス海軍は現在に至るまで世界最大級の木造船を建造した。第一級戦列艦のヴィクトリーである。本艦の要目は次のとおりである。

| | |
|---|---|
| 排水量 | 三二二五トン |
| 全長 | 六九・一メートル |
| 全幅 | 一五・八メートル |
| 吃水 | 七・七メートル |
| 武装 | 三〇センチ砲三二門、一五センチ砲二八門、一〇センチ砲三〇門、七センチ |

砲一二門
乗組員　八五〇名

ヴィクトリーの構造は驚異的な頑丈さを示していた。吃水線から上の船体の外板は二重張り構造になっており、外板は厚さ一七・五センチの樫材で内張りは厚さ一二・五センチの同じく樫材であった。つまり船体の外板の厚さは三〇センチもあったのである。さらに本艦の吃水線付近の外板の厚さは四層張りの六〇センチに達していたのである。この外板の厚さは当時の戦列艦の中でも最大級の強靭さを誇るものであった。

本艦には口径三〇センチの大口径カロネード砲が三二門搭載されていたが、本砲の重量は重く一門一トンを超え、艦の重心点を下げる目的からも本砲はすべて吃水線に近い第三甲板に配列されていた。

本砲の直径三〇センチの砲弾の衝撃力は強力で、敵艦との接近戦に際しては照準を敵艦の吃水線付近に合わせ、敵艦の外板を命中時の強烈な衝撃力で破壊し、敵艦を撃沈することを目的としていたのである。ただ、この砲の射程は極端に短く、有効打撃力が得られるのは一〇〇〜二〇〇メートルで、まさに敵艦と舷々相接して射撃を行なう戦法を第一としたのである。

本艦の建造には、合計八四五〇立方メートルの木材を必要としたとされているが、これは

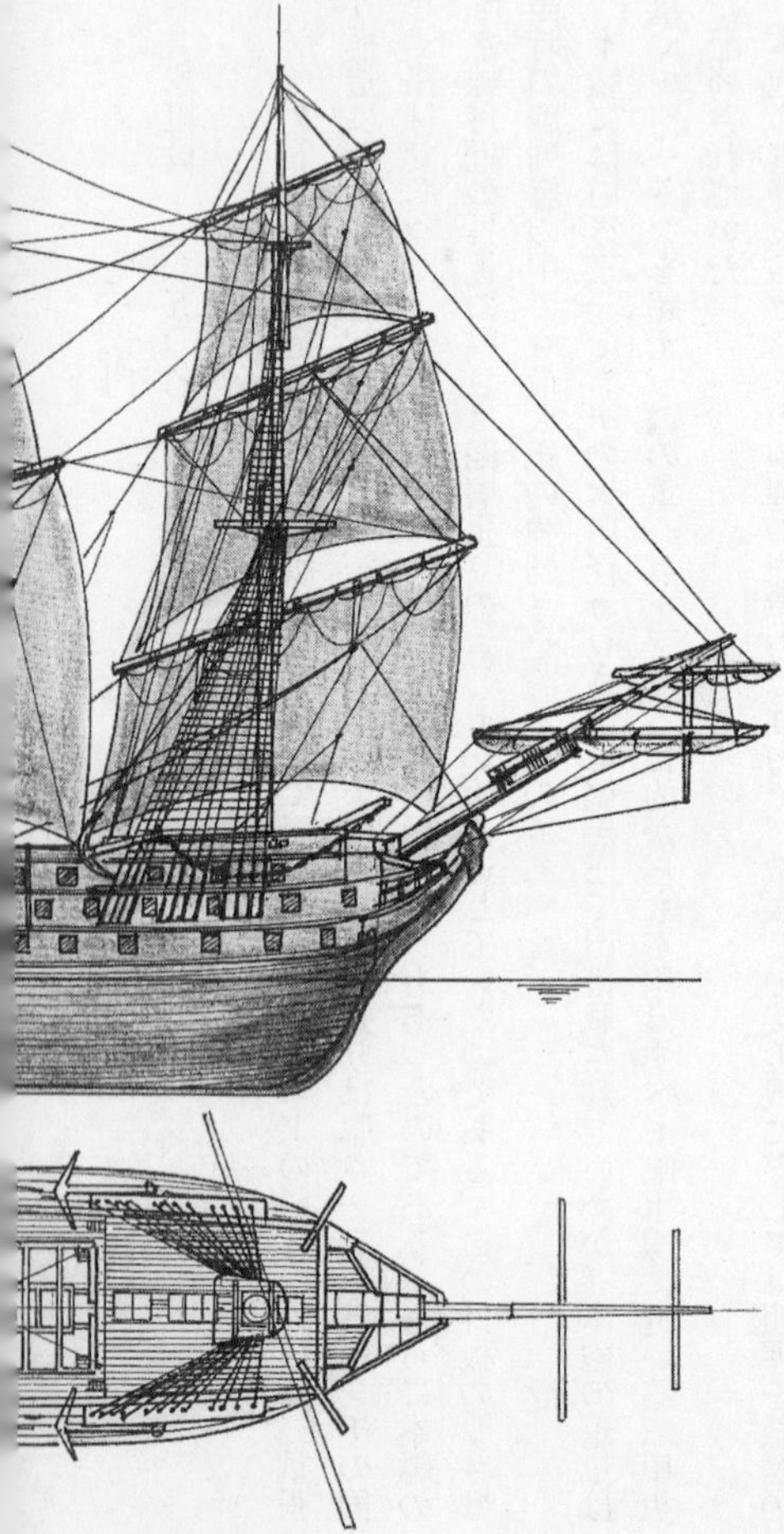

第14図　イギリス帆装戦艦ヴィクトリー

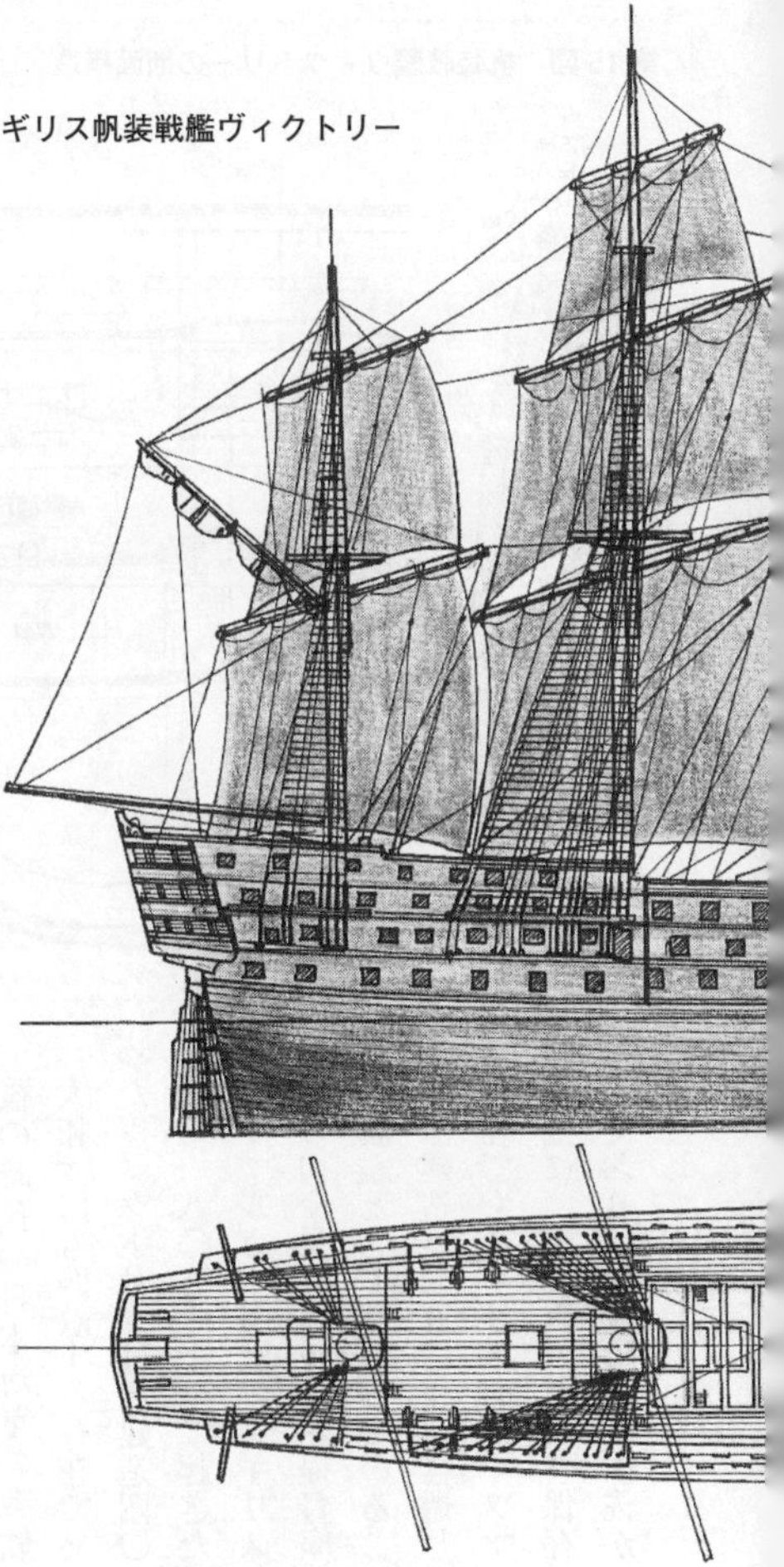

第15図　帆装戦艦ヴィクトリーの断面構造

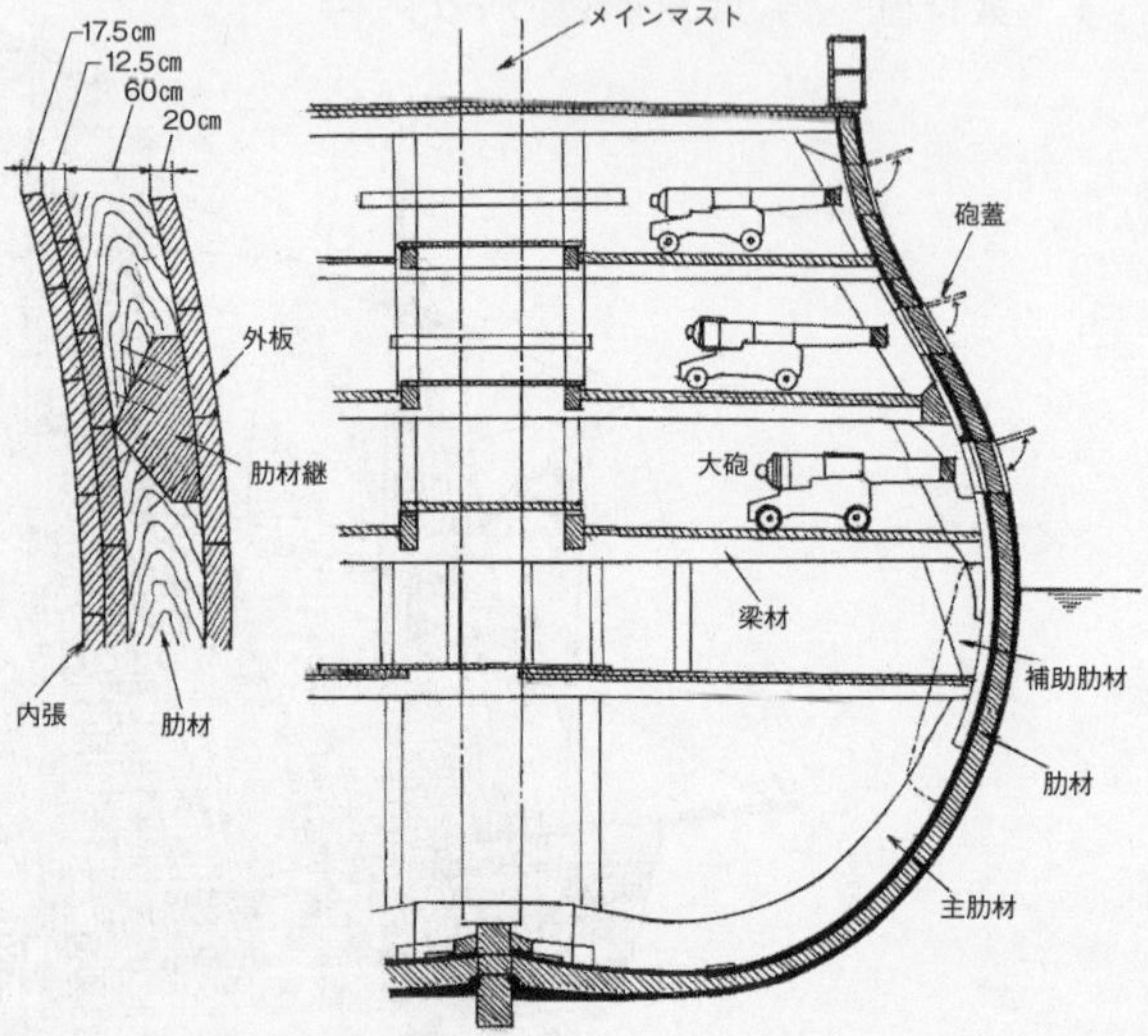


約二万五〇〇〇坪の森林の木材を伐採するに等しい量で、伐採木材の総量は六〇〇〇本を超えたものと試算されているのである。

後の時代の日本海軍の戦艦「大和」にも匹敵する存在であったヴィクトリーは、建造四〇年後の一八〇五年十月に起きたトラファルガー海戦でイギリス艦隊の司令長官ネルソン提督座乗の旗艦として奮戦している。

本艦は建造後二五〇年も経過した現在でもイギリスのポーツマス軍港に「現役艦」として保存されており、現役の海軍少佐が艦長として常勤している。

# 第三章　装甲艦・戦艦・巡洋艦

近代的軍艦の発達は一八〇〇年代に入って急速に進んだ。木造の大型の船が出来てから三〇〇〇トンを超える巨大軍艦（戦列艦）が出現するまでに、おおよそ三五〇〇年以上の時が経過したのに対し、三五〇〇トンの船が現われてから一〇万トンを超える巨大艦船が出現するまでに要した時間は、わずかに二〇〇年である。

名実ともに巨大艦船が出現する契機となったのは、鉄・鋼の量産化と蒸気動力機関の実用化がほぼ同時に始まったためと言っても過言ではあるまい。一八〇〇年代初頭の巨大軍艦の代表は全木製のイギリス海軍の戦列艦ヴィクトリーであった。しかし鉄が軍艦の建造材料として使われると、以後の発達、つまり大型化と強力化は急激となった。鉄の軍艦への応用はまず防御材としての使用であった。木造の軍艦の外板に鉄板を張り巡らし防弾性能を高めることに始まるのである。

鉄が人類によって使われ始めて以来二〇〇〇年以上の時は流れているが、大型の圧延鉄板や各種形状の構造材料が自由に入手できるまでには多くの時間が経過した。しかし一八〇〇年代半ば以降に強度の高い良質の鉄鋼の量産と高度な鍛造技術が開発されると、鉄鋼は木材に代わる造船材料として、その需要は急激に伸びた。それとともに造船技術は発達し、船舶の巨大化が急速に進むことになったのである。

一八六〇年にフランスで完成した軍艦グロワールは、鉄を応用した軍艦の始祖ともいえる艦である。じつは本艦の基本構造は木造であった。木造の艦の周囲を厚さ一〇～二〇ミリの鉄板で張り巡らしたのが本艦の本来の姿なのであった。本艦は四隻建造されたが、四番艦だけは全鉄鋼製として誕生した。四番艦の要目は次のとおりである。

基準排水量　五六一八トン
全長　八〇・四メートル
全幅　一七・〇メートル
走行装置　帆走、機走併用。
帆走装置　大型縦帆装備のマスト三本装備
機走装置　二衝程レシプロ機関一基　一軸（スクリュー）推進
最大出力　二五七三馬力
最高速力　一二・八ノット（機装時）

武装　一六センチ単装砲三六門（砲は木造帆装戦艦当時と同じく、上甲板直下の甲板を砲甲板とし、片舷に各一八門の砲を並べ、舷側に開かれた砲門から射撃を行なう方式がとられていた）

本艦はいわゆる「装甲艦」と呼ばれる軍艦に相当するが、本艦の出現には一つの大きな要因があった。それは十九世紀半ばに勃発したクリミア戦争（一八五三～一八五六年、クリミア半島を戦場とするロシアとトルコ〈英仏連合軍〉との戦争）の際、ロシアのセバストポールのキンブル要塞の要塞砲の砲弾に初めて榴弾が使用されたのだ。これに対しトルコ側（英仏連合軍）の軍艦は舷側や主要上部構造物の周辺を一〇ミリ以上の鉄板で覆い、にわか仕立ての装甲艦を準備し艦砲射撃を挑んだのであった。その結果、キンブル要塞からの砲撃に耐えた艦隊側の艦砲射撃で要塞は陥落、この戦争の勝利の糸口となったのであった。

この結果は各国海軍を大きく刺激し、装甲艦という艦種が誕生することになったのである。さらに重量のある装甲艦を動かす動力として、発展途上にあった蒸気機関が軍艦の基本動力となり、以後軍艦は鋼鉄製となるとともに蒸気機関駆動へと急速に進化していく。装甲艦は戦艦へと進化し、より強く、より早くをモットーにした現代軍艦の発達をリードすることになったのである。

フランス装甲艦グロワールが出現した直後の一八六一年に、イギリス海軍は木造・鉄板張

## 第16図　フランス装甲艦グロワール

全　　長　80.39m
全　　幅　17.00m
基準排水量　5618トン
主　機　関　2連成レシプロ機関　1基
最大出力　2573馬力
最高速力　12.8ノット
武　　装　16センチ砲　36門

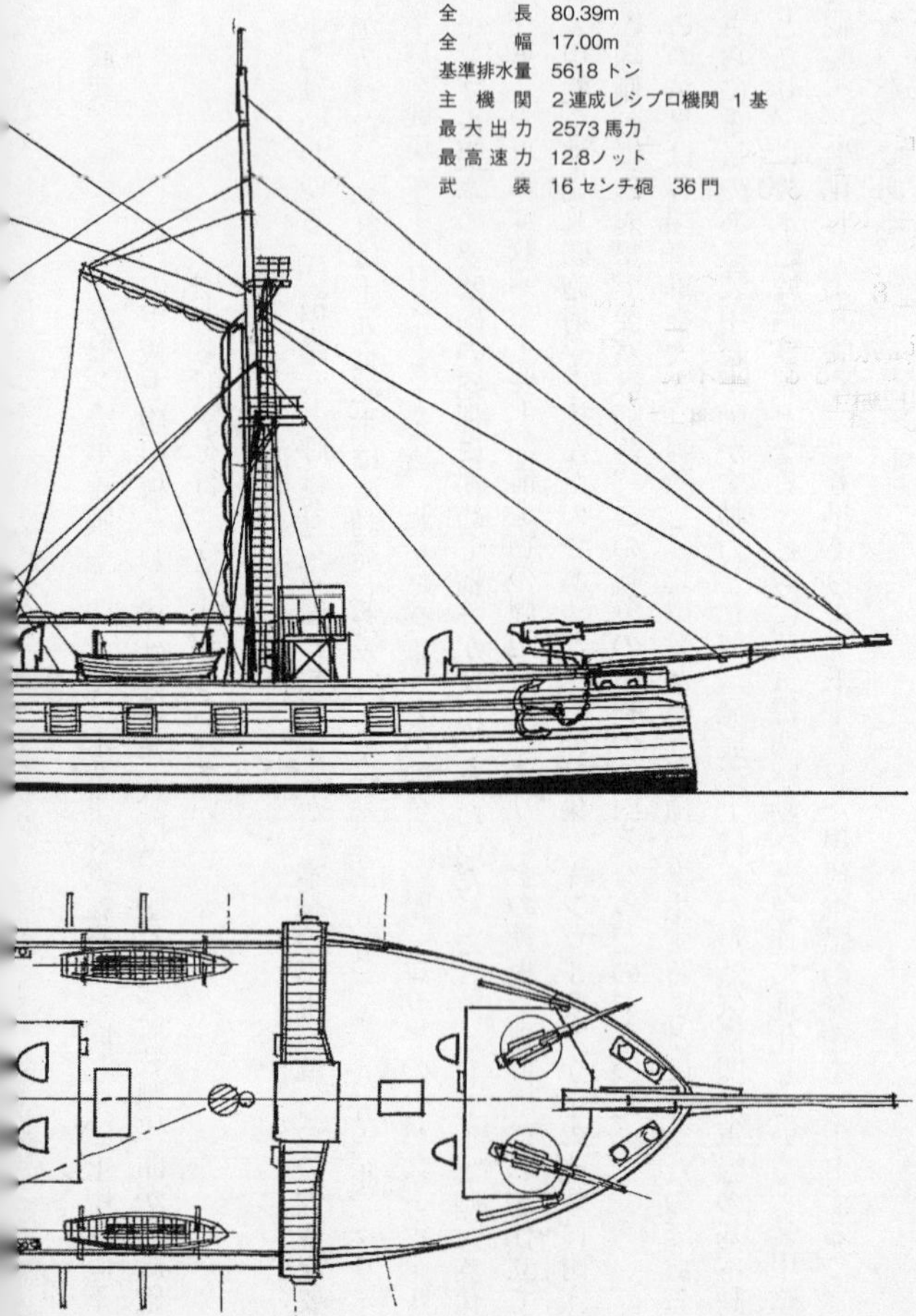

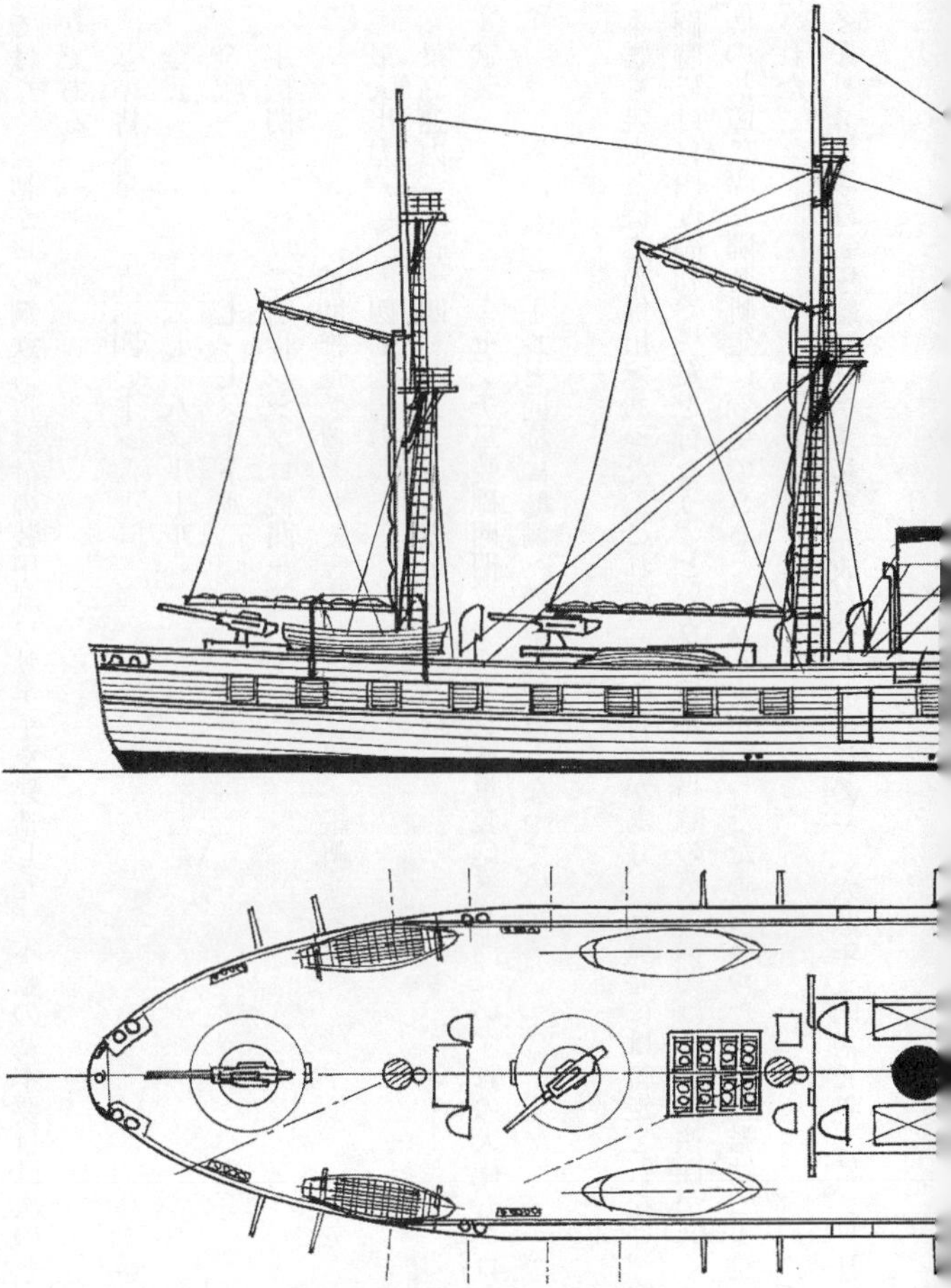

りではなく当初からの鋼鉄構造設計の装甲艦ワリアーを建造した。本艦の基本要目は次のとおりである。

基準排水量　九二四〇トン
全長　一二七・八メートル
全幅　一七・七メートル
主機関　二衡程レシプロ機関一基
　補助推進装置として三本マストに横・縦帆を装備
最大出力　五四七〇馬力
最高速力　一四・四ノット（機走）
武装　二〇センチ単装砲四門、一八センチ単装砲二八門（いずれの大砲もグロワールと同様に舷側への単装配置となっていた）

本艦も帆走と機走の併用であった。これは二重の目的があり、巡航時には帆走を行ない、戦闘時には自由度の利く機走を行なう、という趣旨と、当時の蒸気機関はまだ信頼性が低く機関の故障に際し随時帆走に変更できるという考えがあったためであった。本級艦は三隻建造された。

イギリス海軍は装甲艦ワリアー級を完成させた七年後の一八六八年（明治元年）に、ワリアーを大幅に上回る装甲艦ノーザンバーランド級を建造した。

本艦の基本要目は次のとおりである。

基準排水量　一万七八四トン
全長　一二四・〇メートル
全幅　一八・一メートル
主機関　二衝程レシプロ機関一基
最大出力　六五四五馬力
最高速力　一四・一ノット（機走）
武装　二三センチ単装砲四門、二〇センチ単装砲二二門

本艦は軍艦として世界で初めて排水量が一万トンを超えた船であった。しかし船体は帆走戦艦の面影を色濃く残していた。甲板上には五本のマストが立ち並び、横帆と縦帆が一杯に張られた姿は、煙突さえなければまさに帆走戦艦であった。

ただ本艦の舷側には厚さ一四センチの鉄板が装甲帯として全面に張り巡らされ、同時代の世界最強の軍艦として君臨する位置づけにあったのである。

一八八五年にイタリア海軍はノーザンバーランド級装甲艦を上回る二隻の巨大装甲艦を完成させた。この艦にはすでに帆走装置はなく完全な蒸気駆動軍艦に変化していた。この二隻

第17図　イギリス装甲艦ワリアー

| | |
|---|---|
| 全　　長 | 127.8m |
| 全　　幅 | 17.68m |
| 基準排水量 | 9240トン |
| 主 機 関 | 2連成レシプロ機関 1基 |
| 最大出力 | 5470馬力 |
| 最高速力 | 14.4ノット |
| 武　　装 | 20センチ砲　4門他 |

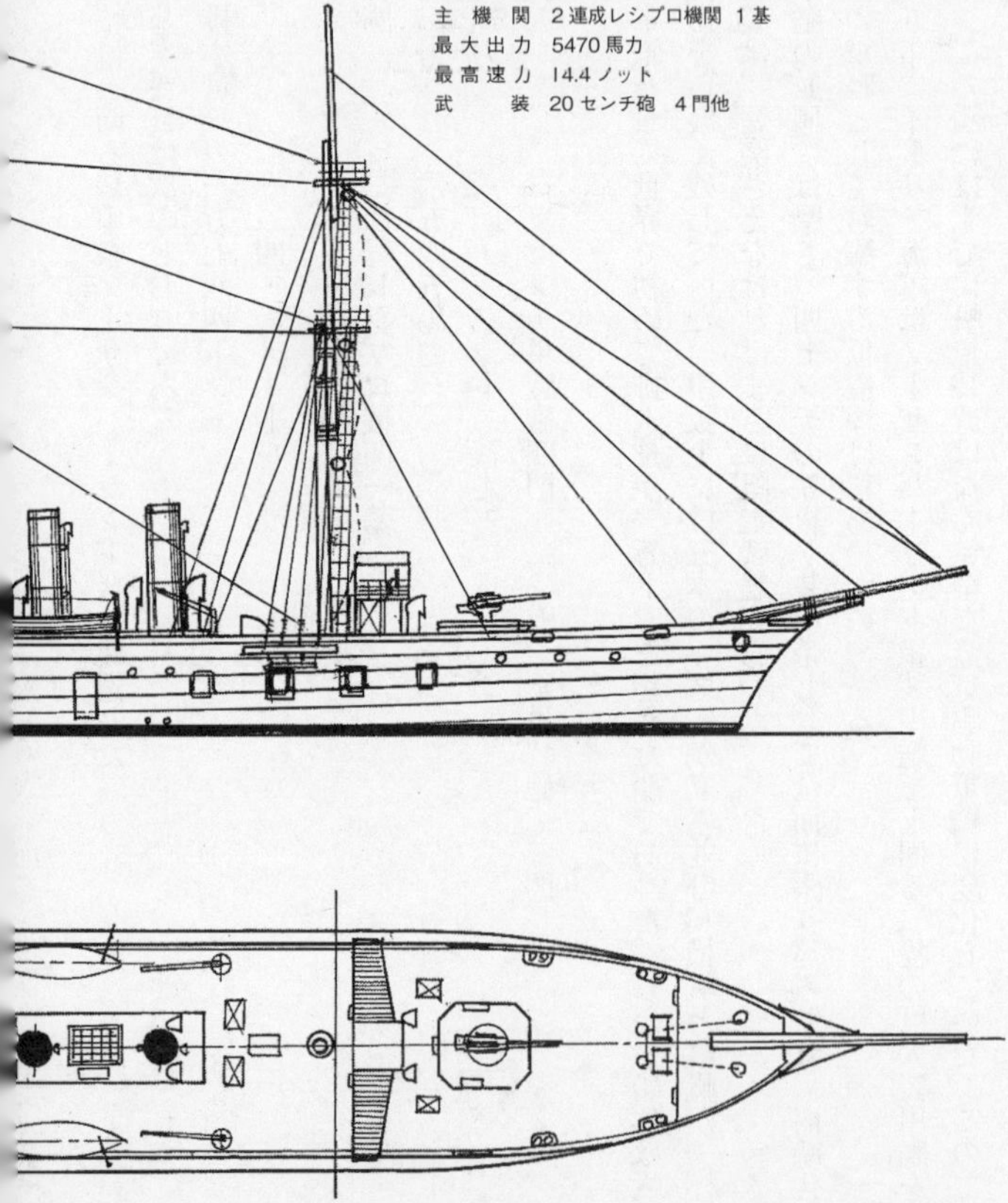

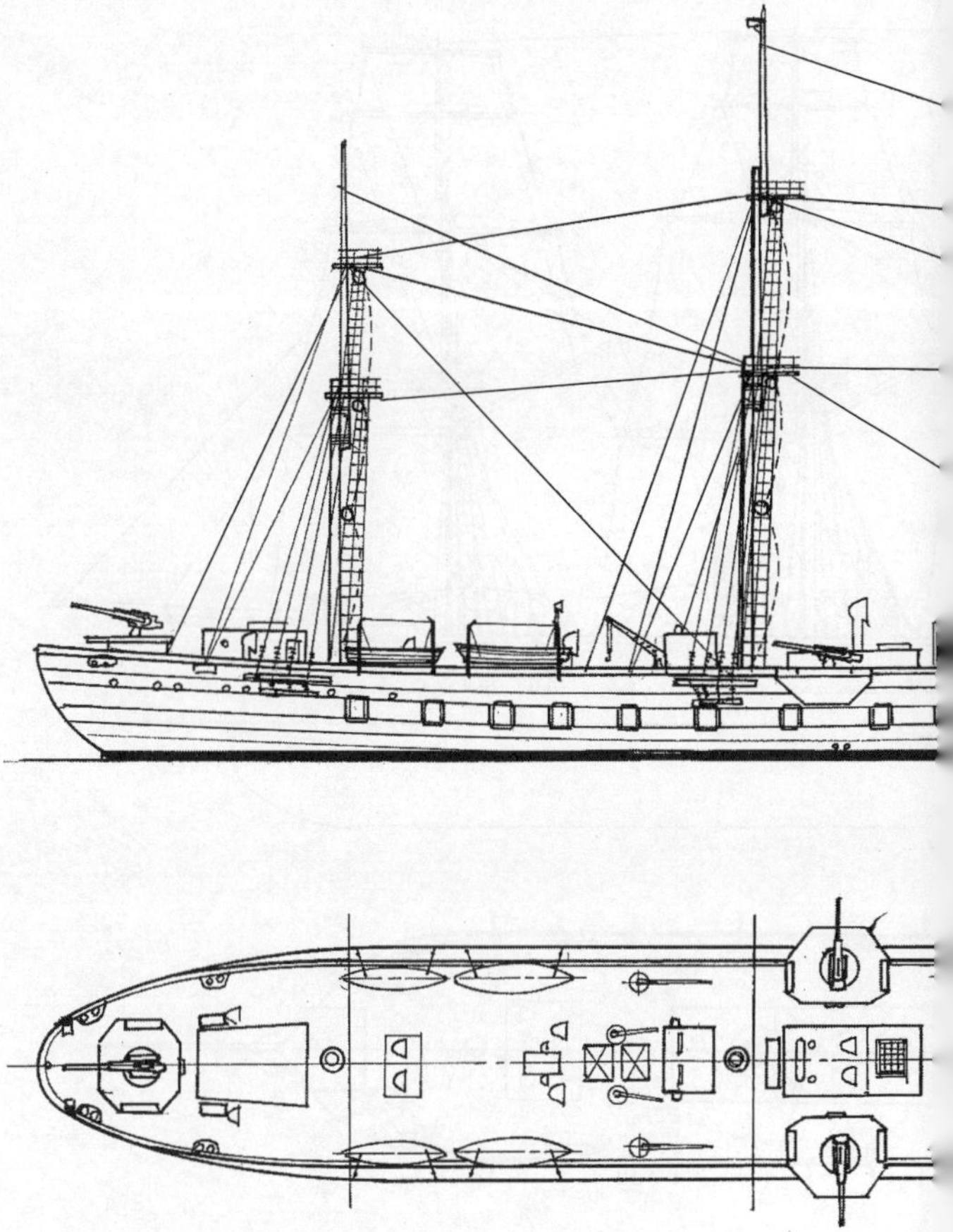

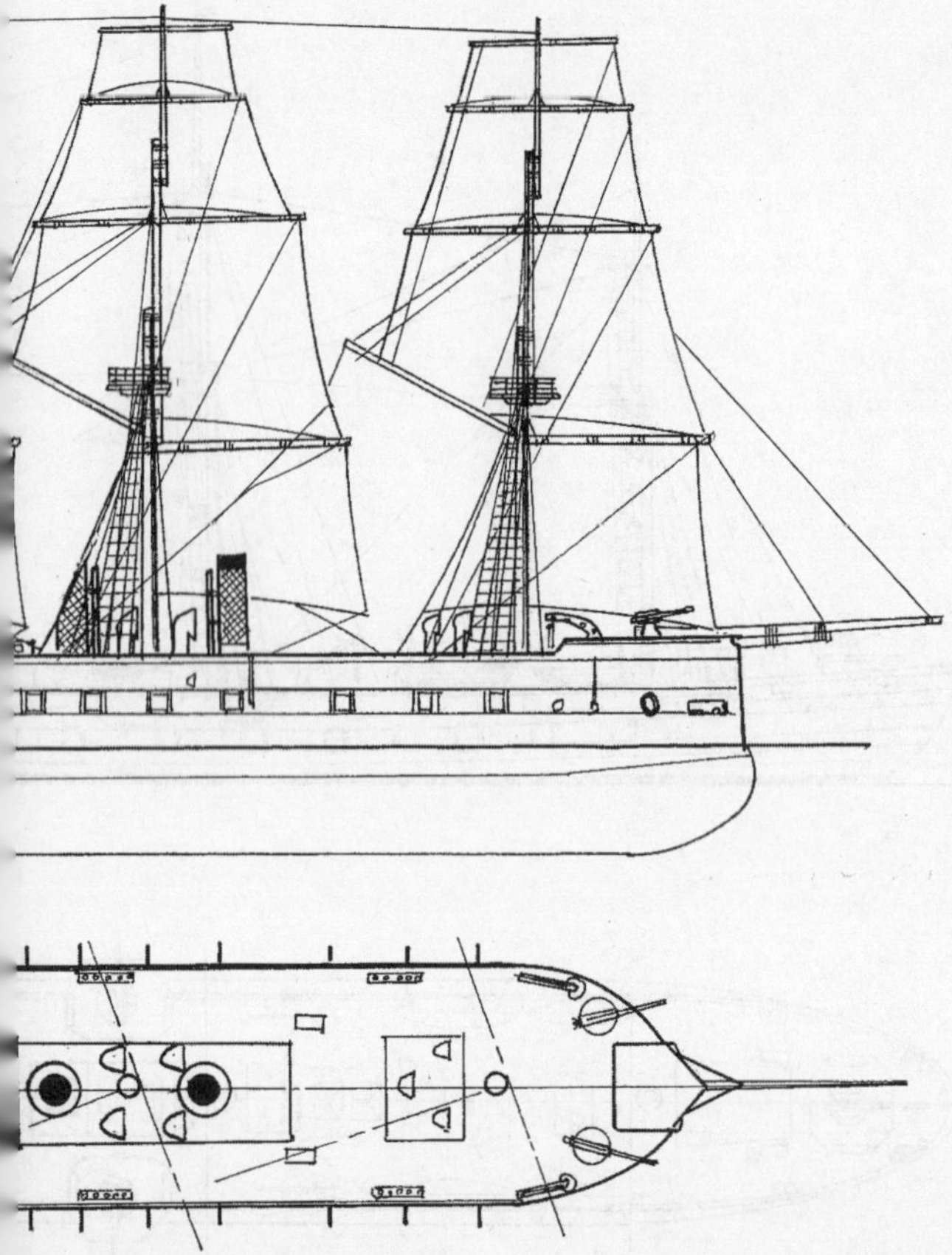

## 第18図　イギリス装甲艦ノーザンバーランド

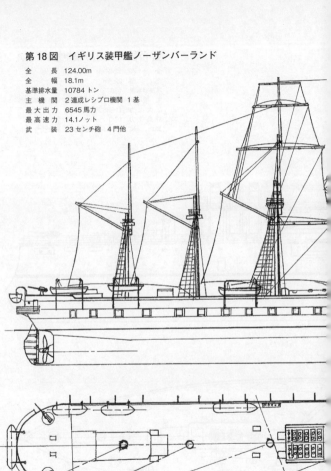

全　　長　124.00m
全　　幅　18.1m
基準排水量　10784トン
主 機 関　2連成レシプロ機関 1基
最大出力　6545馬力
最高速力　14.1ノット
武　　装　23センチ砲　4門他

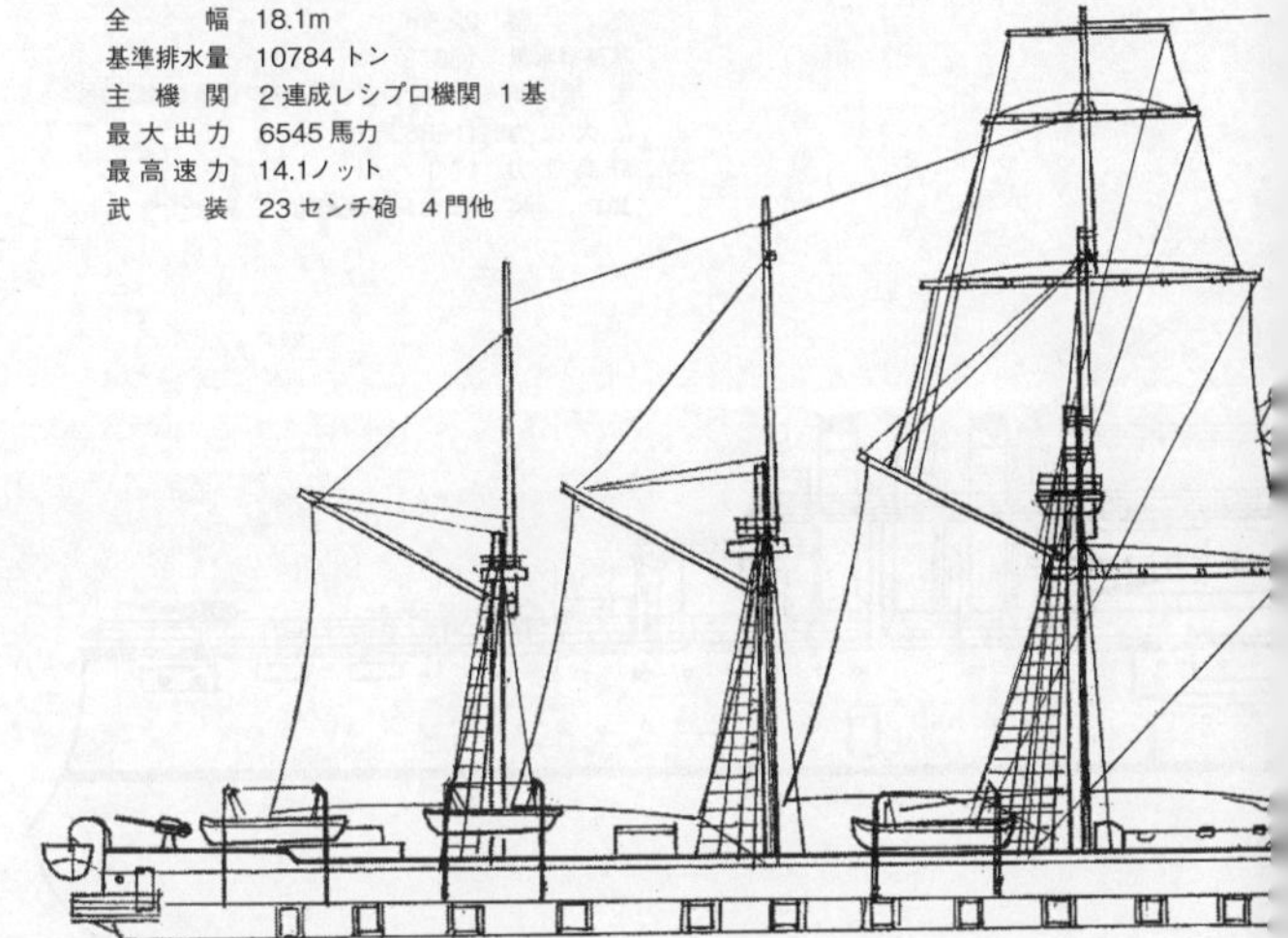

### 第19図　イタリア装甲艦イタリア

| | |
|---|---|
| 全　　長 | 124.7m |
| 全　　幅 | 22.5m |
| 基準排水量 | 13678トン |
| 主機関 | 2連成レシプロ機関　2基(2軸推進) |
| 最大出力 | 11986馬力 |
| 最高速力 | 17.8ノット |
| 武　　装 | 43センチ連装砲　2基他 |

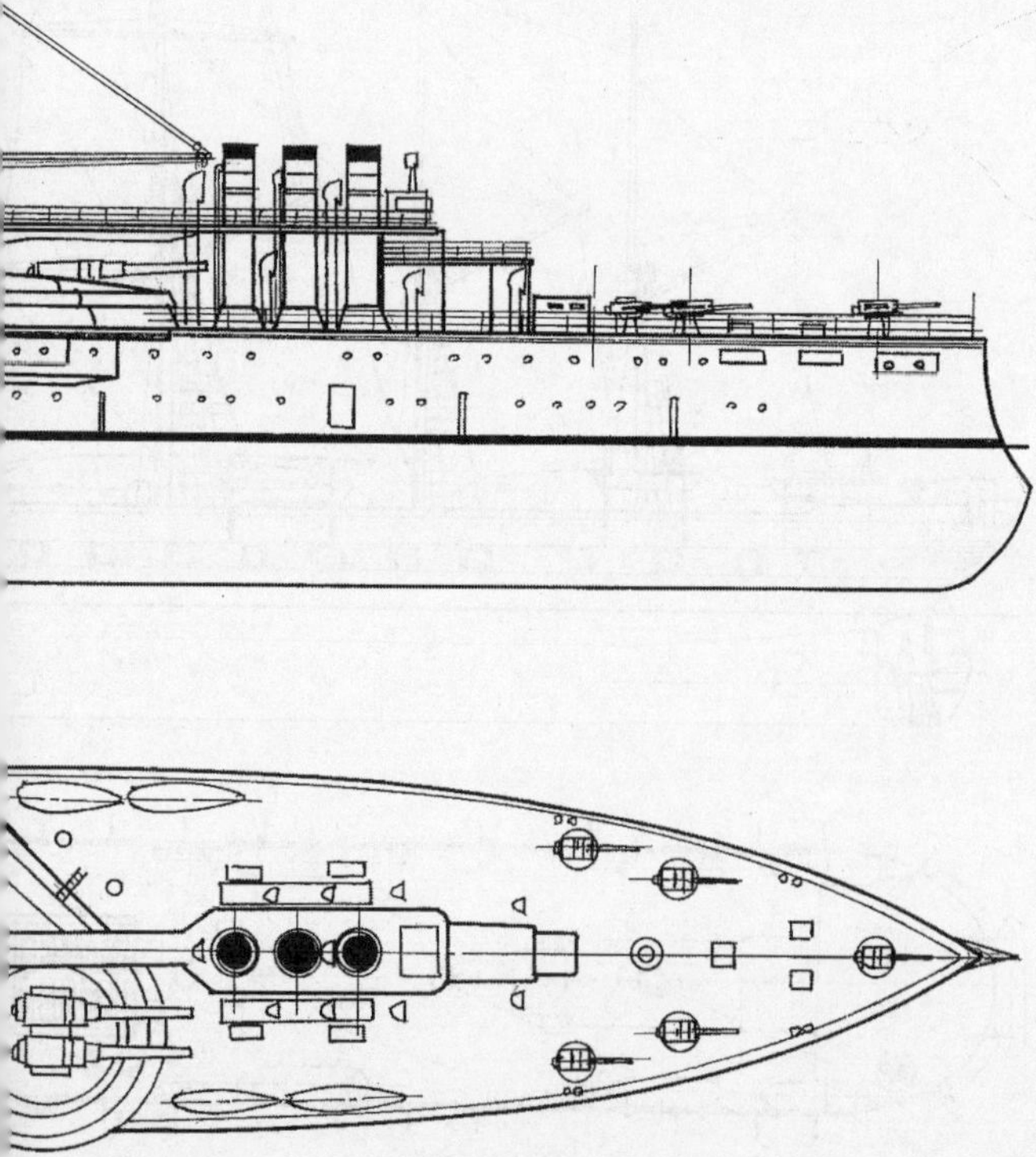

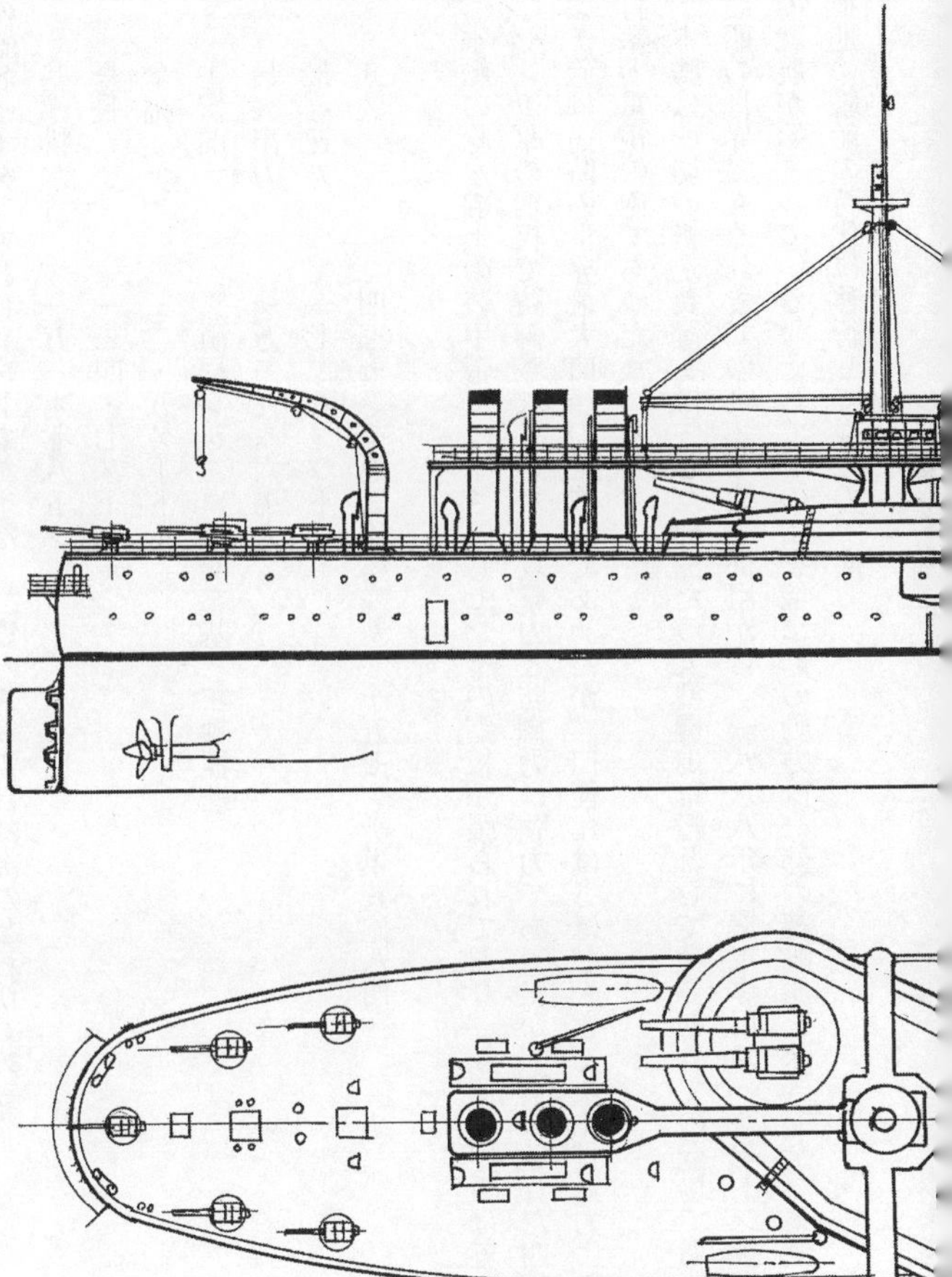

の艦名はイタリアとレパントであった。二隻の基本要目は次のとおりである。

基準排水量　一万三六七八トン
全長　一二四・七メートル
全幅　二二・五メートル
主機関　二衝程レシプロ機関二基　二軸推進
最大出力　一万一九八六馬力
最高速力　一七・八ノット
武装　四三センチ連装砲塔二基、一五センチ単装砲八門

本艦の吃水線上の装甲帯には厚さ四八センチの鋼板が張られており、舷側や甲板は五〜一〇センチ厚の鋼板で防御されていた。攻撃力と防御力は強力であったが、搭載された四三センチ砲は当時の世界最大口径の艦載砲であったが、口径比はさほど大きくなく貫通力よりも打撃力重視の砲であった。

本艦は一切の帆走装置を撤去した純然たる大型機走軍艦として世界初めての登場であった。商船の世界でもそれまでの帆装・機走併用から、一八八八年に機走専用の一万総トン級客船の就航が始まっている。そしてこの頃を境に船の動力は一部の純帆船を除き完全な蒸気機関推進の艦船の時代に移行してゆくのである。

イタリアとレパントの二隻の大型の完全機走式装甲艦の出現は、世界の海軍に衝撃を与えた。この二隻が出現するとイギリス、ドイツ、ロシアの各海軍は競って基準排水量一万トン級の完全機走式軍艦の建造に入った。艦の様式も装甲艦より強力な「戦艦」という艦種による建造競争が始まったのである。

そしてここで突然、巨大軍艦の建造競争に参入してきたのが日本海軍であった。

日本海軍は明治という改革期に入ってわずか三二年しか経過していない一九〇〇年に、イギリス海軍が建造した九隻のマジェスチック級戦艦をわずかに超える大きさの、四隻の戦艦をイギリスに発注し建造した。艦名は戦艦「敷島」「初瀬」「朝日」「三笠」である。これら四隻の基本要目は次のとおりである。

基準排水量　一万四八五〇トン
全長　一三三・五メートル
全幅　二三・〇メートル
主機関　三衝程レシプロ機関二基　二軸推進
最大馬力　一万四五〇〇馬力
最高速力　一八ノット
武装　三〇センチ連装砲塔二基、一五センチ単装砲一四門
装甲　舷側装甲帯二二九ミリ、砲塔および司令塔三五〇～三六〇ミリ

## 第20図　戦艦敷島

| | |
|---|---|
| 全　　長 | 133.50m |
| 全　　幅 | 23.00m |
| 基準排水量 | 14850トン |
| 主 機 関 | 3連成レシプロ機関　2基 |
| 最大出力 | 14500馬力 |
| 最高速力 | 18.00ノット |
| 武　　装 | 30センチ連装砲　2基他 |

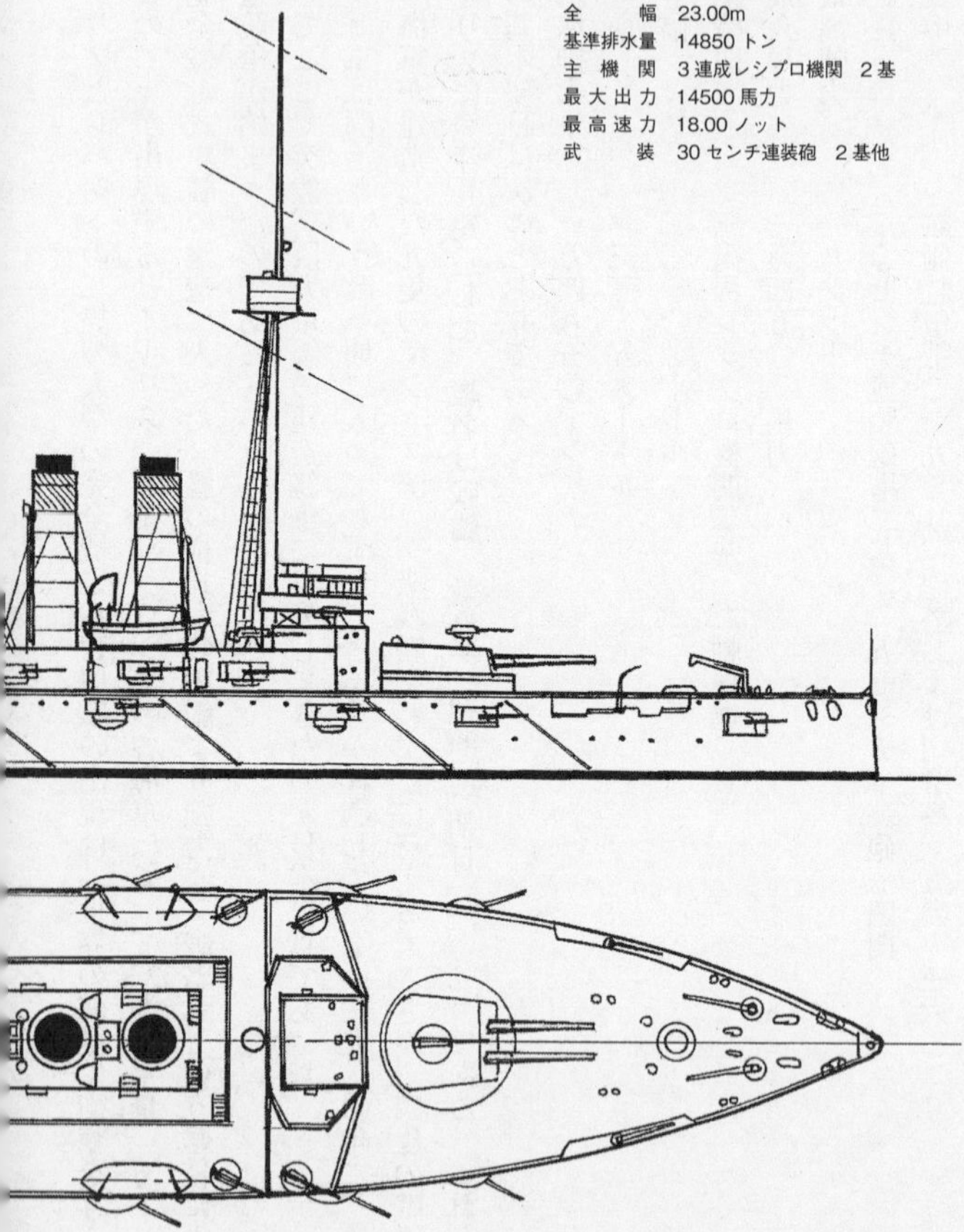

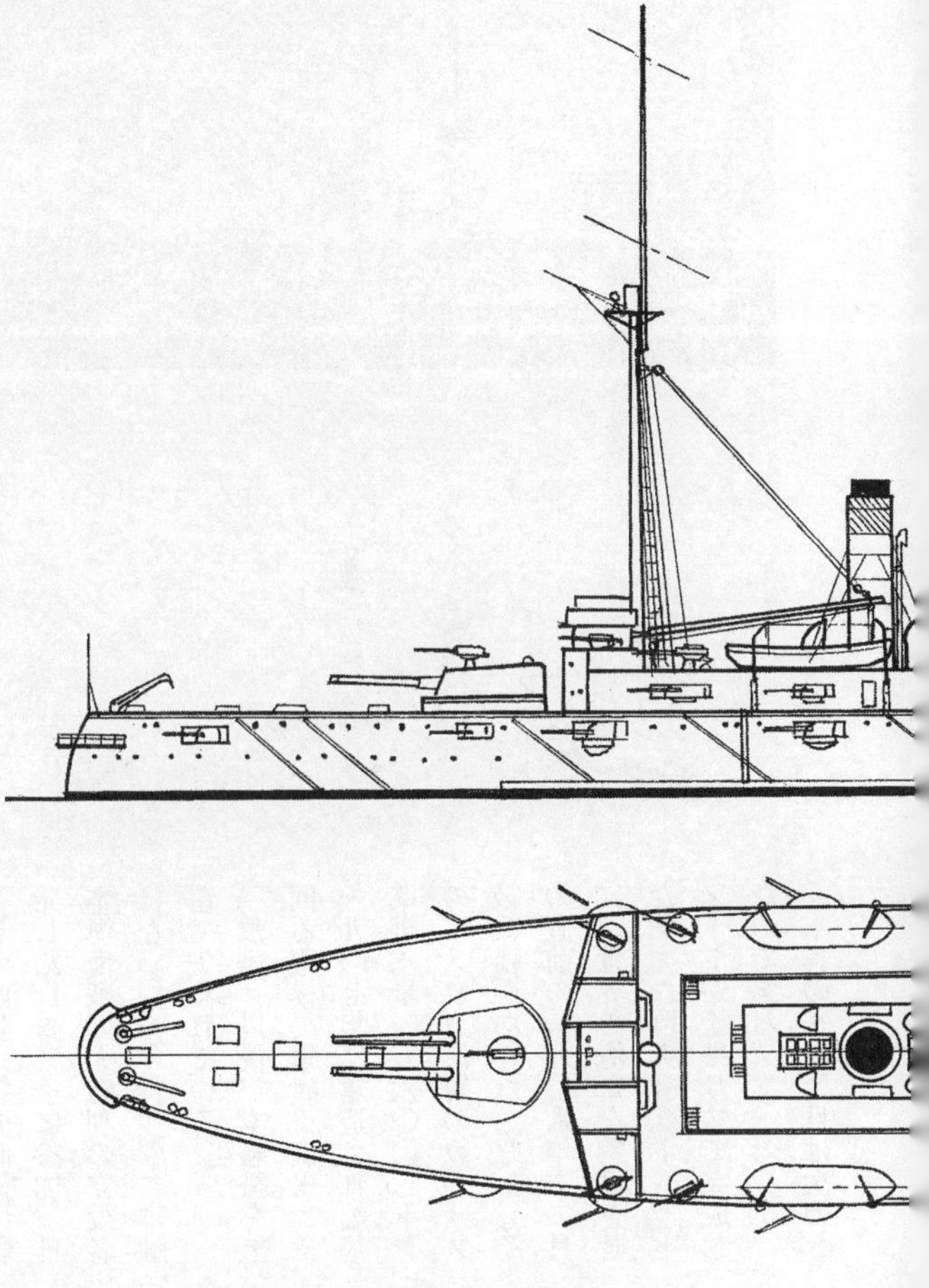

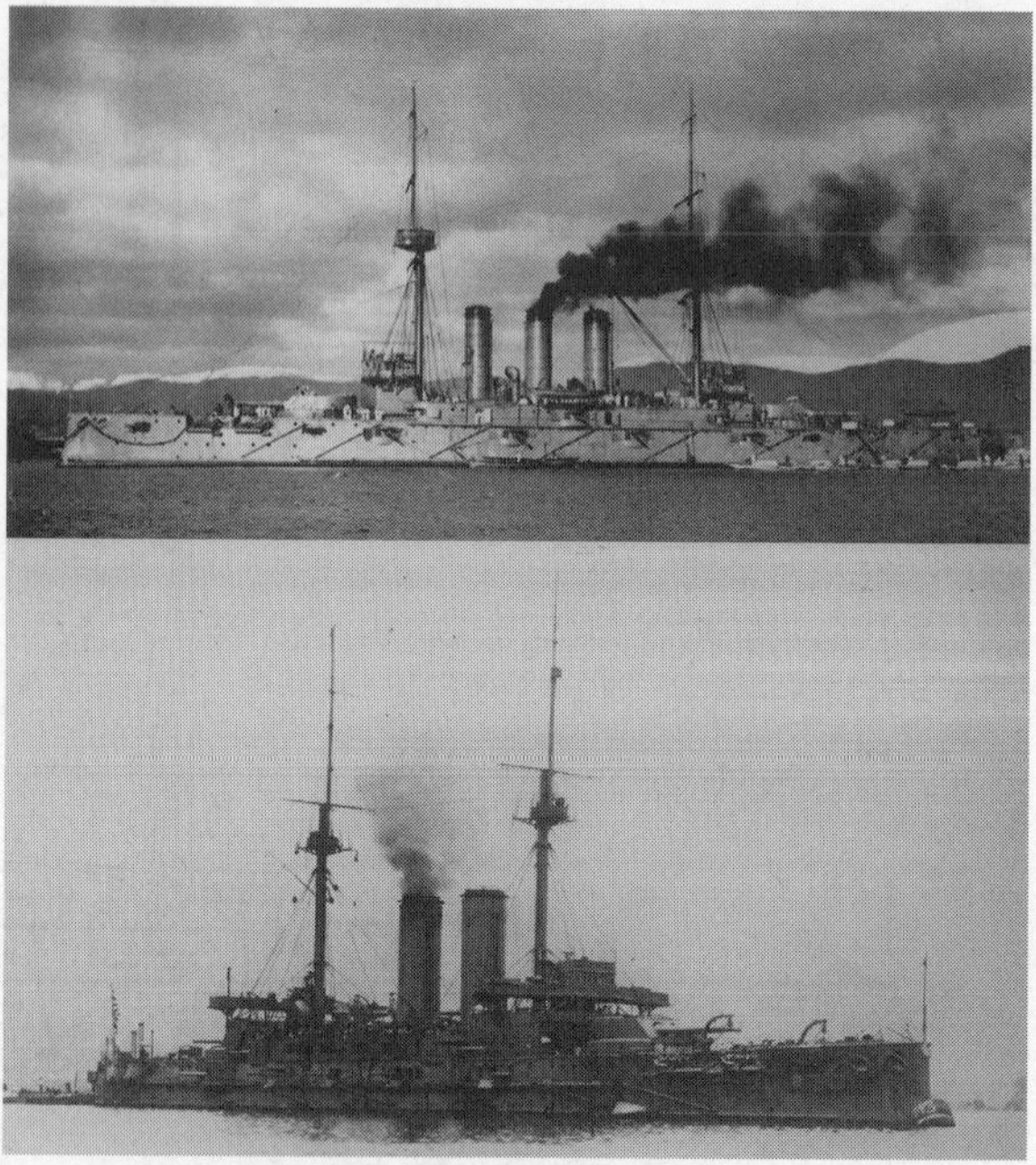

(上)敷島、(下)三笠

この四隻は完成直後に勃発した日露戦争に参加、日本海海戦の大勝利の立役者になったが、「初瀬」は触雷で失われている。

「敷島」以後、本艦級を上回る規模の軍艦（戦艦）は、一九〇七年に建造された基準排水量一万六〇〇〇トンのアメリカ海軍のカンサス級戦艦があった。しかしその直前の一九〇六年十二月に、世界の海軍を驚愕させた強力な巨大戦艦ドレッドノートがイギリスで完成したのである。

本艦の基本要目は次のと

おりである。

基準排水量　一万八一一〇トン
全長　一六〇・六メートル
全幅　二五メートル
主機関　三衝程蒸気タービン機関四基　四軸推進
最大馬力　二万三〇〇〇馬力
最高速力　二一ノット
武装　三〇センチ連装砲塔五基
装甲　水線装甲帯二八〇ミリ、砲塔二八〇ミリ、司令塔三〇五ミリ、装甲甲板七〇ミリ

本艦はその大きさにも驚かされたが、世界の海軍を驚愕させたのは、副砲を装備しないで同一口径の大口径（三〇センチ）主砲塔五基を集中配備した搭載方法にあった。これはドレッドノートが出現するまでの基本でもあった、大口径（三〇センチ）主砲塔二基搭載が常識化していたなかでの五基搭載は、一隻で従来の戦艦二隻分の砲戦力を持つことを意味し、世界の海軍が保有する戦艦を一気に旧式化するほどの衝撃的な出来事だったのである。また本艦は戦艦として初めて強力な蒸気タービン搭載を実用化したことも、驚異的なことであった。

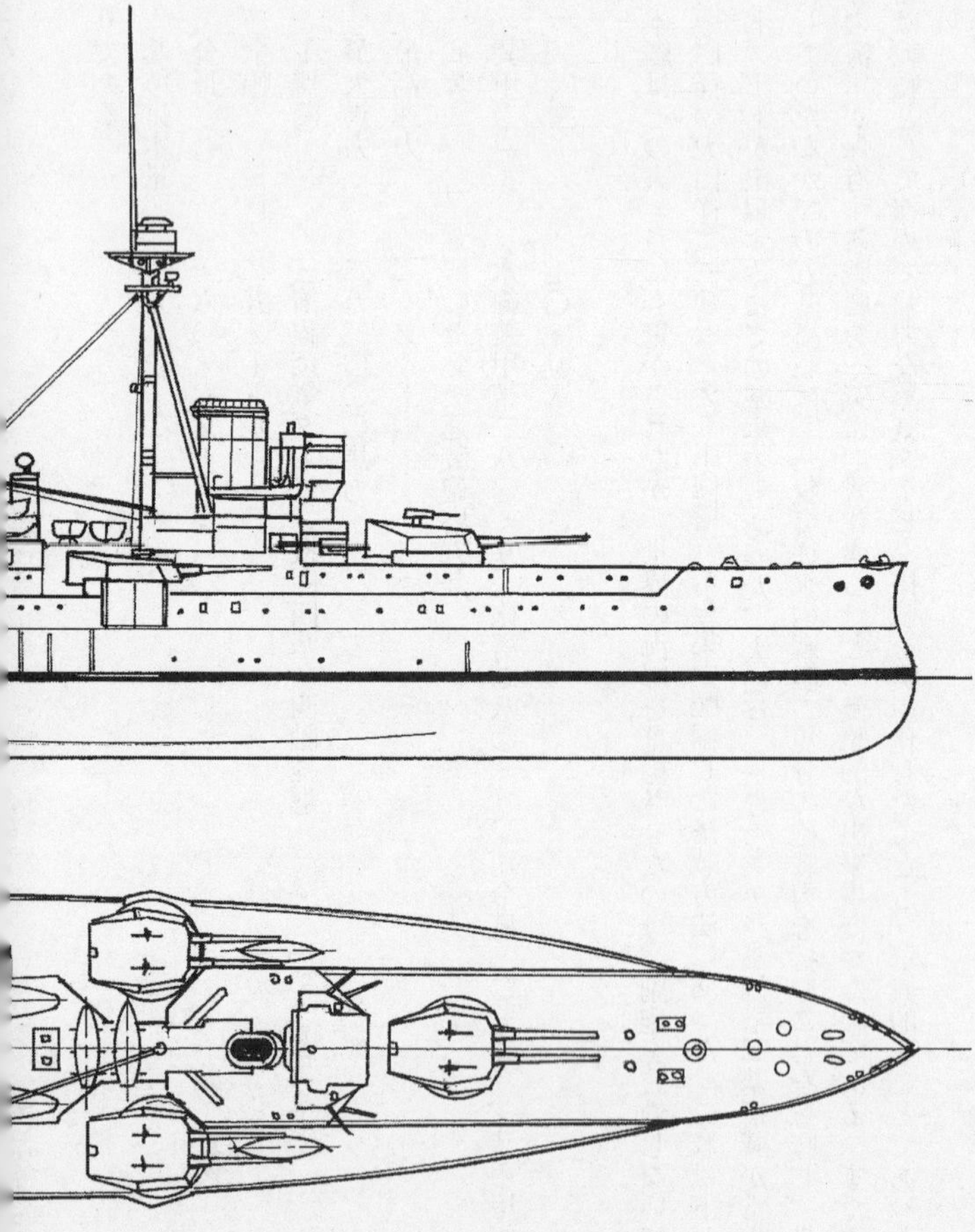

## 第21図　イギリス戦艦ドレッドノート

全　　長　160.60m
全　　幅　25.00m
基準排水量　18110トン
主　機　関　蒸気タービン機関　4基(4軸推進)
最大出力　23000馬力
最高速度　　　21.0ノット
武　　装　30センチ連装砲　5基

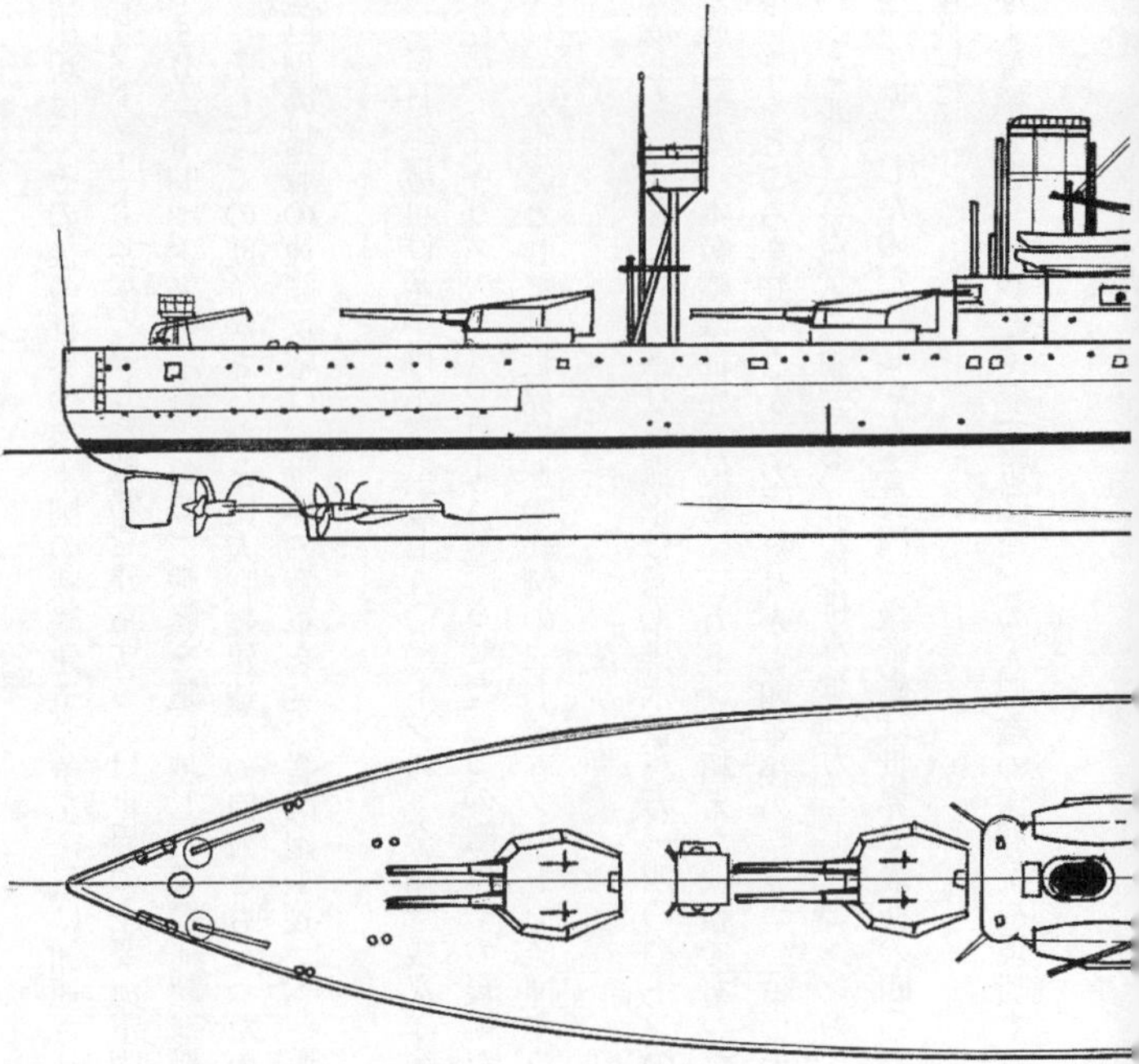

戦艦ドレッドノートの出現は、その後の世界の海軍国の戦艦建造競争を一気に加速させることになった。「戦艦ドレッドノートを追い越した戦艦を建造する」は世界の主要海軍国の合言葉にまでなった。つまり「ドレッドノート級（弩級）戦艦を追い越した戦艦＝超弩級戦艦」の建造の開始である。そしてこの競争がさらなる巨大戦艦建造への口火ともなったのであった。船体の巨大化と巨砲の搭載の連鎖反応は、世界の海軍を「大艦巨砲主義」へと導いていったのである。

一九一三年（大正二年）に日本海軍は基準排水量二万七五〇〇トンの「金剛」級巡洋戦艦四隻の第一艦（金剛）を完成（イギリスのヴィッカース社）させた。この艦はその規模だけでなく最高速力においては、大型艦としては世界最速の異例の二七・五ノットを発揮する艦となったのである。

「金剛」級巡洋戦艦が完成した三年後に、アメリカ海軍は基準排水量三万一四〇〇トンのペンシルバニア級戦艦を完成させた。本級艦は世界で最初に三万トンを超えた戦艦であった。しかし艦の規模の拡大は止まるところを知らなかった。それから四年後の一九二〇年（大正九年）に、日本海軍はペンシルバニア級を凌駕する、基準排水量三万二七三〇トンの「長門」級戦艦を建造（呉海軍工廠）したのだ。しかも「長門」級戦艦は世界で最初の四〇センチ（一六インチ）砲を搭載した。

ここに至りアメリカは主導権を握り、戦艦や航空母艦などの大型艦の保有量を規制する海軍軍縮条約会議を当時の五大海軍国（アメリカ、イギリス、日本、フランス、イタリア）間で開催することを提案したのだ。その趣旨は、今後無制限に戦艦などの大型艦の建造競争を展開することは、アメリカは無論のこと各国ともに国家財政への大きな負担となることは明白であり、一つの世界的な約束としての足枷をはめ、巨大艦建造競争へ制限を加えようとするものであった。

本会議はワシントン海軍軍縮会議として開催され、一九二二年（大正十一年）に当事国の五ヵ国間で制限条約は締結された。

この会議ではとくに主力艦や航空母艦の各国の保有量に制限が設けられ、当然ながら無制限に大型の戦艦や巡洋戦艦を建造することは不可能になった。この結果、アメリカ、イギリス、フランスは制限枠順守の中で基準排水量三万三〇〇〇～三万八〇〇〇トン級の複数の戦艦の建造を開始したのだ。

しかし各国の思惑をよそにイタリアは一九三四年に基準排水量四万一三七七トンの巨大戦艦ヴィットリオ・ヴェネト級の建造を開始したのだ。世界最大規模の戦艦である。さらにドイツはナチス・ドイツ政権の樹立にともない、再軍備に対する厳しい枠組みを規定したベルサイユ条約を破棄し、一九三六年に基準排水量四万一七〇〇トンのビスマルク級巨大戦艦二隻の建造を開始したのであった。

一方日本では、ワシントン条約とそれに続く海軍軍縮条約であるロンドン条約に対し、国

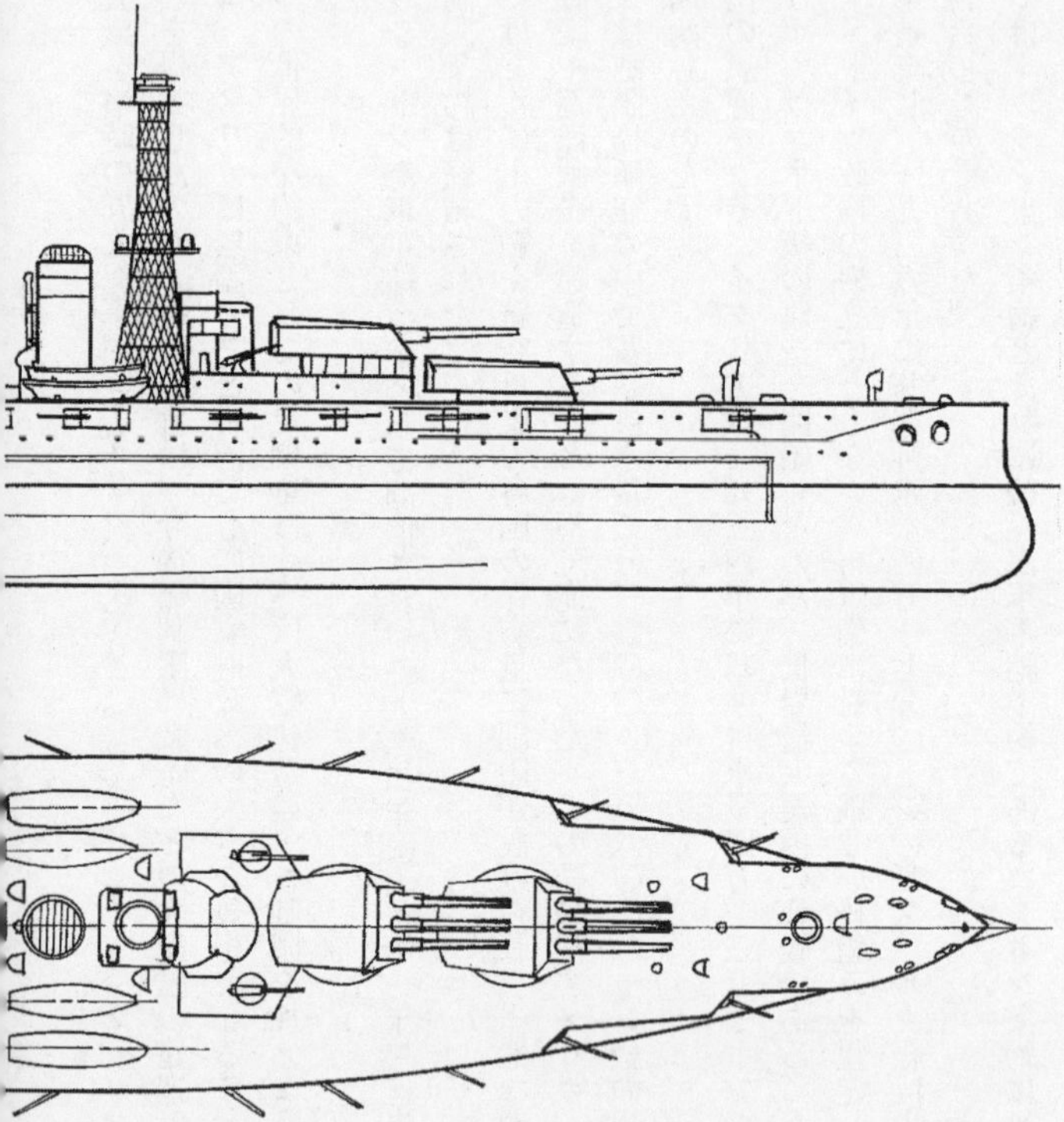

## 第22図　アメリカ戦艦ペンシルバニア

全　　長　185.3m
全　　幅　29.6m
基準排水量　31400トン
主 機 関　蒸気タービン機関　4基(4軸推進)
最大出力　31500馬力
最高速力　21.0ノット
武　　装　36センチ3連装砲　4基他

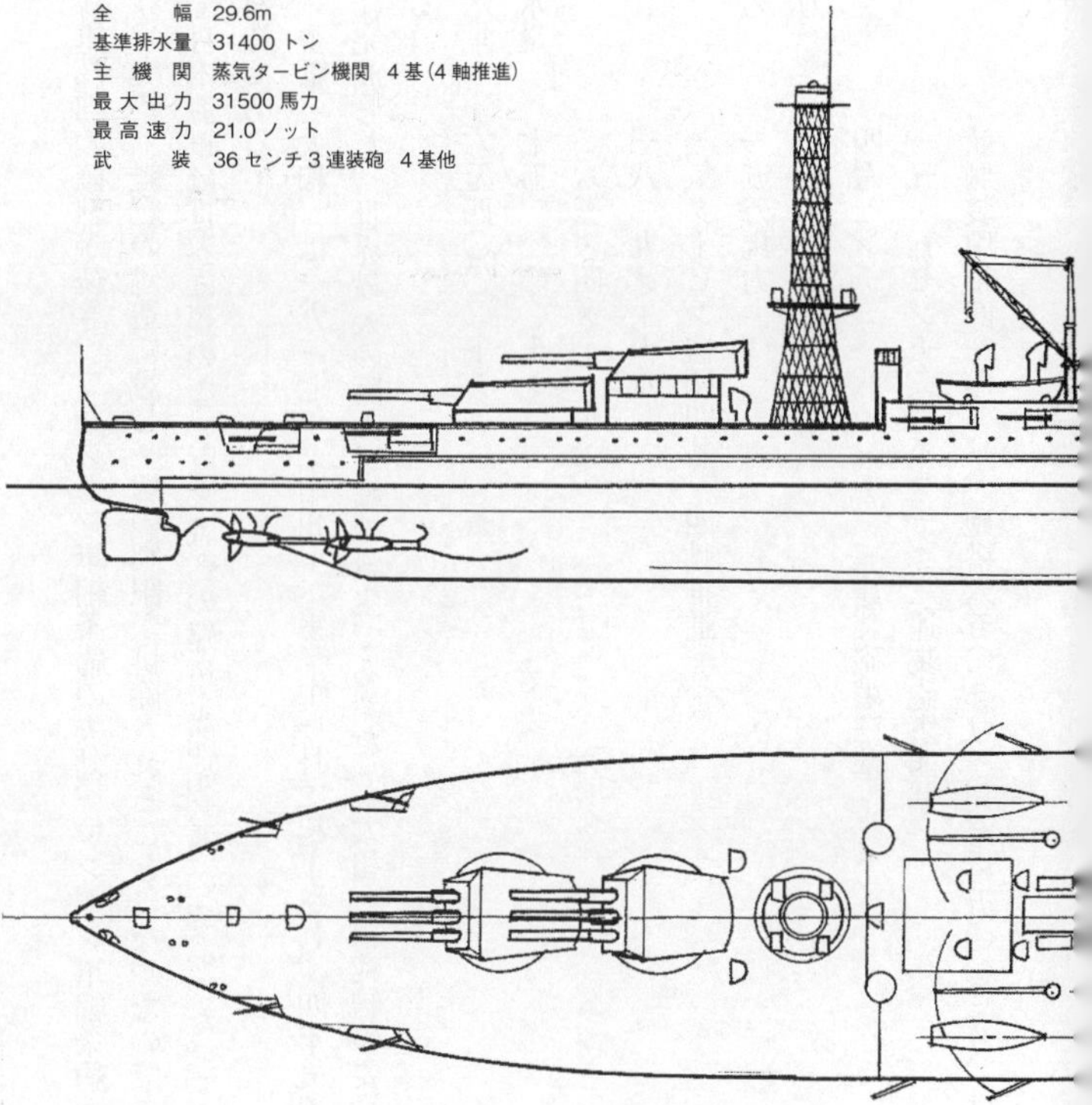

内は政府と海軍部内の確執が続き、ワシントン軍縮条約の失効、ロンドン軍縮条約からの脱退などにより、実質上艦艇の建造に対し一切の制限が排除されることになったのである。この状況の中で日本海軍は世界に類のない巨大戦艦の建造を開始したのであった。「大和」級戦艦二隻の建造である。

本級艦の一番艦「大和」は一九三七年（昭和十二年）十一月に起工され、四年後の一九四一年十二月に完成した。世界最大の巨大軍艦の誕生であった。「大和」級戦艦の要目は次のとおりである。

| | |
|---|---|
| 基準排水量 | 六万四〇〇〇トン |
| 満載排水量 | 七万二〇〇〇トン |
| 全長 | 二六三・四メートル |
| 全幅 | 三八・九メートル |
| 主機関 | 蒸気タービン機関四基　四軸推進 |
| 最大出力 | 一五万馬力 |
| 最高速力 | 二七ノット |
| 武装 | 四六センチ（一八インチ）三連装砲塔三基<br>一五・五センチ（六インチ）三連装砲塔四基 |
| 装甲 | 舷側装甲帯四一〇ミリ、砲塔六五〇ミリ、司令塔五〇〇ミリ、防御甲板 |

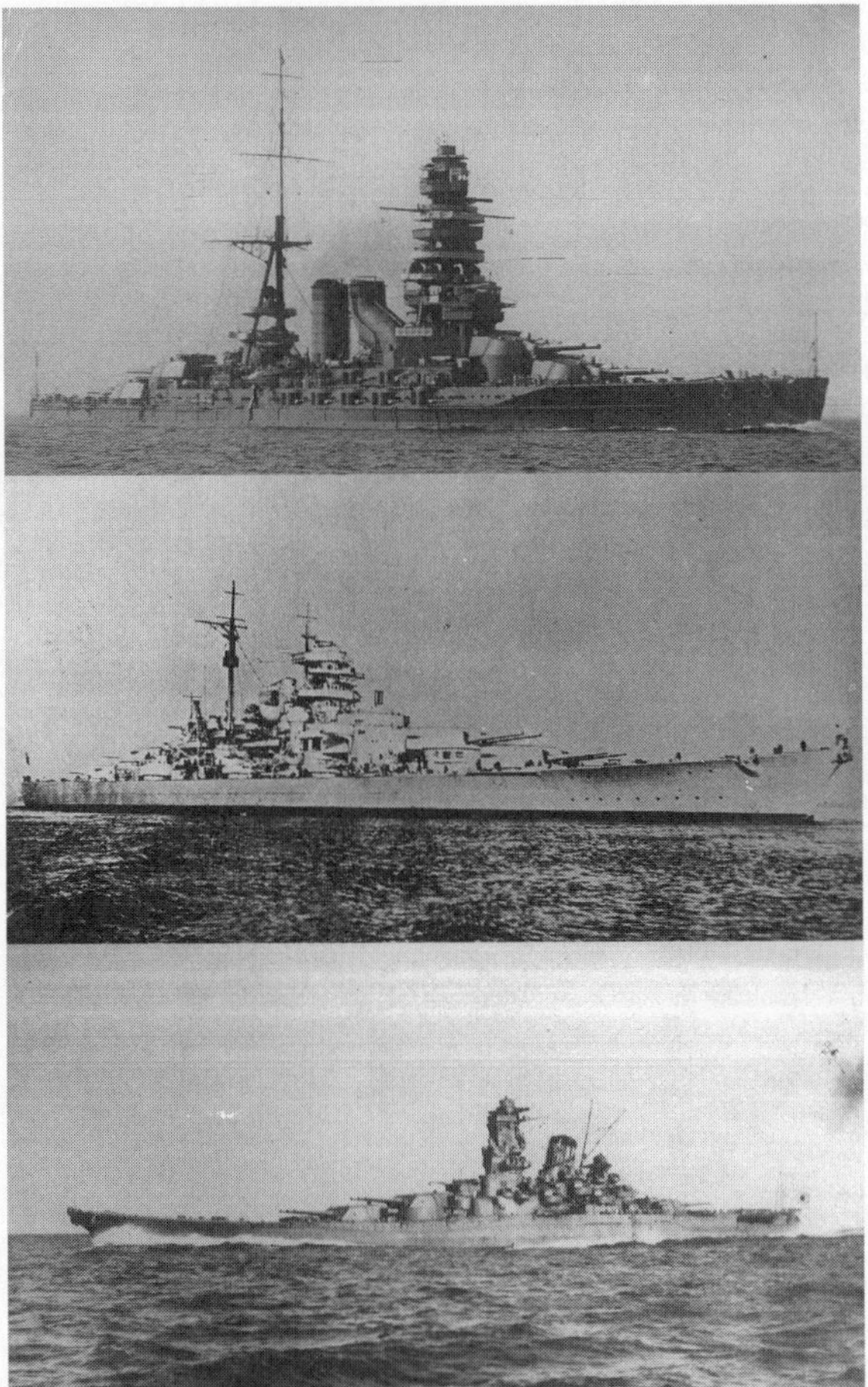

上から長門、ビスマルク、大和

二〇〇～二三〇ミリ

本艦は巨大軍艦の代表である戦艦の中でも、その強靭さと規模から「大艦巨砲主義の権化」ともいえる世界最強の軍艦であった。しかし本艦の建造が開始された頃にはすでに大艦巨砲主義の時代は揺るぎ始めていたのであった。一〇〇年前には想像すらしていなかった種類の軍艦の台頭が始まり、その新しい軍艦が次なる巨大軍艦の柱として進化してゆくことになったのである。航空母艦の発達である。

さて一九三〇年代に入り、戦艦の巨大化が進むなかで、従来から存在する巡洋艦、なかでも重巡洋艦の位置づけについて一つの考えが台頭してきた。それは重巡洋艦という枠組みから大きく逸脱した巨大な重巡洋艦を建造し、巡洋艦戦隊を嚮導することにより、より強力な戦闘力としようとする考えである。

つまり重巡洋艦と同等の速力と装甲を持ち、より強力な主砲を搭載し、相手重巡洋艦戦隊を撃破しようとする考えである。

この考えはドイツ海軍ではシャルンホルスト級、フランスではダンケルク級という既存の戦艦の規模を縮小した戦艦の出現で一つの答えが出されたが、これらは重巡洋艦の枠組みの中で行動するには巨大に過ぎ、敏捷性に欠けるきらいが懸念された。そこで考え出されたのが、既存の重巡洋艦に対し絶対的な砲戦力を持つが、防御は既存の重巡洋艦並みで速力も既存の重巡洋艦と同等という、新しいタイプの、走・攻・守のそろった超重巡洋艦を建造するという構想である。

この超重巡洋艦は、戦艦を相手にした場合には、戦艦を超える高速力と戦艦並みの砲戦力でヒット・エンド・ラン戦法によるゲリラ戦法を展開し、以後の海戦を有利に展開するきっかけを準備する、というのが主な任務となるのである。

この構想を実現させようとしたのが日本海軍であった。日本海軍はこのタイプの超重巡洋艦を「超甲巡」と称し、二隻の建造を計画したのであった。

日本海軍がこの「超甲巡」を具体的に検討する以前の一九三八年に、アメリカ海軍は日本海軍が基準排水量二万トン、三〇センチ主砲六門搭載の「超大型重巡洋艦を建造する計画を持つ」という情報をつかんだのだ。

この情報はまったくの誤報であったとされているが、一九四一年（昭和十六年）に策定した第五次海軍軍備充実計画（通称、マル五計画）で、日本海軍は二隻の超甲巡洋艦の建造を計画したことと照らし合わせると、誤報ではなかったとも考えられるのである。

アメリカ海軍はこの日本海軍の超重巡洋艦が出現すると、アメリカの巡洋艦戦隊は絶対的に不利となるとして、一九四一年七月に六隻の超重巡洋艦の建造を決めたのだ。そして同年十二月から建造が開始されたが、これら超重巡洋艦はアラスカ級と呼称された。

アラスカ級超重巡洋艦は一九四四年に二隻（アラスカ、グアム）が完成したが、以後の四隻の建造は中断、そして中止された。

アラスカ級超重巡洋艦の要目は次のとおりである。

基準排水量　二万七〇〇〇トン
満載排水量　三万四二五三トン
全長　二四六・四メートル
全幅　二七・七メートル
主機関　蒸気タービン機関四基　四軸推進
最大出力　一五万馬力
最高速力　三三・〇ノット
武装　三〇センチ三連装砲塔三基、一二・七センチ連装砲塔六基
装甲　舷側装甲帯二二九ミリ、砲塔三二五ミリ、司令塔二六九ミリ、防御甲板三六〜二六九ミリ

アラスカ級重巡洋艦の規模は一九〇〇年当初の戦艦よりも大型であり、重巡洋艦として評価するには疑問の残る艦であったが、完成後は実戦部隊に配置された。しかし戦艦部隊と共同で運用するには脆弱であり、重巡洋艦として運用するには過大に過ぎ扱いにくく、結局本

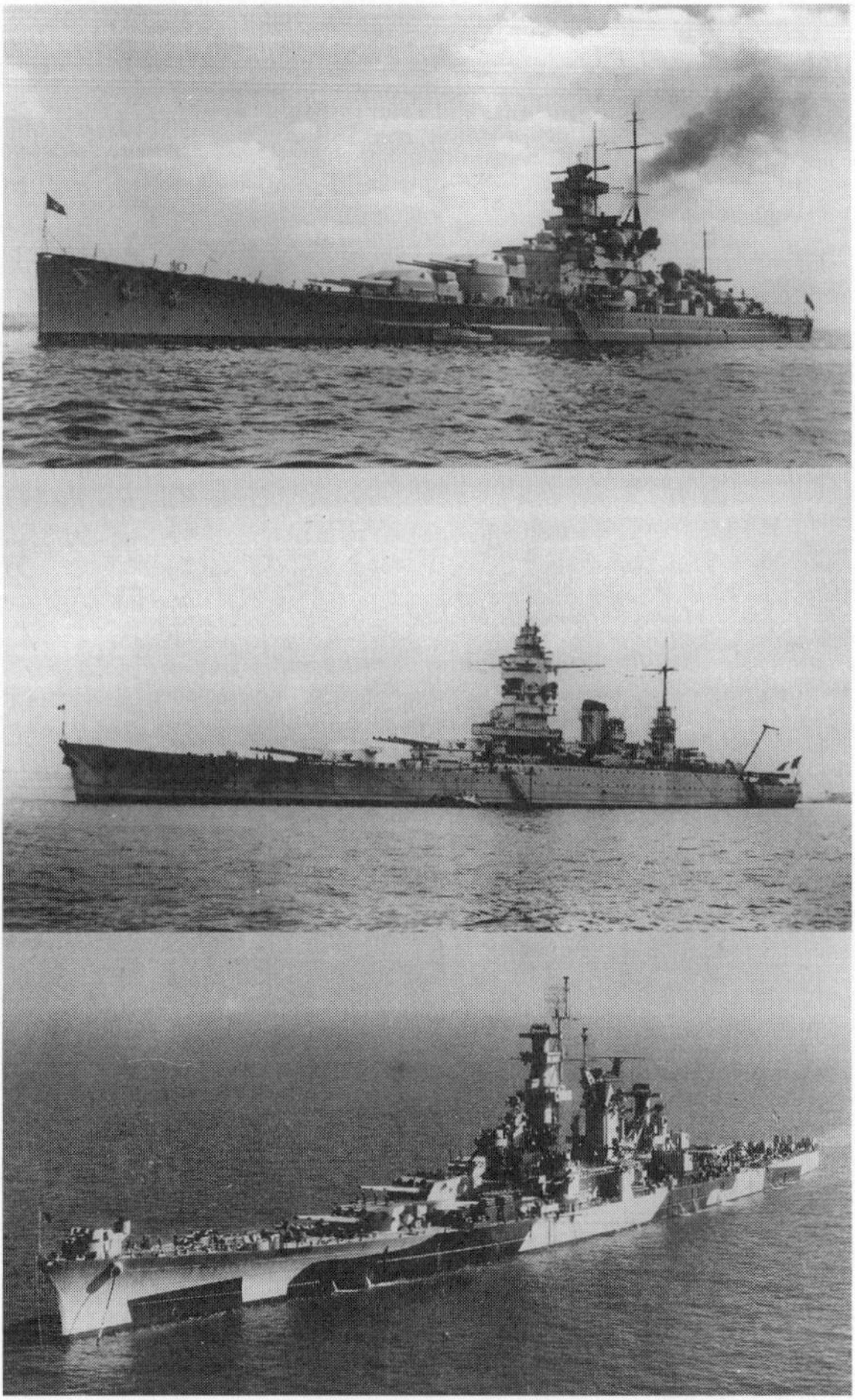

上からシャルンホルスト、ダンケルク、アラスカ

来の趣旨があいまいさが残るものであっただけに、巨艦ではありながら完全な失敗作と評価され、戦争終結後は早々に廃艦処分とされた。

本艦は間違いなく「大艦巨砲主義」時代に誕生したピエロ的存在の艦であったと評することができる。巨大戦闘艦艇時代の終焉を知らせる合図であったのかもしれない。

# 第四章　航空母艦

アメリカのライト兄弟が一九〇三年十二月十七日に初めての有人動力飛行に成功した後、飛行機は急速な発達を遂げた。この急速な発達を促した要因に第一次世界大戦がある。足掛け五年の戦争の間の航空機の発達は驚異的であった。そして戦争終結後も飛行機の発達は止まらず、最初の有人飛行から四〇年後には、飛行機は爆弾や魚雷を搭載し、それまで海の脅威であった巨大な戦艦を、いとも簡単に海底に沈めてしまうほどの戦力の持ち主となっていたのである。

航空機が海軍の戦力として侮りがたい力を持っていることは、大艦巨砲主義全盛の一九三〇年頃でも、まだ海軍関係者には認識されていなかったのだ。この間に日本とイギリスは航空母艦を開発し、攻撃機を航空母艦に搭載し、軍艦攻撃の有力な戦力となる方法を模索していた。そして日本では様々な有力な艦載攻撃機を開発し、航空母艦戦力を戦艦や巡洋艦に勝る海軍戦力となる努力を怠らなかった。

世界最初の正規の航空母艦はその出現時期に多少の差はあるが、一九二二年（大正十一年）と一九二四年に出現した日本とイギリスの「鳳翔」とハーミーズであることに間違いはない。

いずれの航空母艦もその規模は基準排水量一万トン前後で、同じ時代の戦艦に比べれば小さな軍艦であった。そしてそこに搭載される「空飛ぶ兵器（航空機）」が巨大軍艦にとって不倶戴天の敵に進化することはまだ誰も信じていなかった。

航空母艦が急速に発達する歴史のなかで、戦艦に代わる強力な兵器に育ってゆく基礎となったものは、第二次世界大戦中のわずか数年間に築き上げられた航空機の発達であった。

航空母艦の巨大化は急速であった。一九二七年（昭和二年）三月に、日本海軍はワシントン条約の締結の結果、廃艦処分の対象になっていた巨大巡洋戦艦「赤城」を改造し、航空母艦「赤城」として完成させた。当時の「赤城」の基本要目は次のとおりであった。

| | |
|---|---|
| 基準排水量 | 二万六九〇〇トン |
| 全長 | 二四八・九メートル |
| 全幅 | 三一・〇メートル |
| 主機関 | 蒸気タービン機関四基　四軸推進 |
| 最大出力 | 一三万一二〇〇馬力 |

上から鳳翔、ハーミーズ、赤城

最高速力　　三一ノット
搭載航空機　　六〇機

そして同じ一九二七年十二月に、アメリカ海軍は軍縮条約の結果、廃艦処分の予定となった巡洋戦艦レキシントンを航空母艦に改造したのであった。本艦の基本要目は次のとおりである。

基準排水量　　三万三〇〇〇トン
全長　　二七〇・七メートル
全幅　　三二・二メートル
主機関　　蒸気タービン機関四基　四軸推進
最大出力　　一五万馬力
最高速力　　三一ノット
搭載航空機　　八〇機

戦艦に匹敵する規模の巨大航空母艦は、小型の正規航空母艦が出現してからわずか五年後に出現していたのである。航空母艦から出撃する爆弾や魚雷を搭載した攻撃機は、それまで海の王者として君臨していた巨大戦艦ですら、たちまち海底に葬る力を持つことを証明する

(上)レキシントン、(下)エセックス

までには多くの時間を要しなかった。大艦巨砲主義の産物である巨大戦艦の存在価値は急速に影が薄くなった。海軍国はより多くの航空母艦を、そして多数の攻撃機が搭載できる大型航空母艦の建造に邁進することになった。

一九四一年(昭和十六年)に日本海軍は「翔鶴」級という基準排水量二万五七〇〇トンの、改造航空母艦ではない世界最大規模の正規の大型航空母艦を完成させた。この航空母艦は七〇機以上の艦載機の搭載が可能であった。しかしその翌年の一九四二年にはアメリカ海軍は、基準排水量三万二八〇〇トンのエセックス級という世界最大級の正規航空母艦を完成させたのだ。本艦の航空機搭載量は八〇機以上である。

続々と建造される航空母艦は単艦で行動するのではなく集団行動を展開し、海上に浮かぶ移動式航空基地としての戦力を確立した。

巨大戦艦や巨大巡洋艦がいくら高速力の持ち主であろうとも、飛行機に比較すればその速力は比較にならないほどの低速である。どのような巨砲を発射してもその射程はせいぜい四〇キロ程度である。数百キロも離れた地点から、何百キログラムもの爆弾を搭載し攻撃してくる航空機に対し、もはや巨大軍艦の対抗手段はなくなっていた。

一九四三年頃の海上戦闘は航空母艦を主体にした航空戦に変化していた。その結果、航空母艦を保有する海軍は、より多くの航空機を搭載できる航空母艦の建造に力を注ぐことになったのであった。

こうした競争のなかで日本海軍は一九四四年（昭和十九年）に世界最大の正規航空母艦を完成させた。「大鳳」である。本艦の基本要目は次のとおりである。

基準排水量　二万九三〇〇トン
常備排水量　三万四二〇〇トン

全長　　　　二六〇・六メートル
全幅　　　　二七・七メートル
主機関　　　蒸気タービン機関四基　四軸推進
最大出力　　一六万馬力
最高速力　　三三・三ノット
搭載航空機　六〇〜七〇機

しかしアメリカ海軍は一九四五年に、さらなる巨大航空母艦を完成させた。世界最大のミッドウェー級航空母艦だ。本艦の基本要目は次のとおりである。

基準排水量　四万五〇〇〇トン
満載排水量　六万トン
全長　　　　二九五メートル
全幅　　　　三四・四メートル
主機関　　　蒸気タービン機関四基　四軸推進
最大出力　　二一万二〇〇〇馬力
最高速力　　三三・〇ノット
搭載航空機　九〇〜一二〇機

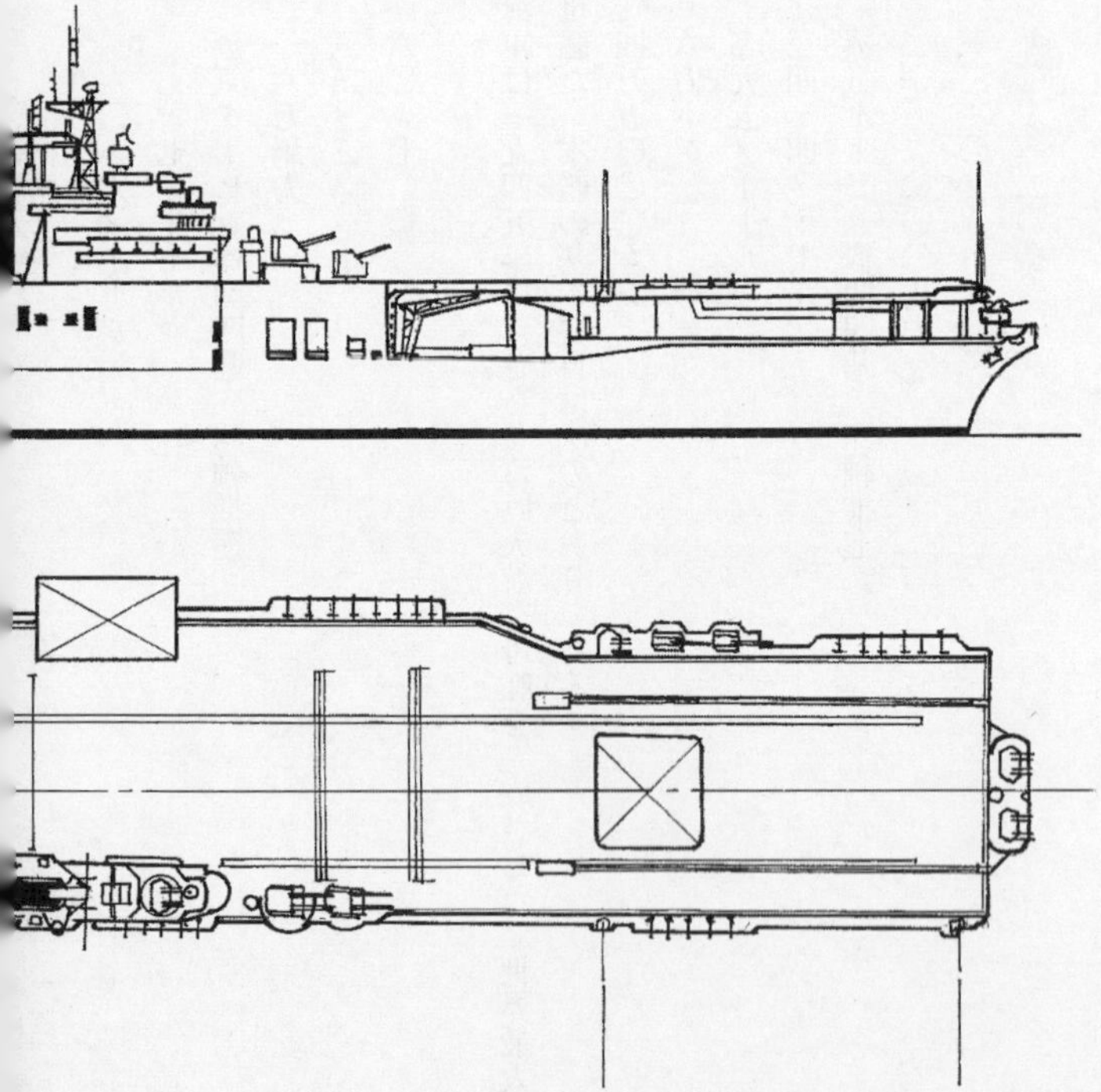

## 第23図　アメリカ航空母艦エセックス

全　　　長　272.6m
全　　　幅　30.8m
基準排水量　32800トン
主　機　関　蒸気タービン機関 4基（4軸推進）
最大出力　150000馬力
最高速力　33ノット
航空機搭載数　80機

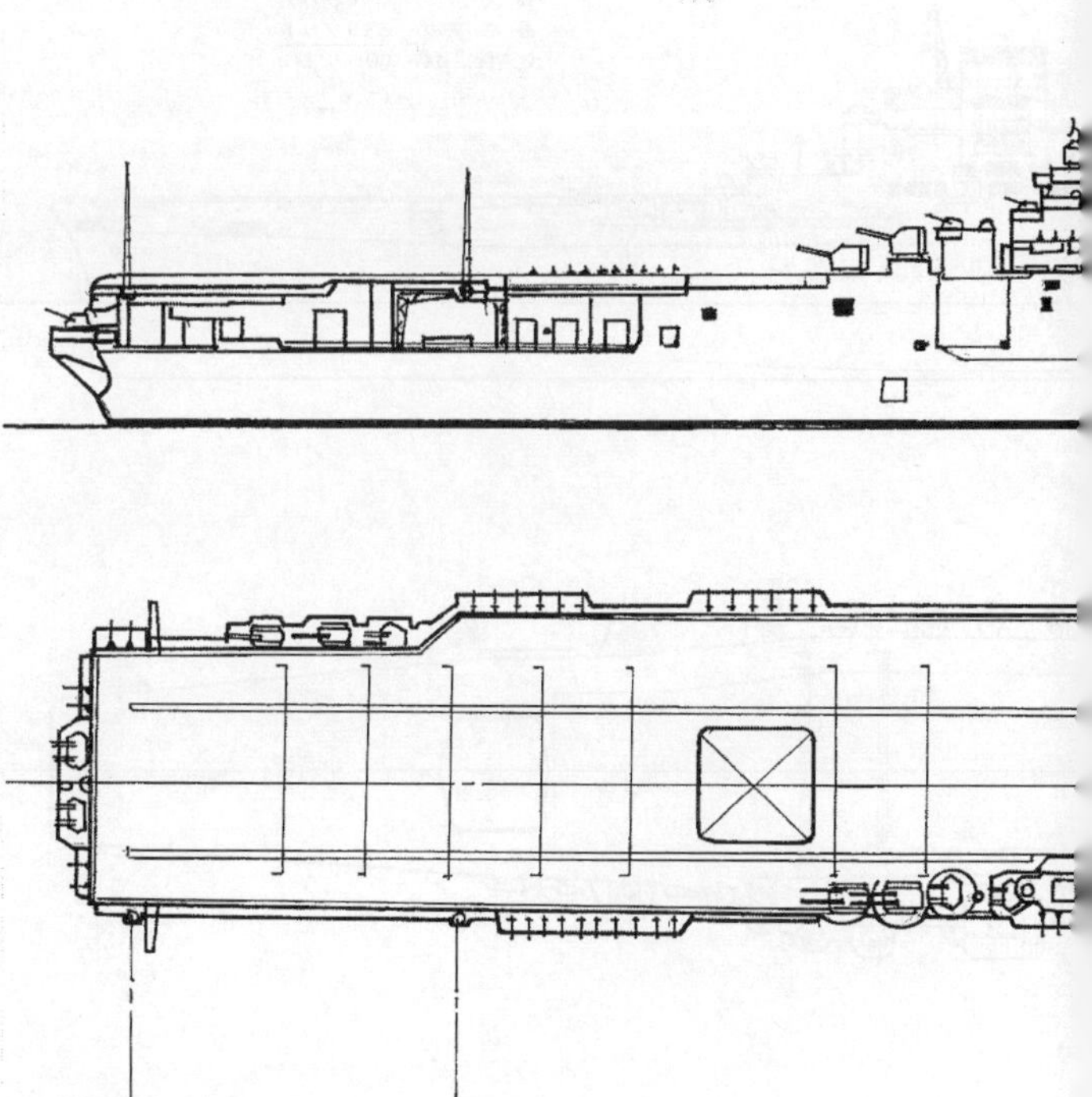

## 第24図　航空母艦大鳳

全　　長　260.6m
全　　幅　27.7m
基準排水量　29300トン
主　機　関　蒸気タービン機関　4基(4軸推進)
最大出力　160000馬力
最高速力　33.3ノット
航空機搭載数　60～70機

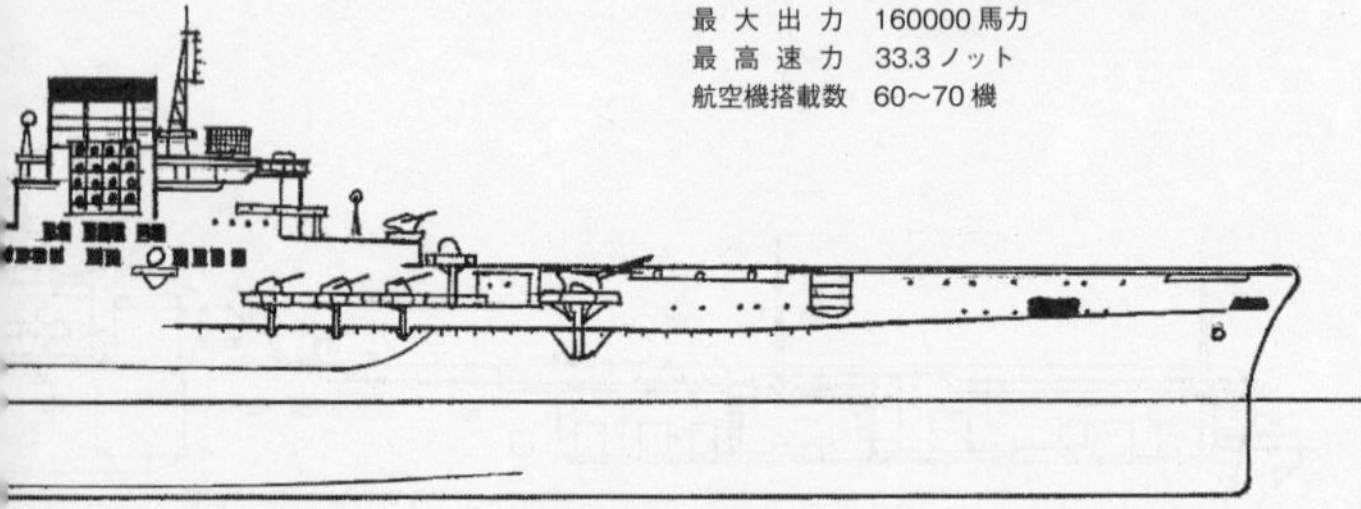

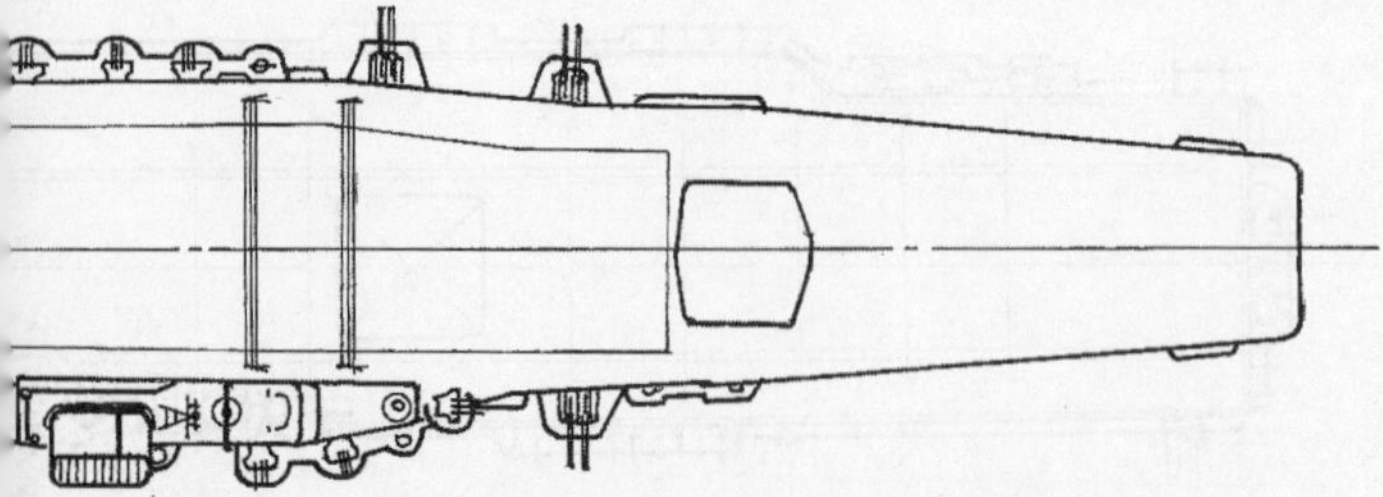

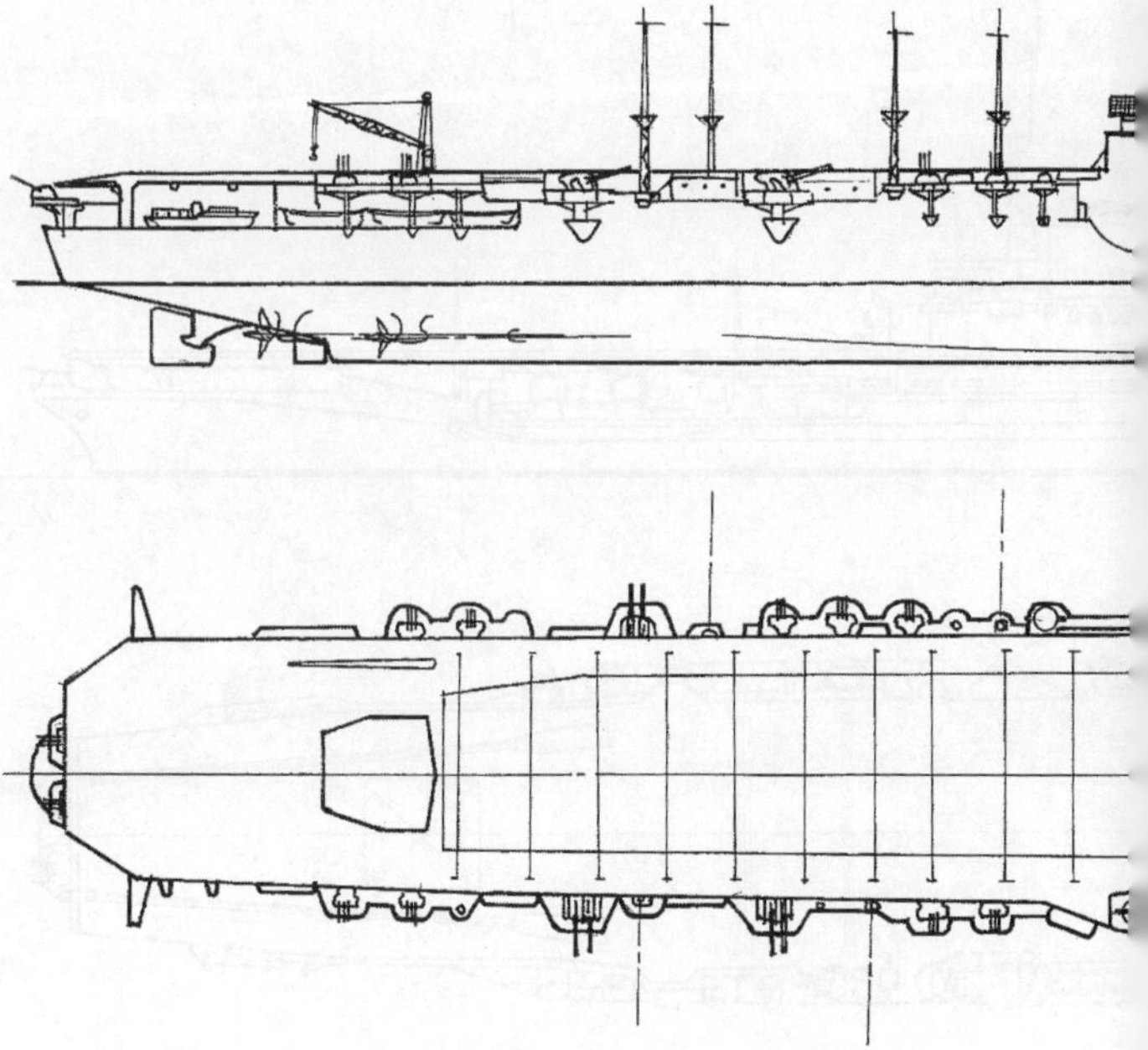

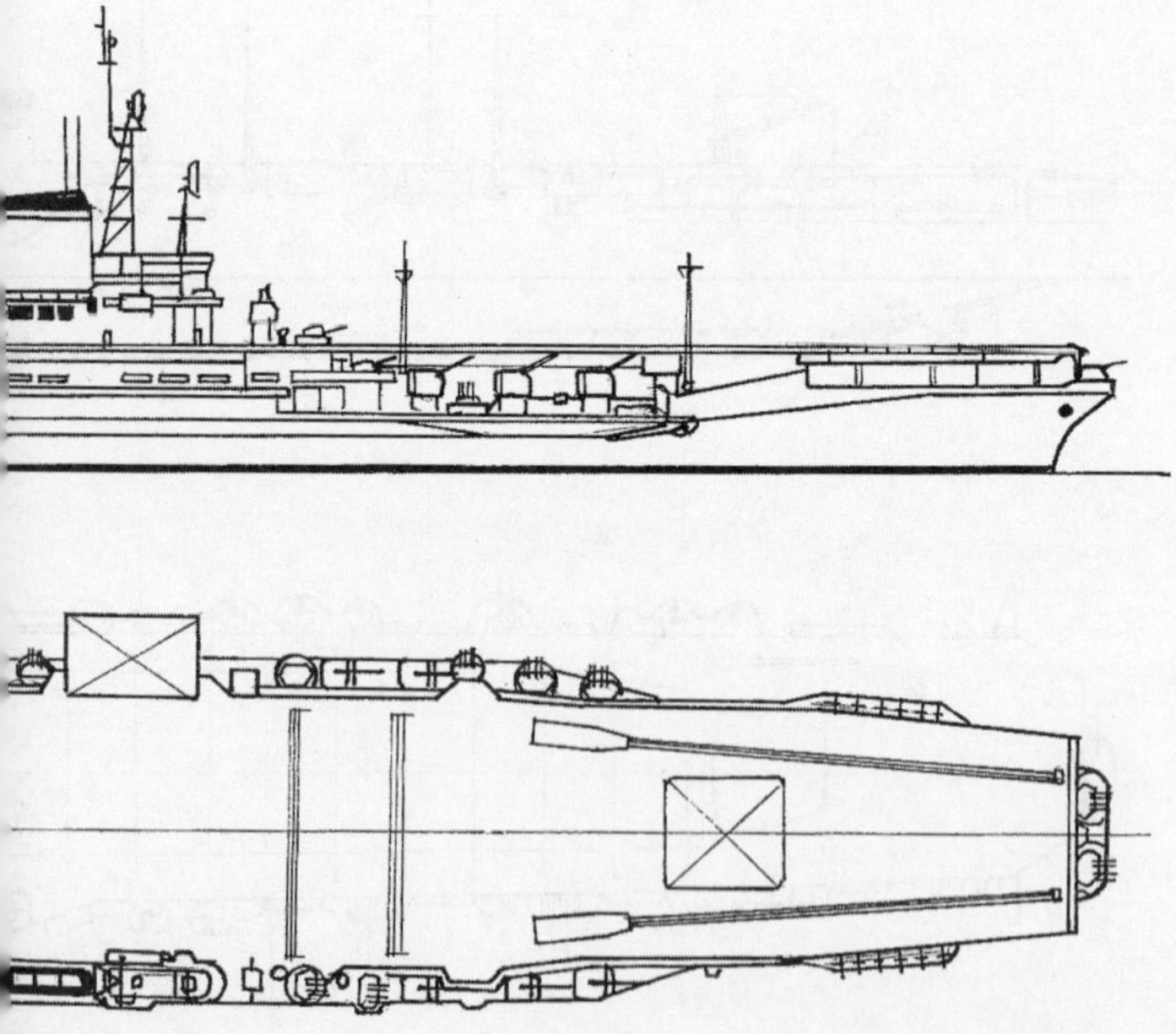

## 第25図　アメリカ航空母艦ミッドウェー

全　　　長　295.0m
全　　　幅　34.4m
基準排水量　45000トン
主　機　関　蒸気タービン機関　4基（4軸推進）
最大出力　212000馬力
最高速力　33ノット
航空機搭載数　90～120機

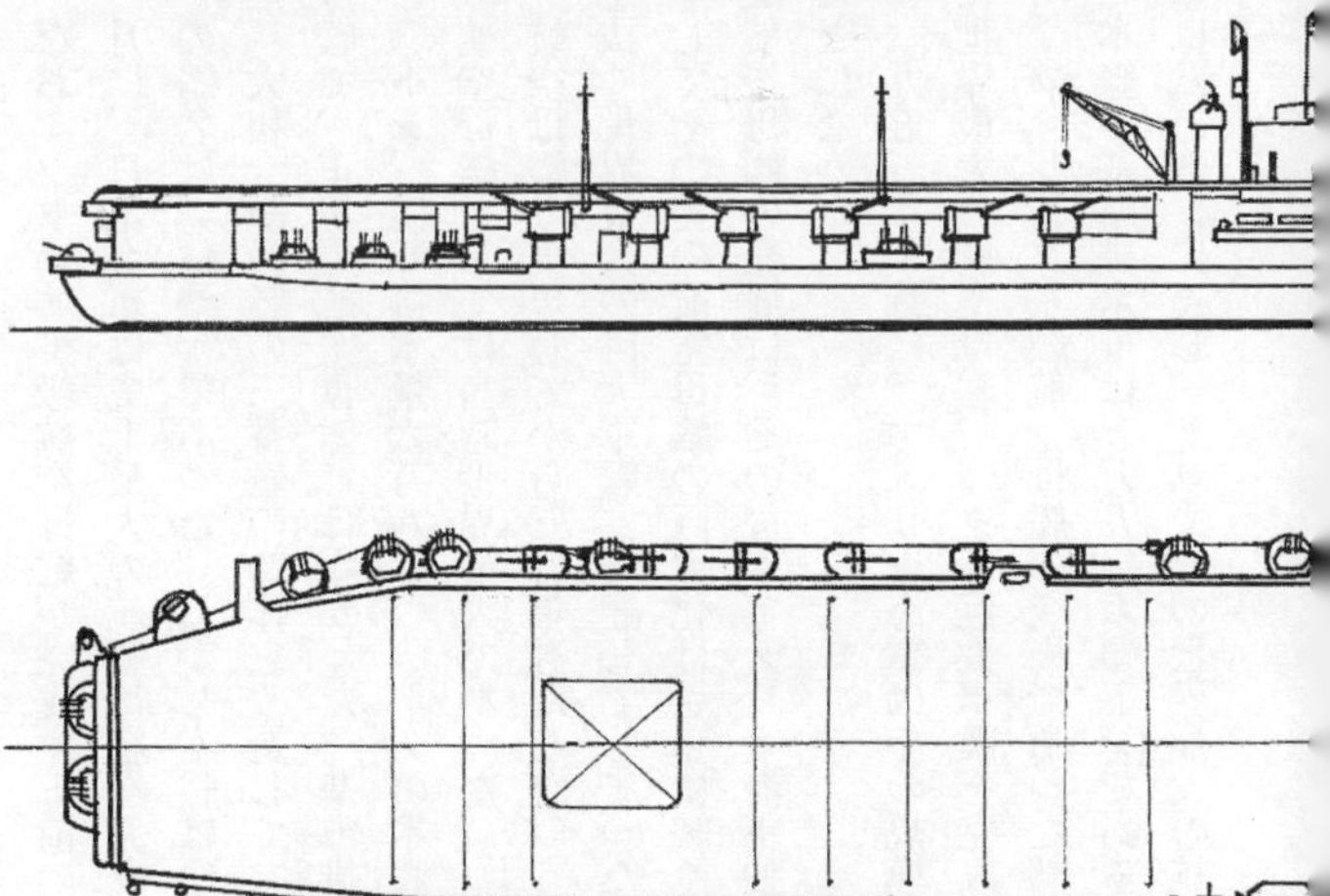

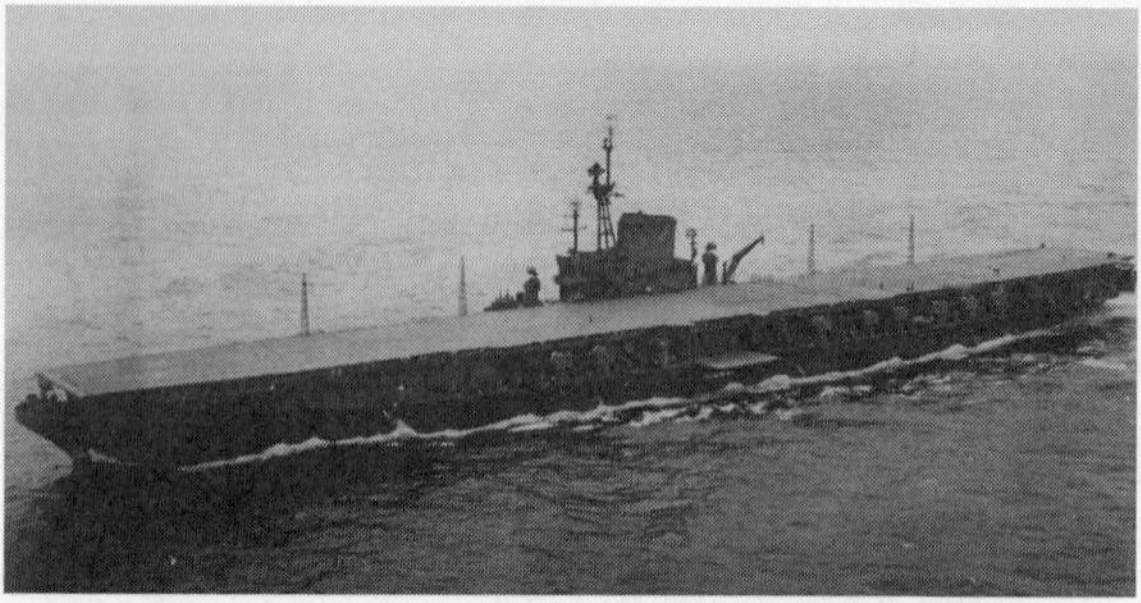

ミッドウェー

なおミッドウェー級航空母艦が完成する前の一九四四年十一月に、日本海軍は史上最大の航空母艦を完成させていた。その艦名は「信濃」であった。しかし本艦は建造途中であった「大和」級戦艦の三番艦の船体を改造して完成させた航空母艦で、正規の航空母艦ではなかった。基準排水量六万二〇〇〇トン、満載排水量六万八〇〇〇トンの本艦は、間違いなく航空母艦としては当時世界最大であった。

航空母艦は出現してから三〇年もたたないうちに巨大戦艦を抜く世界最大の巨大軍艦に発達してしまったのであった。そしてその後の航空母艦の巨大化はさらに続くのである。巨大航空母艦の発展は、その後もアメリカ海軍独占の中で続くことになった。

一九五五年十月に、アメリカ海軍はその規模においてまさに世界最大の航空母艦、つまり巨大軍艦を完成させたのである。フォレスタル級航空母艦の登場であった。

本艦の基準排水量は五万九〇六〇トンであるが、満載排水量は八万トンに達し、それまでの世界最大の航空母艦であった「信濃」を一万トン以上も超え、飛行甲板の寸法は全長三三五メートル、全幅は最大七六・八メートルにも達する、巨大航空母艦であったのである。フォレスタル級航空母艦の基本要目は次のとおりであった。

基準排水量　五万九〇六〇トン
満載排水量　八万一一六三トン
全長　三三一メートル
全幅　三九・五メートル
主機関　蒸気タービン機関四基　四軸推進
最大出力　二六万馬力
最高速力　三三・〇ノット
搭載航空機　一〇〇機（搭載機種により異なる）

このフォレスタル級航空母艦のスタイルは、その後建造されたアメリカ海軍の航空母艦の基本スタイルとなり、現在に続いている。

一九六一年（昭和三十六年）四月にアメリカ海軍は、フォレスタル級を上回る航空母艦キティーホーク級を完成させた。本艦はフォレスタル級の改良型で、規模は基準排水量においてフォレスタル級を若干上回る程度であったが、フォレスタル級航空母艦とともに、その後

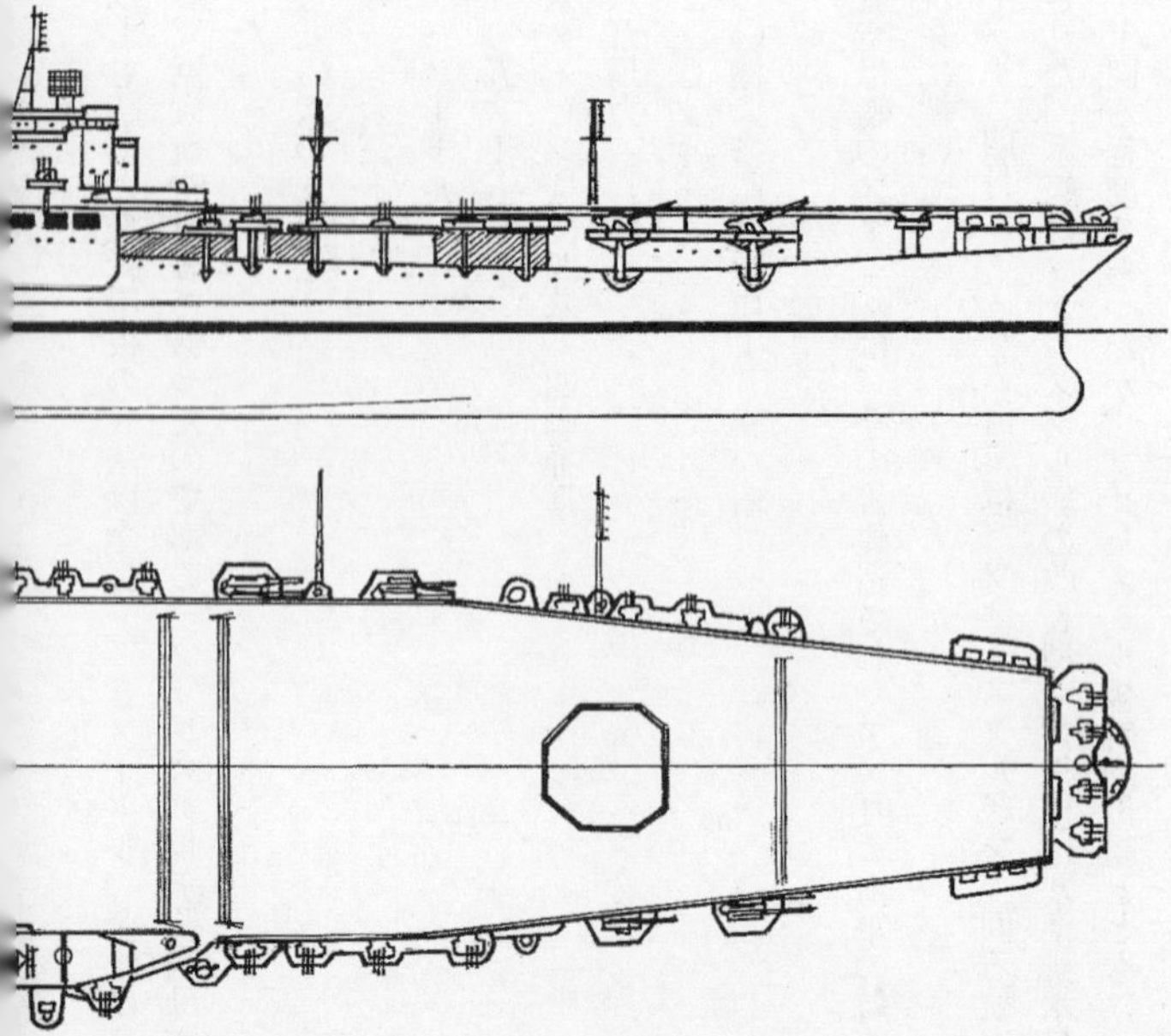

## 第26図　航空母艦信濃

全　　　長　265.8m
全　　　幅　36.3m
基準排水量　62000トン
主　機　関　蒸気タービン機関　4基（4軸推進）
最大出力　150000馬力
最高速力　27ノット
航空機搭載数　47機
（洋上基地として運用するために防衛用航空機のみの搭載）

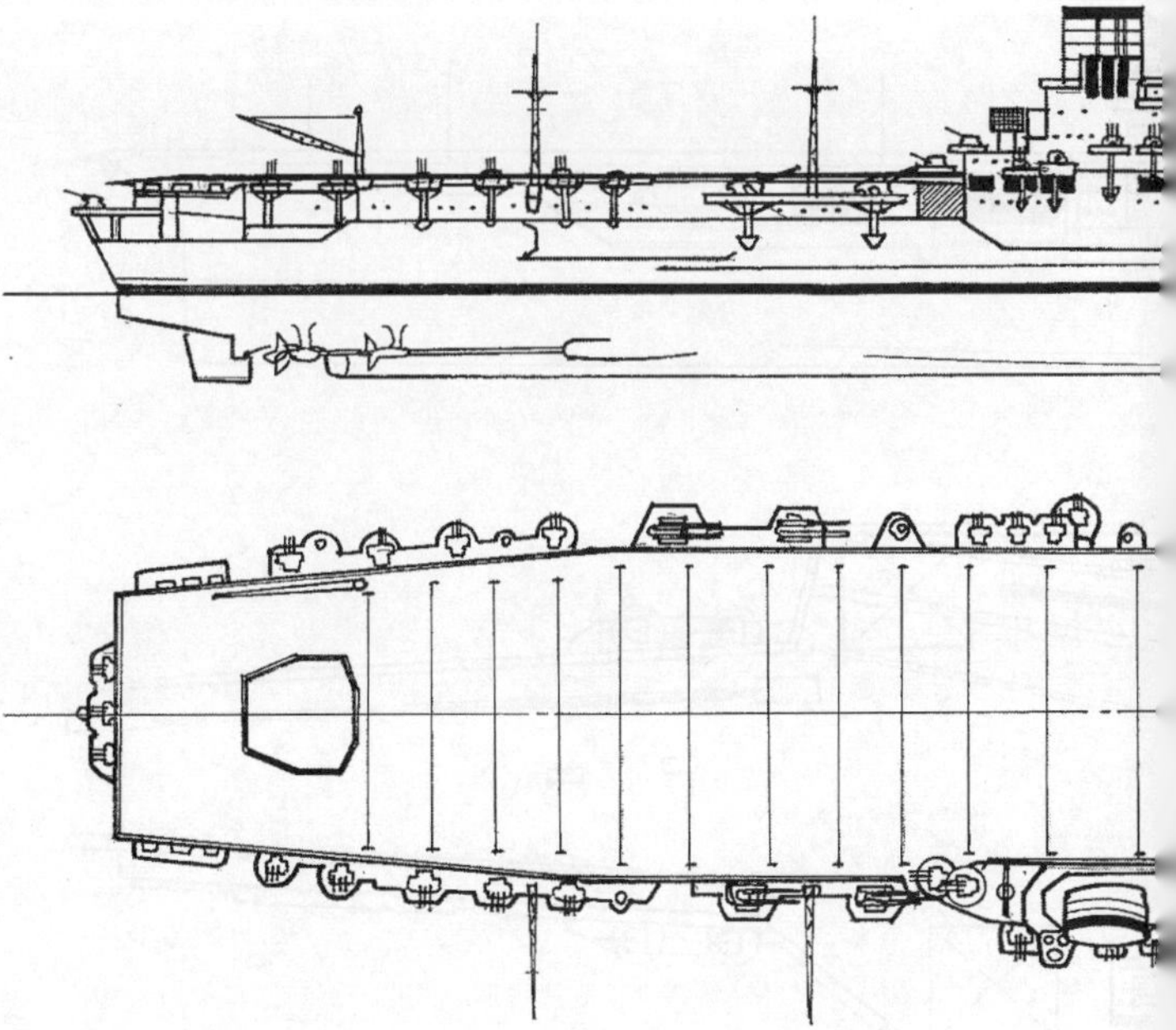

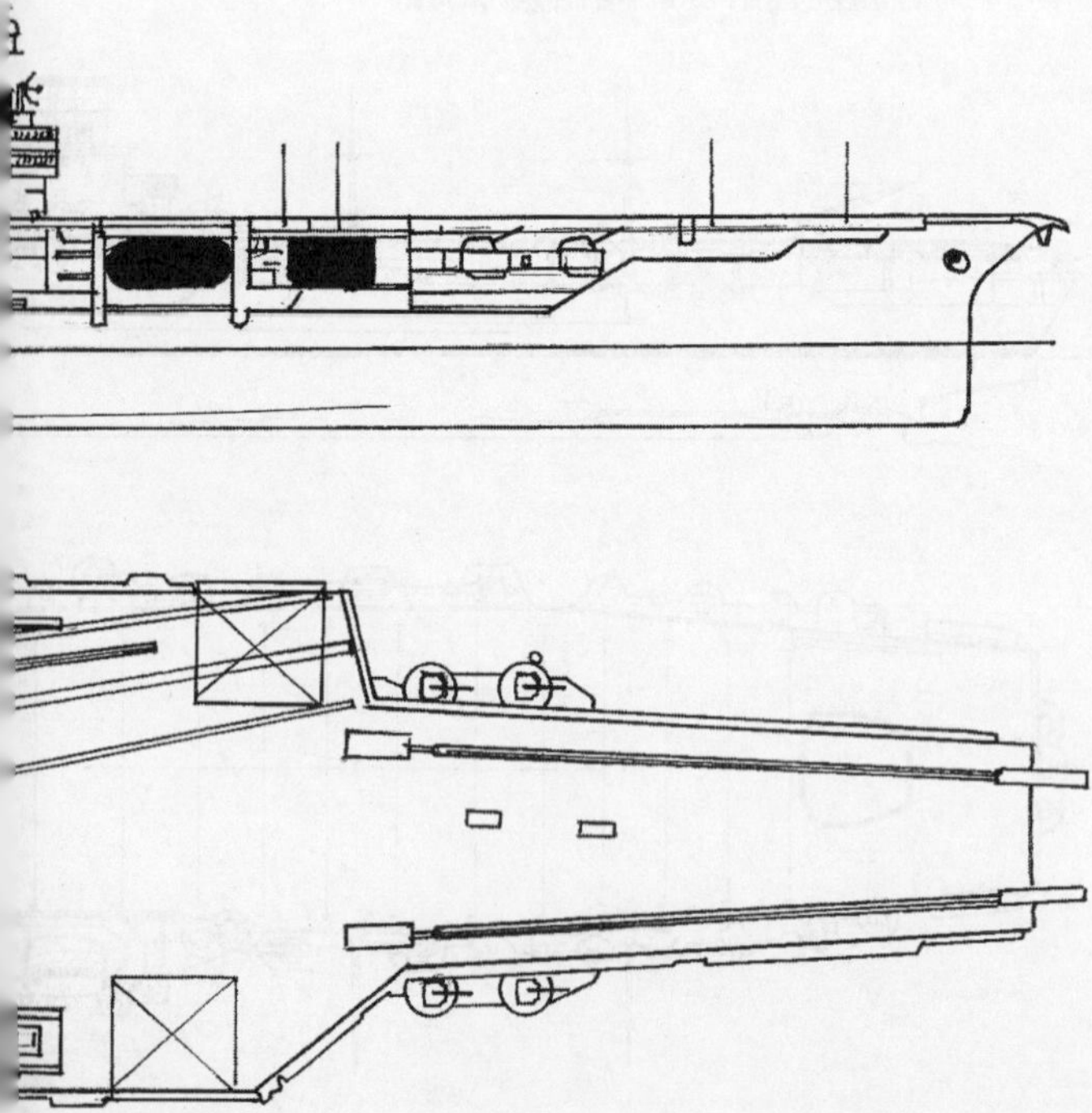

### 第27図　アメリカ航空母艦フォレスタル

全　　　長　331.0m
全　　　幅　39.5m
基準排水量　59060トン
主　機　関　蒸気タービン機関　4基(4軸推進)
最大出力　260000馬力
最高速力　33ノット
航空機搭載数　100機

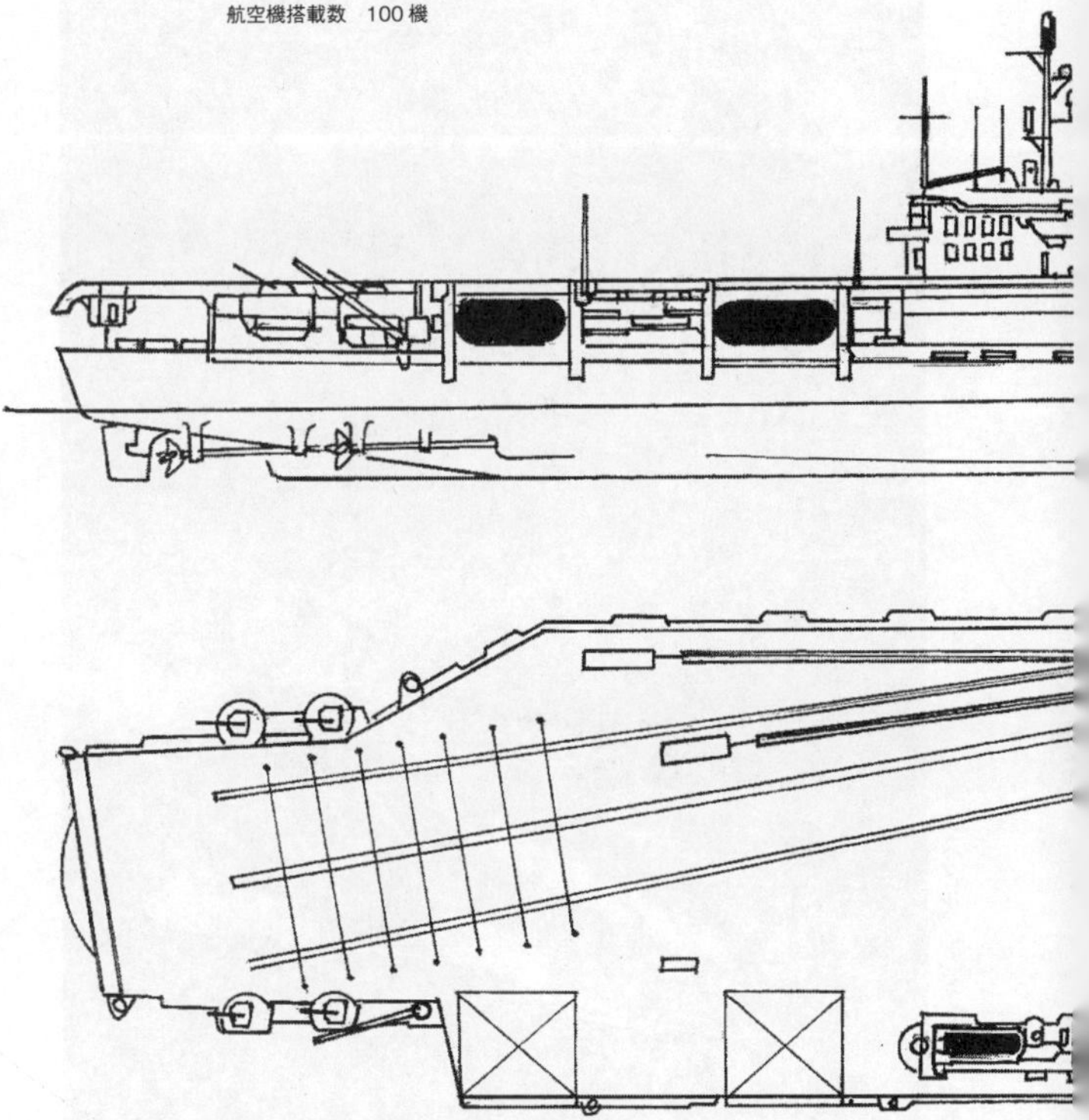

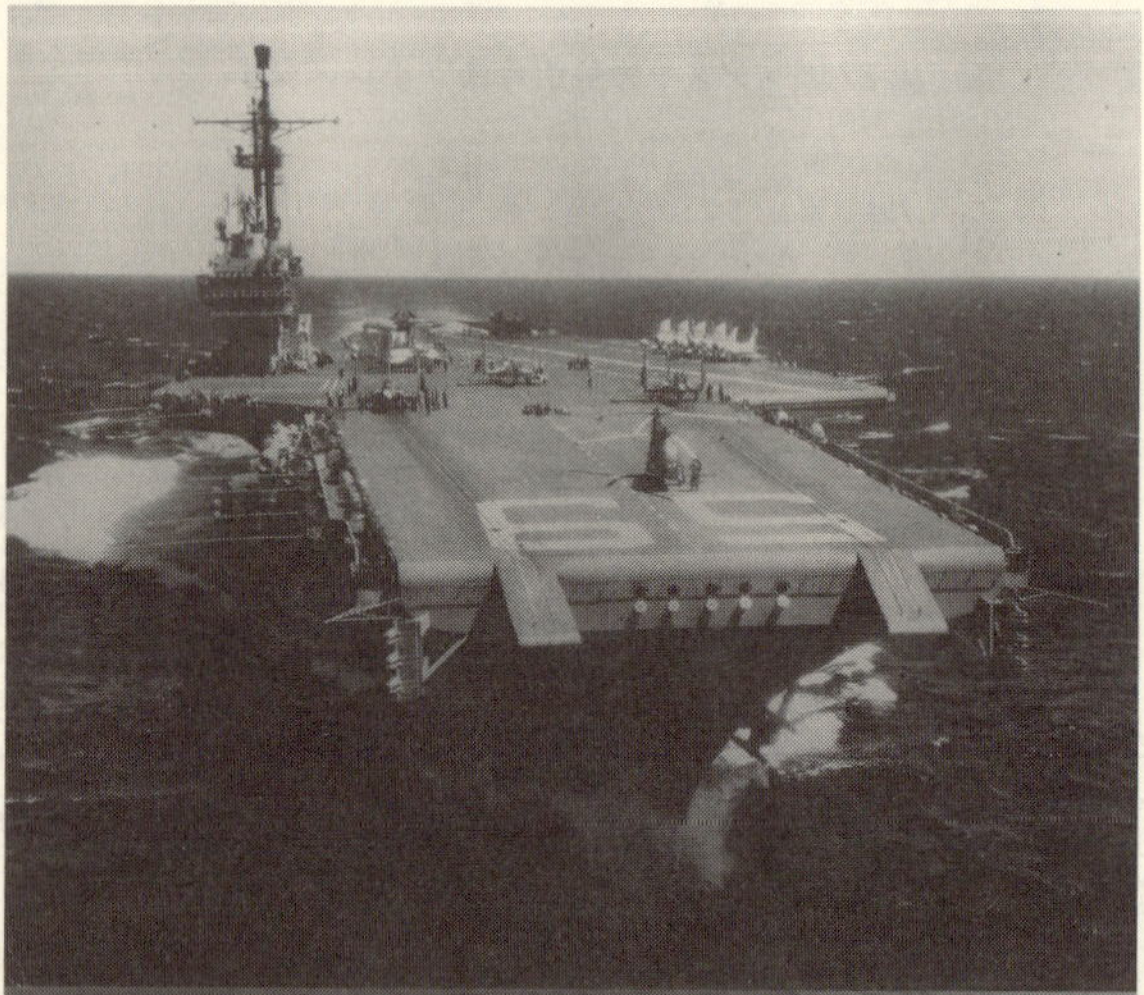

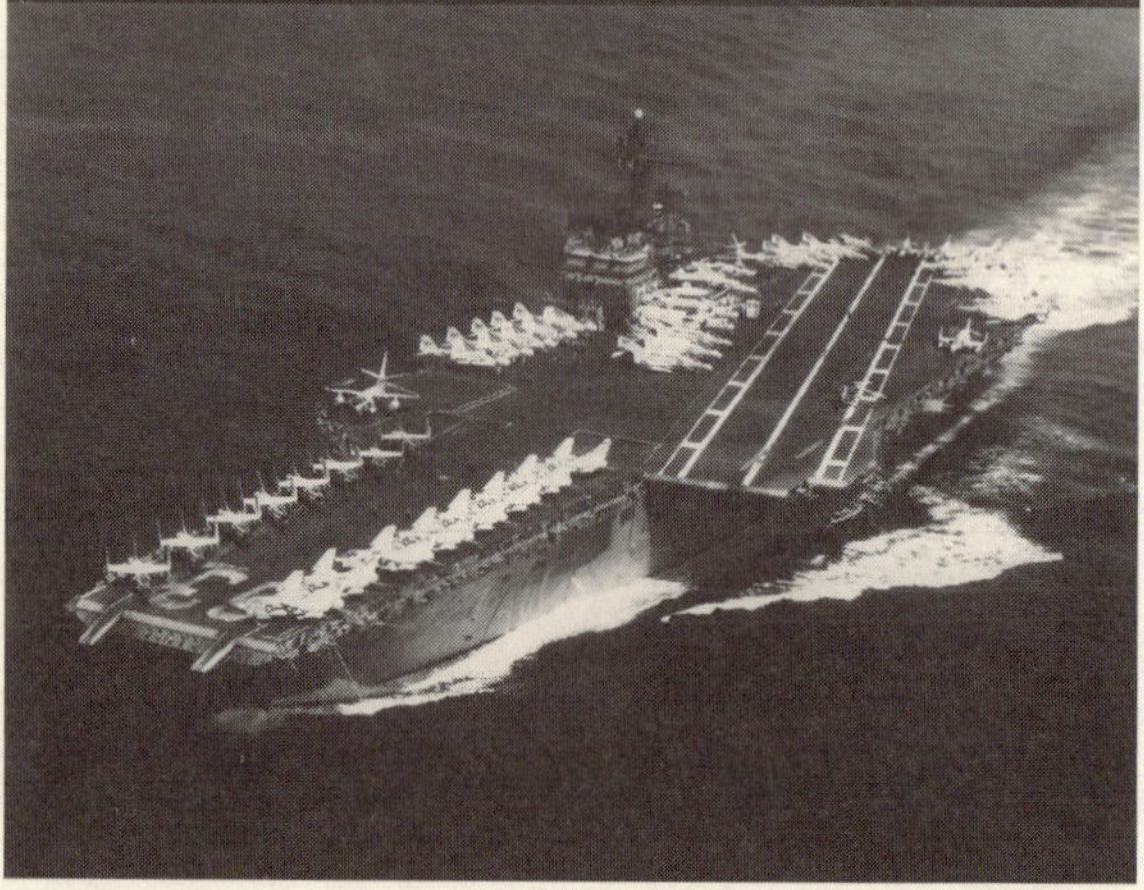

(上)フォレスタル、(下)キティーホーク

のアメリカ海軍の基幹をなす航空母艦として長く在籍することになった。

しかしアメリカ海軍は本級よりもさらに大型の超巨大航空母艦の建造を計画していたのだ。アメリカ海軍はキティーホーク級航空母艦の動力としては通常の蒸気タービン機関は限界があるとし、次なる航空母艦の動力に原子力を採用する計画であったのである。

ただ原子力を動力とするとしても特殊な機関を開発するのではなく、原子力発電所のシステムと同じく、ボイラーではなく原子力の発生する熱で蒸気を発生させ、タービンを回転する仕組みである。原子力を動力源とするメリットは、石油や石炭などの燃料を燃焼させ蒸気を発生させる方式と異なり、搭載する燃料は原子核燃料で、一回の燃料補給で二～三年間は燃料の補給を必要としないという利点があるのだ。

一九六一年十一月、初めての原子力航空母艦エンタープライズが完成した。本艦はキティーホーク級の改良拡大型であり、まさに世界最大の航空母艦であるとともに、世界最大の軍艦でもあった。本艦の基本要目は次のとおりである。

基準排水量　　七万五七〇〇トン
満載排水量　　九万三二八四トン
全長　　　　　三四一・三メートル
全幅　　　　　四〇・五メートル
主機関　　　　原子炉八基により発生する蒸気で四基の蒸気タービン機関を運転し、

第28図　アメリカ航空母艦エンタープライズ

全　　　長　341.3m
全　　　幅　40.5m
基準排水量　75700トン
主　機　関　蒸気タービン機関 原子炉８基（4軸推進）
最大出力　280000馬力
最高速力　35ノット
航空機搭載数　90機

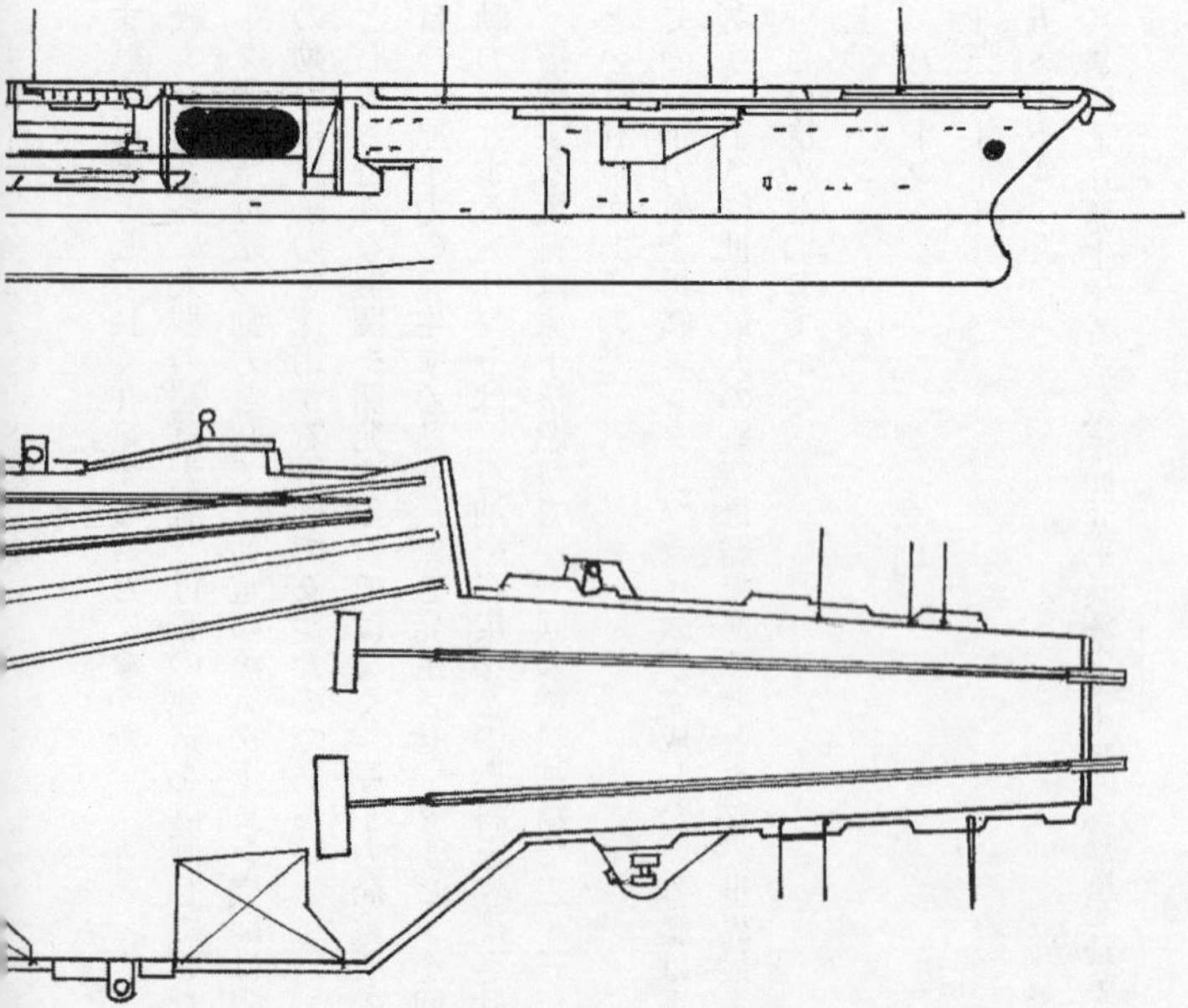

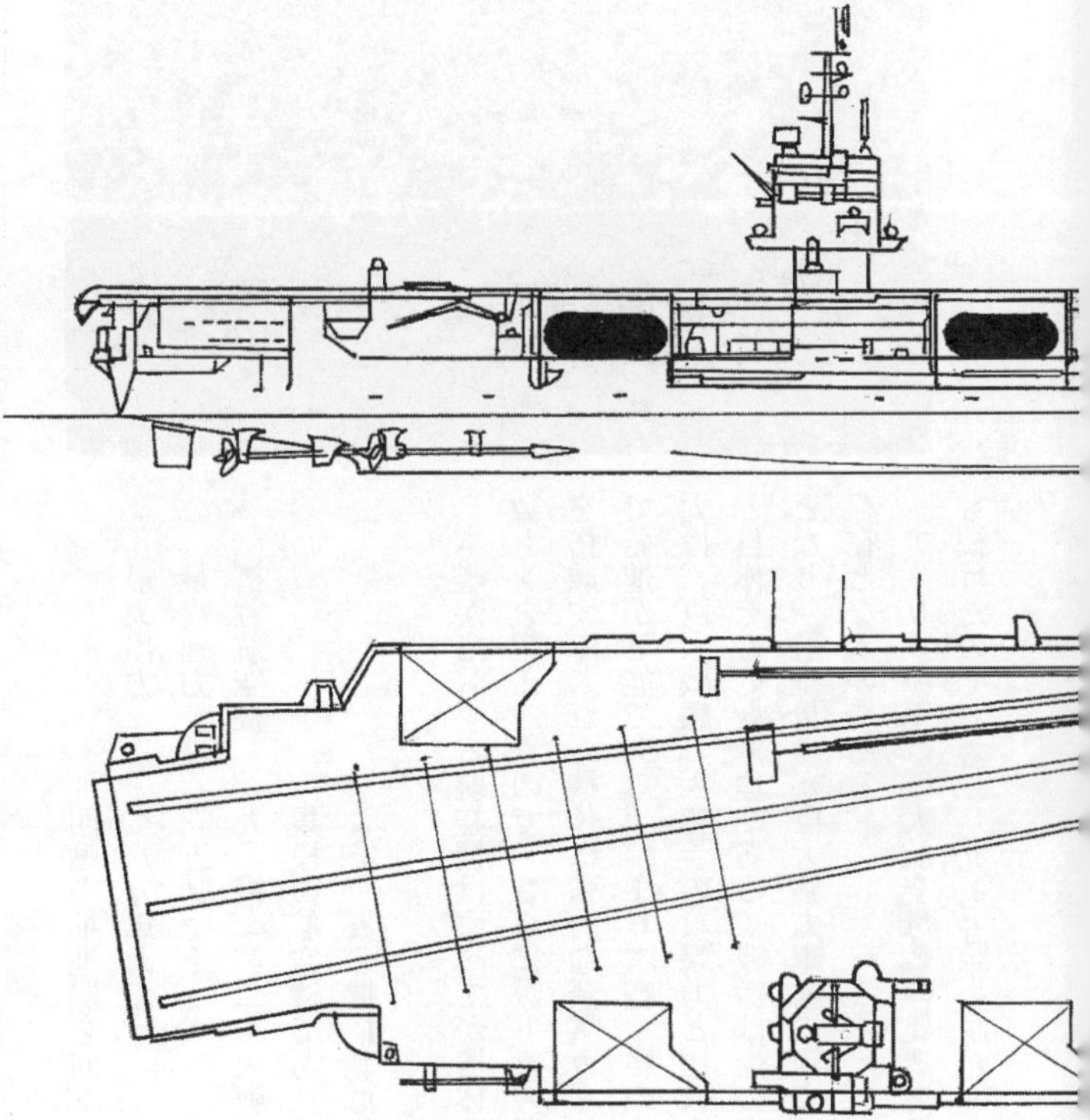

エンタープライズ

四軸の推進器を回転させる。

最大出力　二八万馬力
最高速力　三五ノット
搭載航空機　九〇機（第二次大戦当時の規模の航空機であれば、およそ一五〇機搭載可能）

本艦が搭載する航空機はすべてが機体重量十数トンを超えるもので、さらに数トンの爆弾等を搭載するこれら機体は強力な蒸気カタパルトで発進が可能である。つまり本艦一艦の攻撃能力は、巨大戦艦「大和」の攻撃力と比較すること自体そもそも無理である。戦艦は過去の遺物となり、航空母艦が巨大強力軍艦の頂点に立つ存在となるのである。

アメリカ海軍は巨大航空母艦の建造をその後も続けたのである。一九七五年（昭和五十年）

ニミッツ

に、エンタープライズを上回る巨大航空母艦ニミッツ級を建造した。本級艦は現在までに合計一〇隻が建造され、現役航空母艦として就役中である。まさに巨大軍艦「ここに極まれり」という規模の軍艦である。本艦の基本要目は次のとおりである。

| | |
|---|---|
| 基準排水量 | 八万七七五〇トン |
| 満載排水量 | 一〇万二〇〇〇トン |
| 全長 | 三三二・九メートル |
| 全幅 | 四〇・八メートル |
| 主機関 | 二基の原子炉で発生する蒸気で四基の蒸気タービン機関を運転し、四軸の推進器を回転させる |
| 最大出力 | 二八万馬力 |
| 最高速力 | 三〇ノット以上 |
| 搭載航空機 | 九〇機 |
| 乗組員 | 五〇〇〇名 |

軍艦の長い歴史の中でその巨大さの頂点に立ったのはアメリカ海軍のニミッツ級航空母艦であった。この巨大艦は今後当分の間、世界の海上航空基地として君臨することであろう、と思われていたが、その後、さらなる巨大航空母艦が出現したのだ。アメリカ海軍はニミッツ級の改良型としてロナルド・レーガン級航空母艦を就役させたのちに、ただちに最新技術を導入した世界最大の航空母艦を建造（二〇〇九年起工、二〇一七年就役）したのだ。ジェラルド・R・フォード級航空母艦である。この航空母艦の基本要目は次のとおりである。

基準排水量　一〇万二六〇〇トン
全長　三三三メートル
全幅　四一メートル
主機関　二基の原子炉（AIB＝加圧水型原子炉）で発生する蒸気で四基の蒸気タービン機関を駆動
最大出力　二八万馬力以上
最高速力　三三ノット
搭載航空機　七五機（すべて大型艦載機）
乗組員数　四五〇〇名

本艦は世界で初めて基準排水量が一〇万トンを超えた巨大軍艦である、と同時に、その攻撃力から世界最強の軍艦と評することができるであろう。

本艦には様々な最新技術が取り入れられているが、その一つが従来の蒸気式カタパルトから電磁式カタパルトに変更されたことである。これはリニアモーターカーの駆動原理と同じ原理で航空機を発艦させるもので、蒸気式カタパルトよりも強力であり、重量のある航空機の発艦がより容易になるのである。また多くの自動化・省力化機能が採用されたために、乗組員の減少が可能となった。本艦はまさに世界の巨大軍艦史の頂点に位置する軍艦なのである。

# 第五章　幻の巨大軍艦

軍艦の巨大化は戦艦（戦列艦）という艦種が登場して以来、世界の海軍の競争の中で続けられた。しかし木造で船を造る間はおのずと巨大化には限界があった。木材を材料として船を造るには強度の限界がどうしても生じてしまうのである。

一八〇〇年代に入るころから鉄が船の主要建造材料として使われだし、船はしだいに大型になっていった。しかし当時、製造される鉄には強度に関わる品質上の、あるいは形状などにまだ多くの問題が残されていたのだ。均一な品質がもとめられる大型の船材の製造は至難であったのである。

しかし一八五六年にベッセマーが転炉技術を開発し、均質な鋼材、とくに圧延鋼板や各種鋼材の量産が可能になると、船舶の建造には急速に鋼材の使用が広まり、しかも大型の船の建造を可能にしたのであった。

鋼材で艦船を建造する手段が常態化すると、軍艦でも商船でもそこには必然的に「より大きな船」を造ろうとする気運が芽生えてくるのである。ただ、より大型の艦船を建造しようとする背景には、その時々の国内情勢や国際情勢が色濃く影響することは間違いなく、ときには建造の計画が途中で打ち切られる場合も起きるのである。とくに艦艇の世界ではその傾向が強く現われ、計画はされたが建造が中止となり、夢の軍艦としてのみ存在するものもあった。

戦艦ヴァーサ（スウェーデン）

十七世紀に入る頃のヨーロッパでは、戦艦（戦列艦）の建造は一つの国威発揚の象徴ともなっていた。大型の木造軍艦の建造には大量の木材と大量の作業員を必要とする。大量の材料の確保ができること一つをとってみても、それはその国の国力をあらわすことになったのである。

一六二〇年頃の記録に残る世界最大の軍船（武装商船）は、オランダのガレオン型軍船のレルウイッチであった。本船の排水量は一一〇九トンで、全長四〇・七メートル、全幅九・四メートルであった。現代の船で表現すれば大型漁船程度の大きさであるが、建造技術や調達できる木材の量を考慮すれば、この規模の船が限界であったのである。

ところが一六二〇年に至り、北欧のスウェーデン王国海軍はバルト海の覇者の地位を確立するために、巨大軍艦の建造を試みたのであった。

完成した帆装軍艦は排水量一四〇〇トンに達し、全長七〇メートル、全幅一一・五メートルという規模だった。この頃名を馳せたオランダの軍船レルウイッチを抜き、まさに世界最大の船となったのである。当時のスウェーデン国王のグスタフ二世は、国家予算の多くを投入して本船をスウェーデン王国の威信の表われとして建造したのだ。

本船は当時のガレオン型帆船の典型を示しており、とくに船尾楼は華美なまでに金細工、金張りで装飾された豪華な造りとなっていた。船型は三本マストを備え、中央のメインマストは船底から頂部までの高さが五二・五メートルに達していた。そして各マストに張られる帆の総面積は一一五〇平方メートル（約三五〇坪）に達した。

しかし建造に際し、なぜか齟齬が生じていたのである。設計者は海軍の要求にしたがい、本来は一層であるべき本船の砲甲板を二層にしたのである。そして本来は三〇門であったはずの砲の数を二層六二門に配列したのであった。設計者は船が大型であるために安全と判断し、甲板一層を増し、しかも大砲の数を増やしたのであったが、当然船の重心は上昇し、安定性を欠くこととなったのであった。

当時の船舶設計がどのように行なわれていたのか、例えば船体の重心位置の計算などはあらかじめ実施されていたのか、あるいは経験的な基準が設計の基盤となっていたのか、大変に興味がわくところである。帆船の場合は帆柱の高さと展張する帆の重量はそのまま船体の

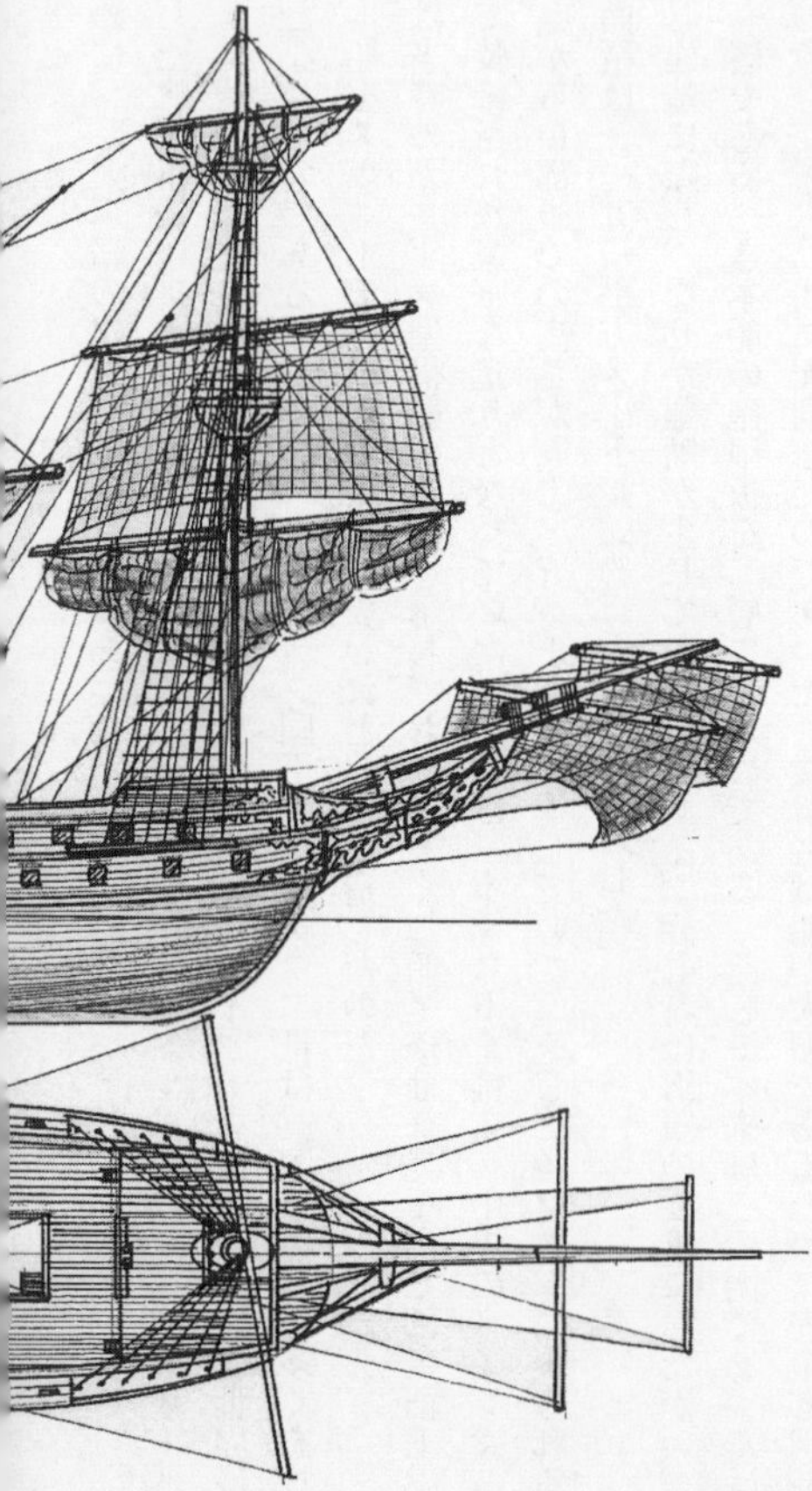

第 29 図　スウェーデン戦艦ヴァーサ

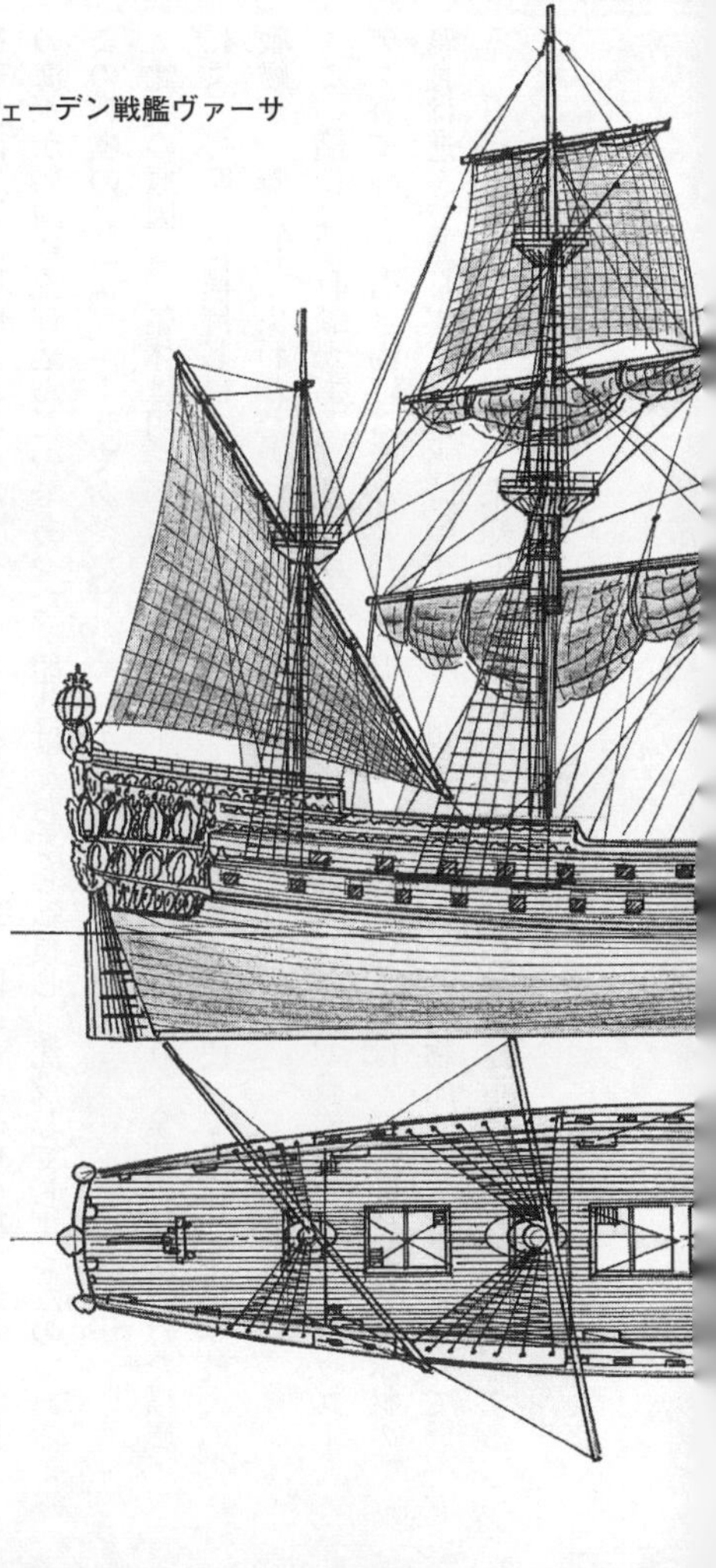

重心点を上げ、船の安定性を欠く最大の要因になるのであるが、経験則的に「船底に重量物を搭載すればよい」とすることで解決していた可能性もあるのだ。

一六二八年に本船が完成すると、造船所から直ちにストックホルムの海軍基地に回航するため造船所をあとにした。そして造船所からおよそ一〇〇〇メートル離れたところで、すべての帆を張ったときに、吹いていた横風のあおりを受けたのか、船は徐々に傾きだし、その後船体は急速に横倒しとなった。そして全開状態にあった二段に並ぶ舷側の砲門から、大量の海水が船内に流れ込んだのであった。船体はたちまち転覆し、沈没してしまったのである。この戦艦の名前はヴァーサであった。

沈没の原因は、船体は明らかなトップヘビー状態で完成しており、全開の帆が受けた横風によって容易に横倒しになったためであった。多額な国家予算を使って建造した世界最大の戦艦が一瞬にして失われたのであった。

この話には後日談がある。沈没から三三三年後の一九六一年に、戦艦ヴァーサはスウェーデン海軍の手で引き揚げられたのだ。低温の海中に沈んでいた艦は、奇跡的に船体の木材の腐食は進んでおらず、建造当時のままの姿で現在も「ヴァーサ博物館」として保存されている。引き揚げられた本艦は、未知であった往時の木造大型船舶の建造技法や材質を検証する、またとない資料となり現在に至っているのである。

巡洋戦艦インコンパラブル（イギリス）

二十世紀初頭にすでにイギリスはドイツを仮想敵国と想定し、建艦競争においてもイギリス海軍はつねにドイツを意識した軍艦の建造を展開していた。イギリスはドイツと事を構えることを想定する際に、ドイツ攻略の戦法としては、第一に大陸の陸上国境線を超えドイツ国内に侵攻する、という陸戦を侵攻戦法の第一案として想定していた。そしてこの戦法を展開するかたわら、第二案としてバルト海側から海軍力を使って進行する戦法を策定していた。

つまりこの二方面作戦を同時に展開することで、ドイツ攻略を短期間で完成させるとしていたのであった。この第二の攻略戦法は極秘の「バルト海攻略作戦」と仮称されていた。

しかしこの作戦を実施することは、イギリス海軍に大きな危険を強いることになるのは容易に考えられたことだっだ。つまりバルト海への攻略艦隊の侵入経路は二つしかないことが問題であったのだ。その一つはカテガット海峡とスカゲラーク海峡を通過する方法。もう一つはユトランド半島の付け根に開設されたキール運河を通過する方法である。しかしいずれの経路もユトランド半島の付け根に位置するヴィルヘルムス・ハーフェンやキールなど、ドイツ海軍の拠点港に集結するドイツ海軍の強力な艦隊との対決は避けられないことになるのだ。

「バルト海攻略作戦」は、本来が第一次世界大戦開戦時のイギリスの海軍総司令官フィッシャー大将の提案であり、最終的に彼の提言が採用されたのである。そこで本作戦に欠かせな

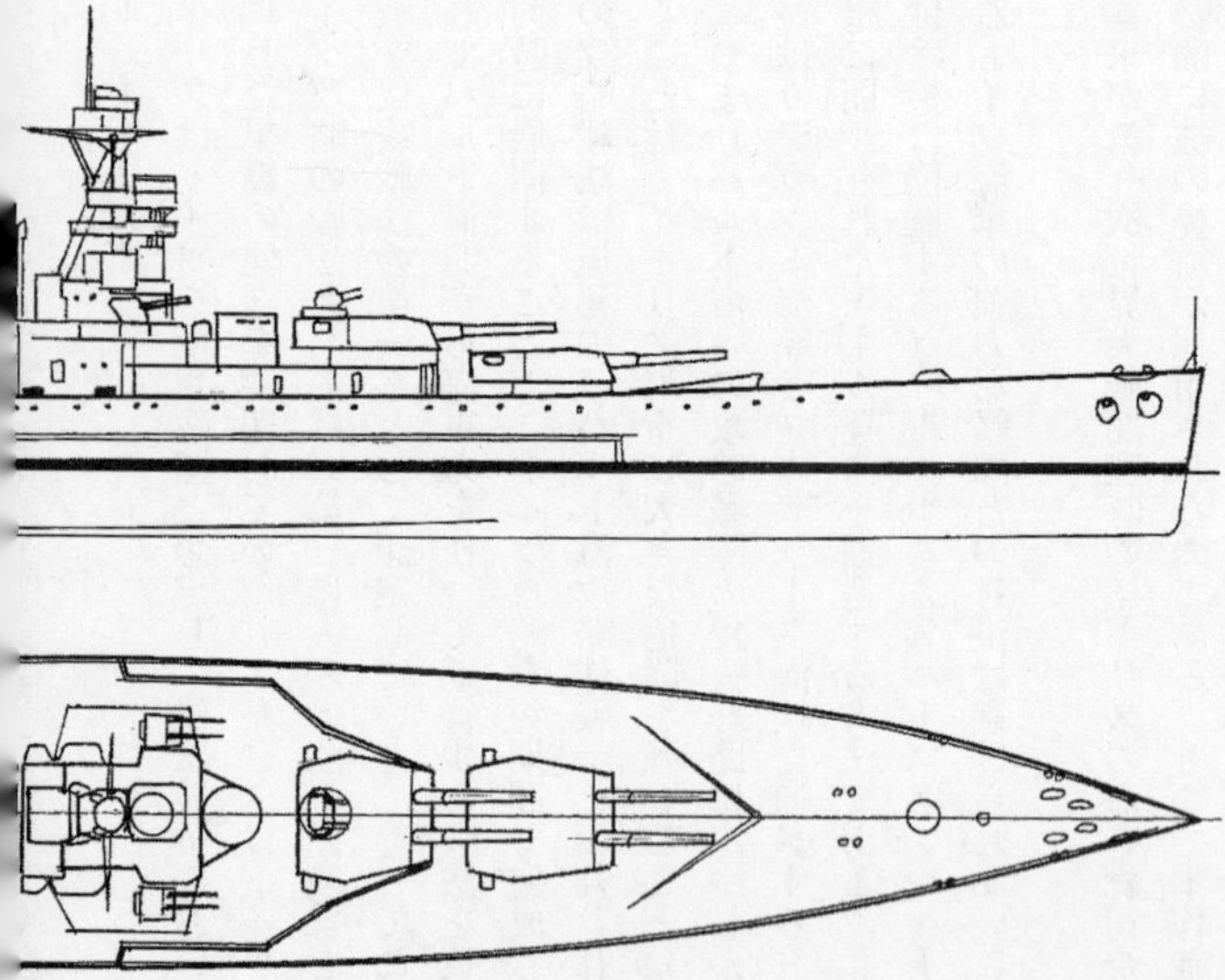

## 第30図　イギリス巡洋戦艦インコンパラブル（建造中止）

全　　長　308.0m
全　　幅　27.0m
基準排水量　46000トン
主 機 関　蒸気タービン機関　4基（4軸推進）
最大出力　180000馬力
最高速力　35ノット
武　　装　50センチ連装砲　3基他

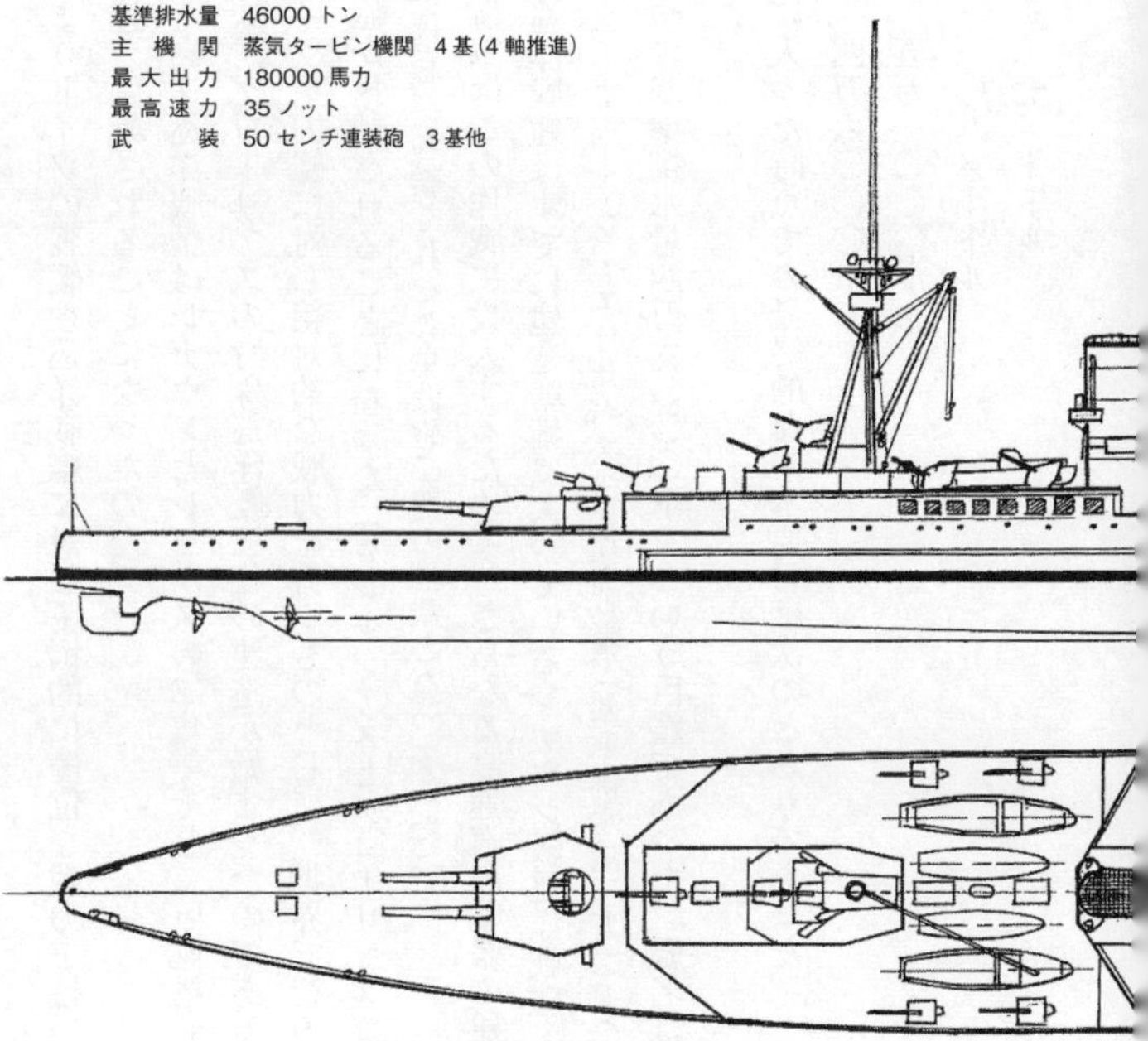

い強力な軍艦、つまりドイツの戦艦や巡洋戦艦に対し圧倒的に優位な戦力を持つ、複数の巡洋戦艦の建造が急遽、開始されることになったのだ。

建造が開始された高速巡洋戦艦はレナウンとレパルスの二隻、そして巨砲搭載のフユーリアス、カレージアス、グローリアスの特殊巡洋艦三隻の建造が始まったのである。この中でフユーリアスはドイツ主力艦に対し絶対的な戦力を持つものとして、世界で初めて一八インチ（四六センチ）砲が搭載されることになった（カレージアスとグローリアスは一五インチ〈三八センチ〉砲を搭載。各艦それぞれ単装砲二門の搭載となっていた）。

続いてイギリス海軍はこの作戦に投入するために、さらなる高速巡洋戦艦の建造を計画したのだ。この高速巡洋戦艦はすでに建造準備に入っているレナウン級巡洋戦艦（基準排水量三万二〇〇〇トン）や、クイーン・エリザベス級新造戦艦（基準排水量三万二七〇〇トン）を大きく上回る、じつに基準排水量四万六〇〇〇トンという巨艦であった。艦名はインコンパラブルとされていた。

本艦の建造準備に入った時点での最終的な基本要目は次のとおりであった。

| | |
|---|---|
| 基準排水量 | 四万六〇〇〇トン |
| 満載排水量 | 五万一〇〇〇トン |
| 全長 | 三〇八メートル |
| 全幅 | 二七メートル |

主機関　　蒸気タービン機関四基　四軸推進
最大出力　一八万馬力
最高速力　三五ノット
武装　　　五〇センチ（二〇インチ）連装砲塔三基、一〇・二センチ連装砲塔五基、
　　　　　同単装砲四門、五三センチ連装魚雷発射管四基
装甲　　　舷側装甲帯二七九ミリ、砲塔三五六ミリ、装甲甲板一〇六ミリ
　　　　なお本艦には同型艦はない

本艦は第二次世界大戦後半に実戦に参加したアメリカ海軍のアイオワ級戦艦と同じ規模を持ち、最高速力に至ってはアイオワ級戦艦をしのぐ、駆逐艦並みの速力の持ち主であったことになる。さらに驚くことは本艦の主砲が世界最強の二〇インチ砲（五〇センチ砲）を採用していたことである。五〇センチ連装砲塔三基搭載という戦力は当時のバルト海守備のドイツ戦艦と巡洋戦艦の砲戦力を完全に圧倒するものであった。

しかし設計は完了していたが、戦争勃発二年後の一九一五年に本艦の建造は中止された。建造中止の理由は、膠着状態にあった西部戦線の打開のために提案された、地中海東部のガリポリ半島に対する上陸作戦の失敗にあった。

この作戦は「バルト海攻略作戦」が準備される前に急遽、実行に移された作戦で、当時膠

着状態にあった陸上の西部戦線の打開のために、ドイツ東部の黒海側から連合軍を侵攻させ、ロシア軍と共同作戦の下にドイツを二方面作戦で攻略しようとするものであった。

この作戦はイギリス海軍主導で展開されたが、ガリポリ半島上陸作戦はその作戦遂行上の各種の齟齬から失敗に終わったのだ。そしてフィッシャー海軍大将はこの作戦の失敗の責任を取り辞任してしまった。当然のことながら「バルト海攻略作戦」はなし崩しに中止となり、この作戦に準備されていた艦艇の処置が行なわれることになったのである。

ここで建造が進んでいたレナウン級巡洋戦艦の建造は続けられた。また異質のフユーリアスなど巡洋艦三隻の建造も続行され、その後完成したが、やがて巨砲は下ろされ三隻とも後に航空母艦に改造されたのであった。

巡洋戦艦ヨルク（ドイツ）

ドイツ海軍はイギリス海軍が建造を進めていたクイーン・エリザベス級戦艦に対抗すべく、三八センチ主砲を搭載するマッケンゼン級戦艦の建造を一九一五年に開始した。しかしドイツ海軍は本艦の建造が開始されると、より強力な巡洋戦艦の建造を計画した。マッケンゼン級と同じ主砲を搭載するが、装甲を薄くし高速化した巡洋戦艦ヨルクの建造である。

本艦に搭載が予定された主砲は、クイーン・エリザベス級の四一口径三八センチ砲より射程を長くした四五口径三八センチ砲である。

しかし本級艦の建造は中止された。理由は表向きは戦争の進展にともなう様々な物資の不足にあったが、入手されるイギリス海軍のさらなる主力艦の建造計画が、ドイツ海軍が進めている主力艦の建造計画をすでに凌いでおり、計画されている大型艦の建造を進めても、海戦での優勢が期待できないと判断され、以後は大量の潜水艦を建造し、イギリス艦隊に対し水中攻撃で決定的な打撃を与えようとする計画に代わっていったためであった。

このために建造が進められていたマッケンゼン級戦艦も、このヨルク級巡洋戦艦も建造は中止されることになり、幻の巨艦となったのである。

ヨルク級巡洋戦艦の基本要目は次のとおりである。

| | |
|---|---|
| 基準排水量 | 三万三〇〇〇トン |
| 常備排水量 | 三万八五〇〇トン |
| 全長 | 二二七・八メートル |
| 全幅 | 三〇・四メートル |
| 主機関 | 蒸気タービン機関四基　四軸推進 |
| 最大出力 | 九万馬力 |
| 最高速力 | 二七・三ノット |
| 武装 | 三八センチ連装砲塔四基、一五センチ単装砲一二門、六〇センチ魚雷発射管六門 |

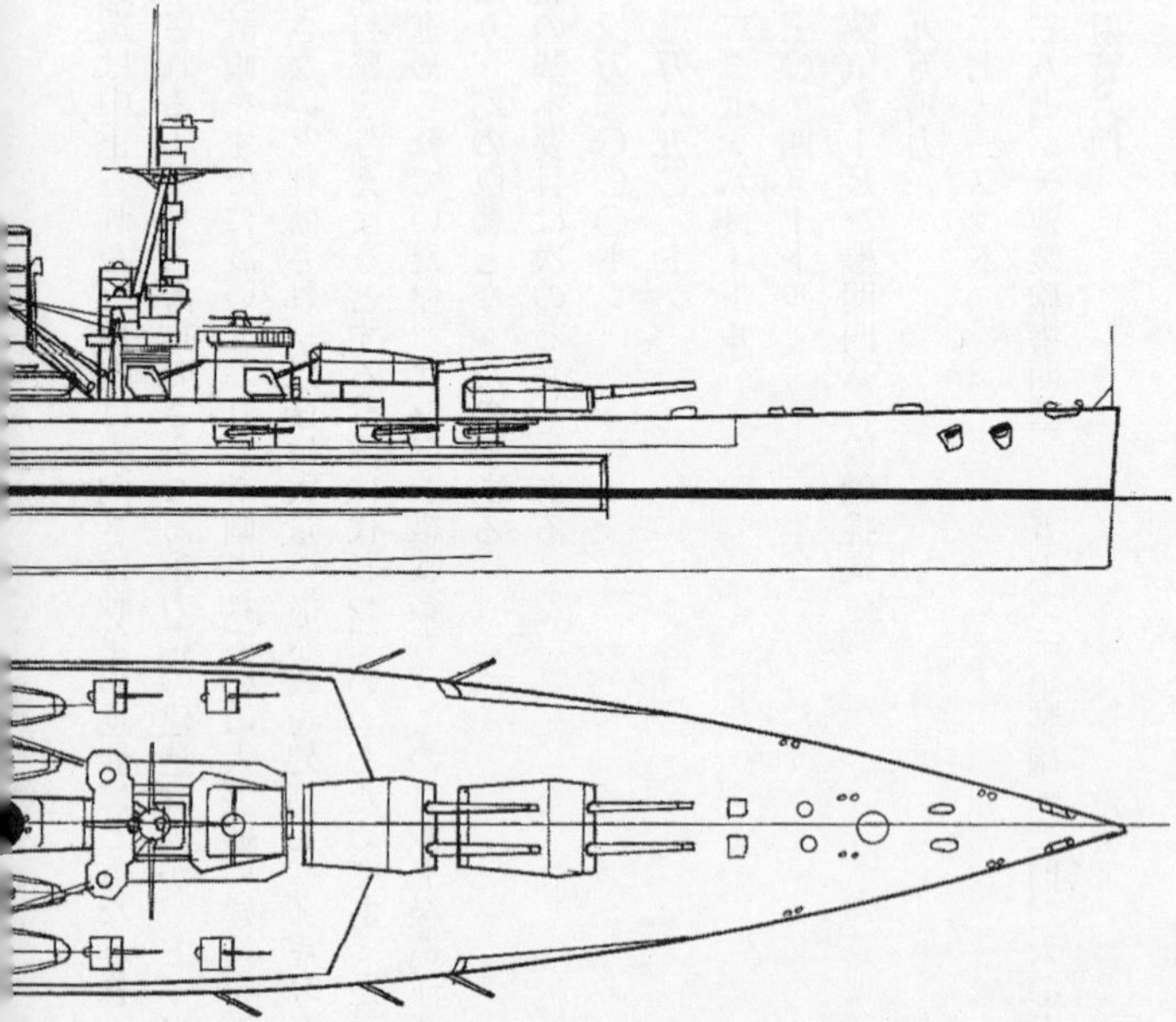

### 第31図　ドイツ巡洋戦艦ヨルク(建造中止)

全　　長　227.8m
全　　幅　30.4m
基準排水量　33000トン
主 機 関　蒸気タービン機関　4基(4軸推進)
最大出力　90000馬力
最高速力　27.3ノット
武　　装　38センチ連装砲　4基他

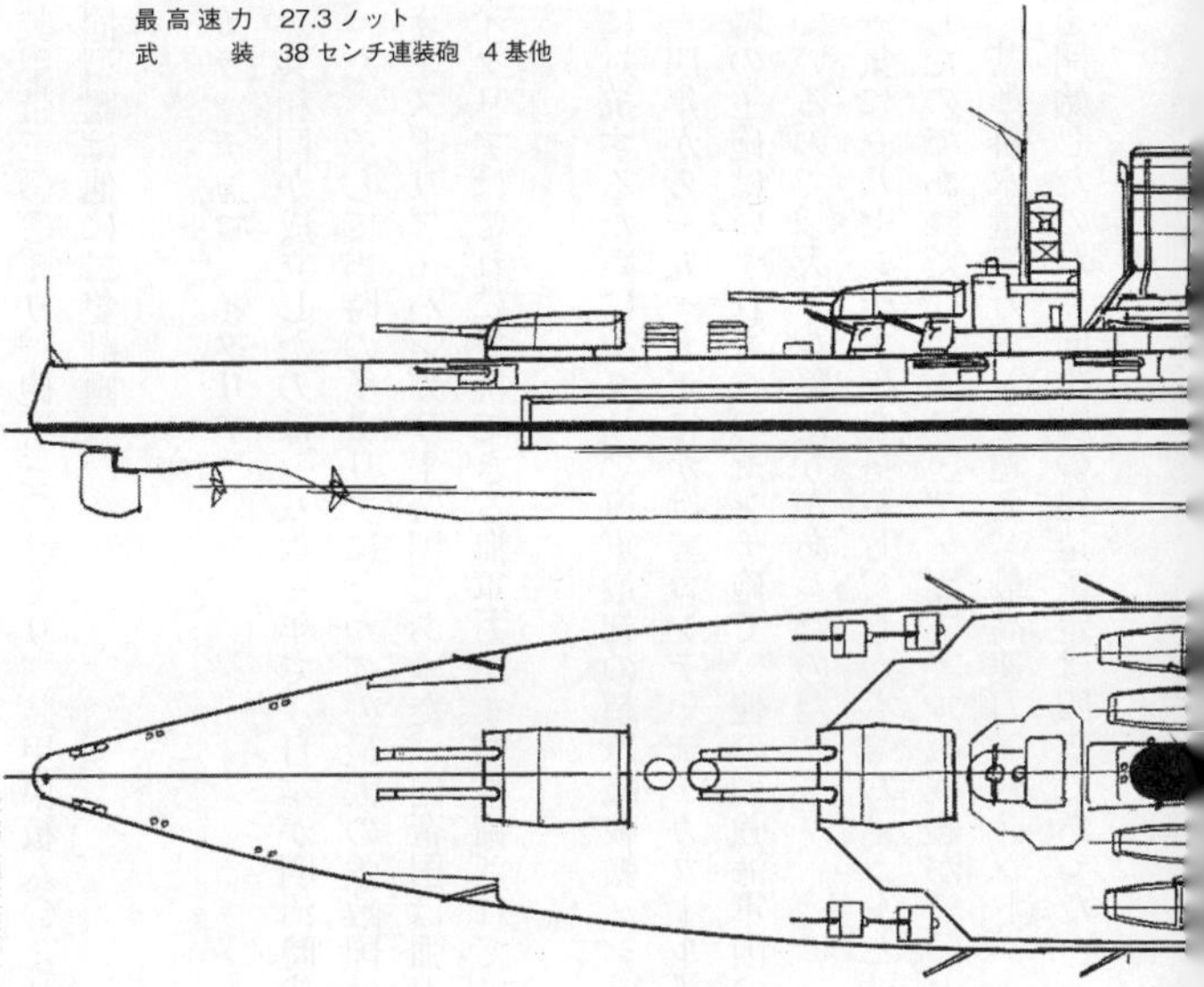

装甲　舷側装甲帯三〇〇ミリ、砲塔三〇〇ミリ、装甲甲板八〇ミリ
　なお同型艦は他に二隻計画

戦艦フランチェスコ・カラッチョロ（イタリア）

統一国家としてイタリア共和国が成立したのは一八六一年で、日本が明治時代に突入したのと同じ頃で歴史は浅かった。そして当時のイタリアにとっての最大の強敵国は、狭いアドリア海を挟んで対峙するオーストリア・ハンガリー帝国であった。同帝国は強力な艦隊を保有していたが、新興国家イタリアはこれに対抗できる海軍力がまだ整備されていなかったのである。

イタリアは強敵の海軍に対抗するためにイタリア海軍最初の超弩級戦艦ダンテ・アリエリを完成させ、さらに一九一四年から一九一五年にかけてコンテ・デ・カブール級戦艦を完成させた。しかしこれら戦艦の主砲はいずれも三〇センチ砲で、他の列強海軍国の戦艦がすでに三六センチ砲を搭載しているので、大きな隔たりがあったのだ。

そこでイタリア海軍は一気に三八センチ主砲を搭載し、しかも二八ノットという高速を発揮する戦艦の建造を計画したのであった。コンテ・デ・カブール級戦艦が三〇センチ主砲一二門搭載であるのに対し、基準排水量三万トンを超え、最高速力二八ノット、三八センチ主砲八門搭載の戦艦の建造を開始したのだ。同級艦の建造予定は四隻であった。

一番艦の建造は第一次世界大戦の勃発直後の一九一四年十月であった。そして残る三隻の起工も一九一五年に始まった。しかしいずれの艦の建造の進捗状況は芳しくなく、進まなかった。当時のイタリア国内の経済状況の悪化がまともに影響していたのであった。戦争が終結した一九一八年十一月当時の進捗状況は、一番艦のフランチェスコ・カラッチョロは、船台上に「軍艦らしき」姿が出来上がっている状態に過ぎなかった。そして他の三隻は基本船体がかろうじて出来上がった状態であった。

第一次世界大戦の終結と同時に強敵国のオーストリア・ハンガリー帝国は消滅した。このためにイタリア海軍にとっての当面の相手は消滅し、この四隻の戦艦の建造の必要性もなくなり、四隻すべては解体されることになった。本級艦の基本要目は次のとおりである。

| | |
|---|---|
| 基準排水量 | 三万一四〇〇トン |
| 満載排水量 | 三万九二〇〇トン |
| 全長 | 二一二・一メートル |
| 全幅 | 二九・六メートル |
| 主機関 | 蒸気タービン機関四基　四軸推進 |
| 最大出力 | 一〇万五〇〇〇馬力 |
| 最高速力 | 二八ノット |

第32図　イタリア戦艦フランチェスコ・カラッチョロ(未成)

全　　長　212.1m
全　　幅　29.6m
基準排水量　31400トン
主 機 関　蒸気タービン機関　4基(4軸推進)
最大出力　105000馬力
最高速度　28ノット
武　　装　38センチ連装砲　4基他

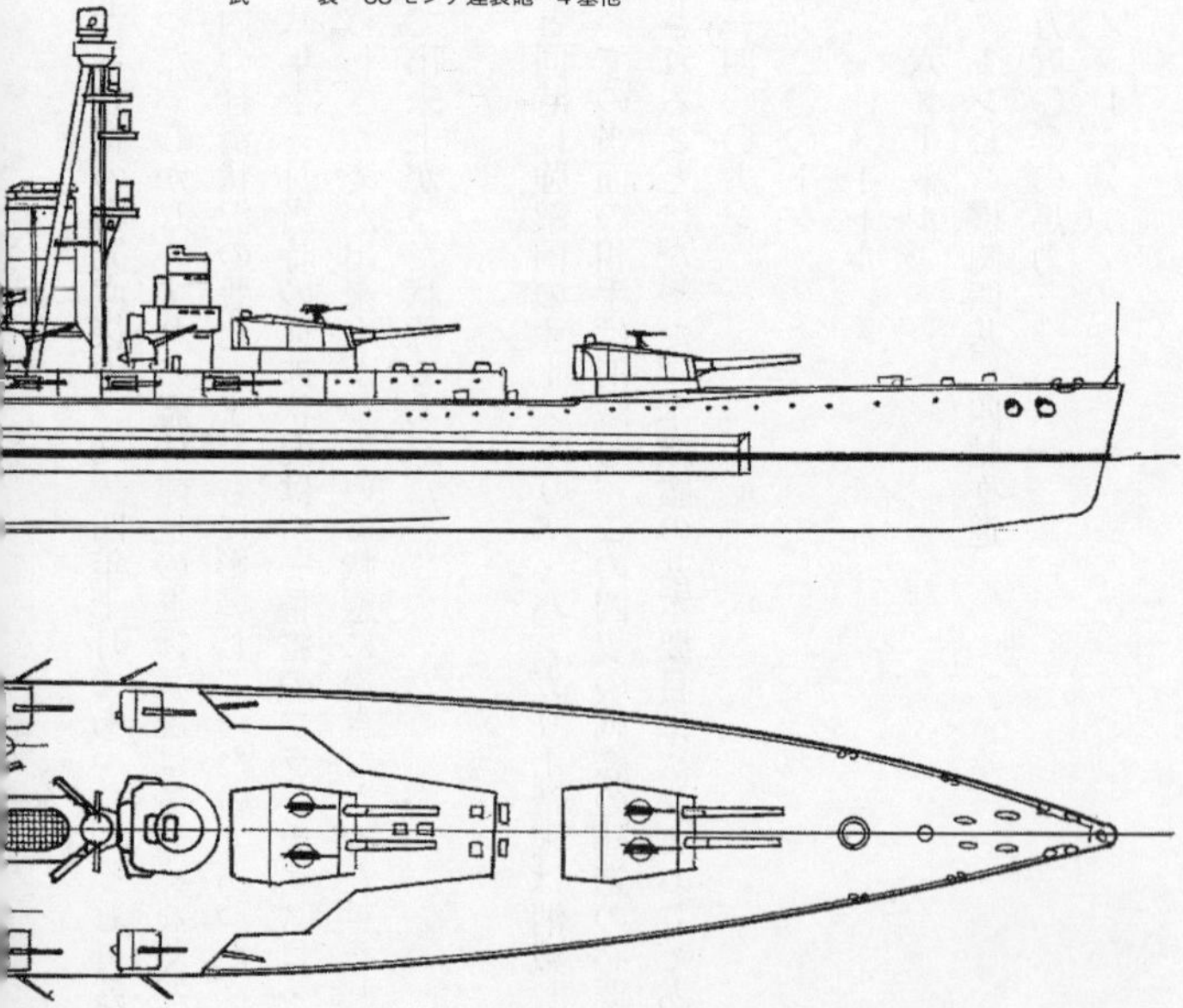

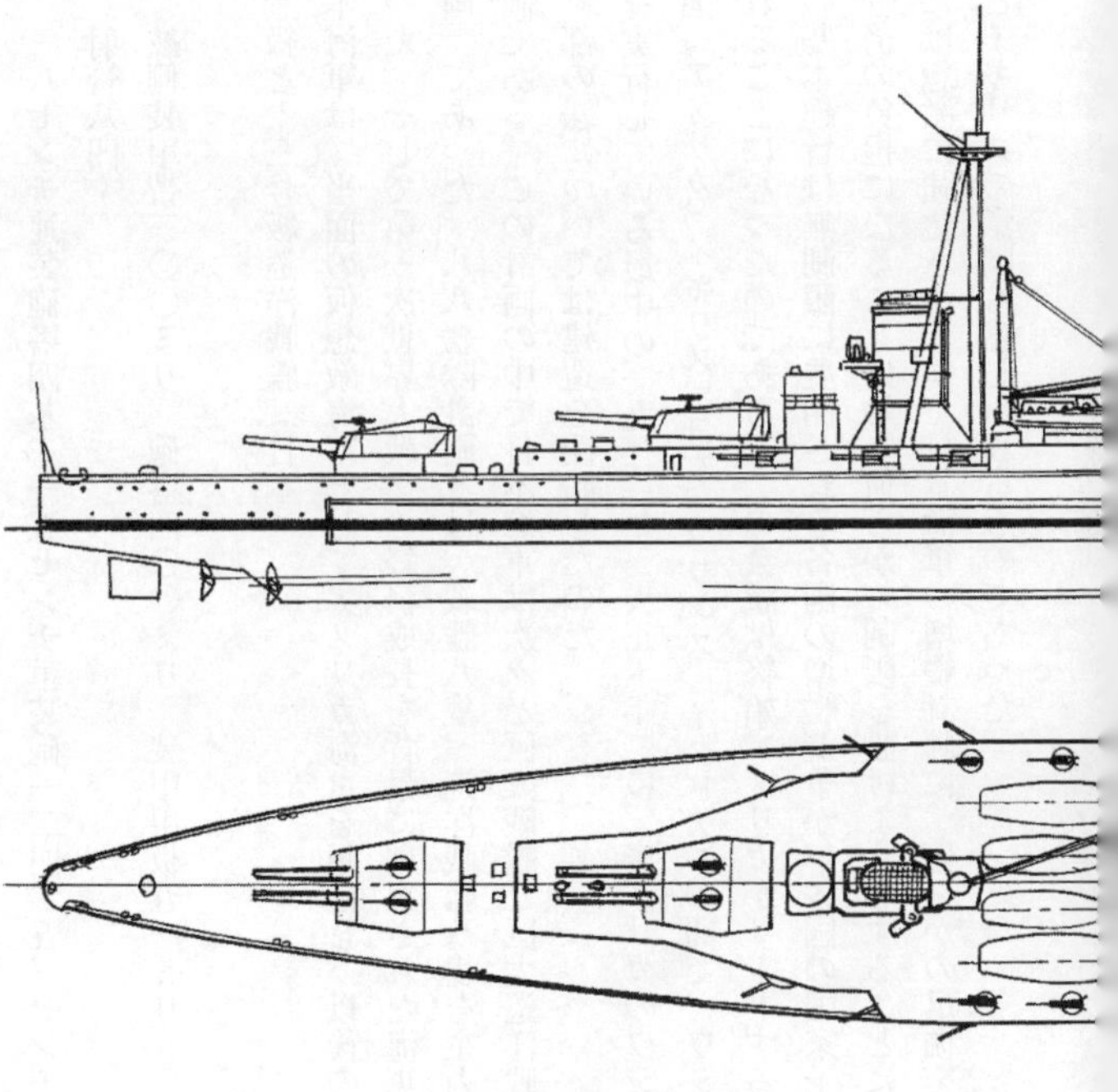

武装　三八センチ連装砲塔四基、一五センチ単装砲一二門、五三センチ魚雷発射管八門

装甲　舷側装甲帯三〇〇ミリ、砲塔四〇〇ミリ、装甲甲板五一ミリ

巡洋戦艦「天城」級と十三号級巡洋戦艦（日本）

日露戦争後の日本海軍は、当面の仮想敵海軍としてアメリカ海軍を想定し、以後の国防計画を練ることになった。そして第一次世界大戦後の経済成長を背景に創案された海軍強化計画が「八八艦隊計画」であった。八八艦隊計画とは、戦艦八隻、巡洋戦艦八隻を主力とする艦隊を構築する計画である。この計画の中で日本海軍は次々と巨大戦艦と巨大巡洋戦艦の建造計画を立案し、一部の艦については建造を開始したのだ。

しかしこの計画を実行している最中の一九二一年（大正十年）に、アメリカのワシントンで当時の五大海軍国（アメリカ、イギリス、日本、フランス、イタリア）の間で、ワシントン軍縮会議が開催されることになったのである。この会議は終始アメリカがリードする中で開催されたが、開催の基本趣旨は無制限に展開される各国の増艦競争が、各国の国家予算を大きく圧迫し、国家経済の負担になることに対し何らかの制限を設けようとすることにあった。

ただしその裏側には急激に強化されてゆく日本海軍の増艦計画に、何らかの足枷を設けようとするアメリカとイギリスの意図も感じられるものであった。

この会議では五ヵ国の保有する主力艦（戦艦、巡洋戦艦、航空母艦）の上限枠と個艦の規模が決められ、即時実行することが決定されたのであった。つまり今後の主力艦の建造は、決定された規模と保有枠内で行ない、現存する主力艦の保有量がすでに制限枠を超えている場合には、保有および建造を中止することになる。保有枠以上の艦を建造している場合には即時建造を中止し、また在籍艦の廃艦を行なうことになった。

このとき日本が課せられた建造中止および廃艦の対象の中に、建造中の巡洋戦艦「赤城」および「天城」があった。また建造を計画している艦には、八八艦隊計画の十三号級巡洋戦艦があった。つまり八八艦隊の完成は頓挫することになったのである。

この建造途中の「天城」と「赤城」は、航空母艦保有枠の余裕から、航空母艦に改造されることで承認されている（ただし建造途中の「天城」は関東大震災の影響で建造続行が不可能となり、代案として、廃艦予定であった建造途中の戦艦「加賀」が航空母艦に改造されることが許可され、その後航空母艦「加賀」として改造されている）。

ここで建造中止となった巡洋戦艦「天城」級とはいかなる艦であったのか、少し説明を加えたい。また幻に終わった十三号級巡洋戦艦についても説明を加えたい。

イ、「天城」級巡洋戦艦

本艦の基本設計時の基本要目は次のとおりであった。

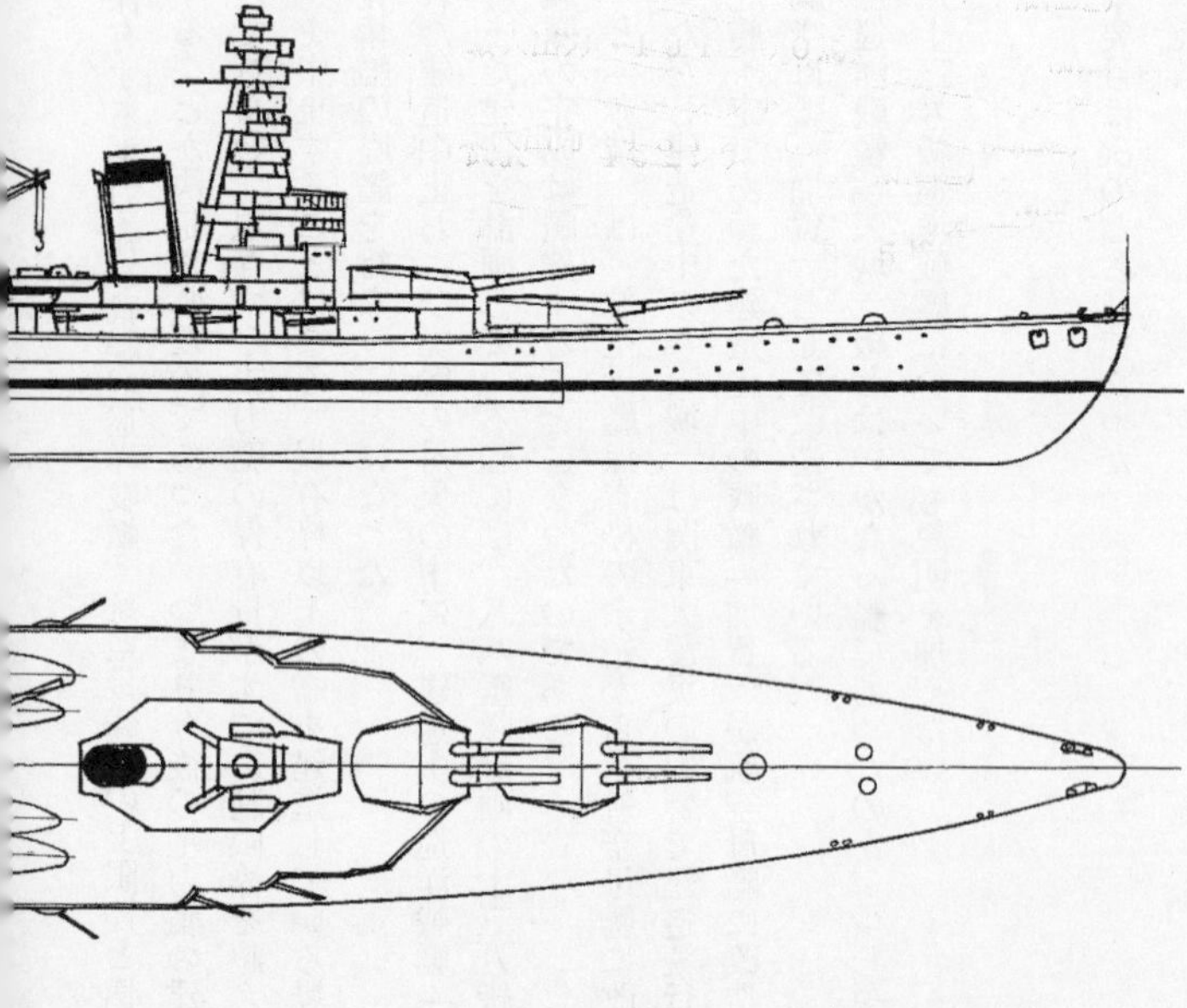

## 第33図　巡洋戦艦天城(未成)

全　　長　252.1m
全　　幅　30.8m
基準排水量　38900トン
主 機 関　蒸気タービン機関　4基(4軸推進)
最大出力　131200馬力
最高速力　30ノット
武　　装　40センチ連装砲　5基他

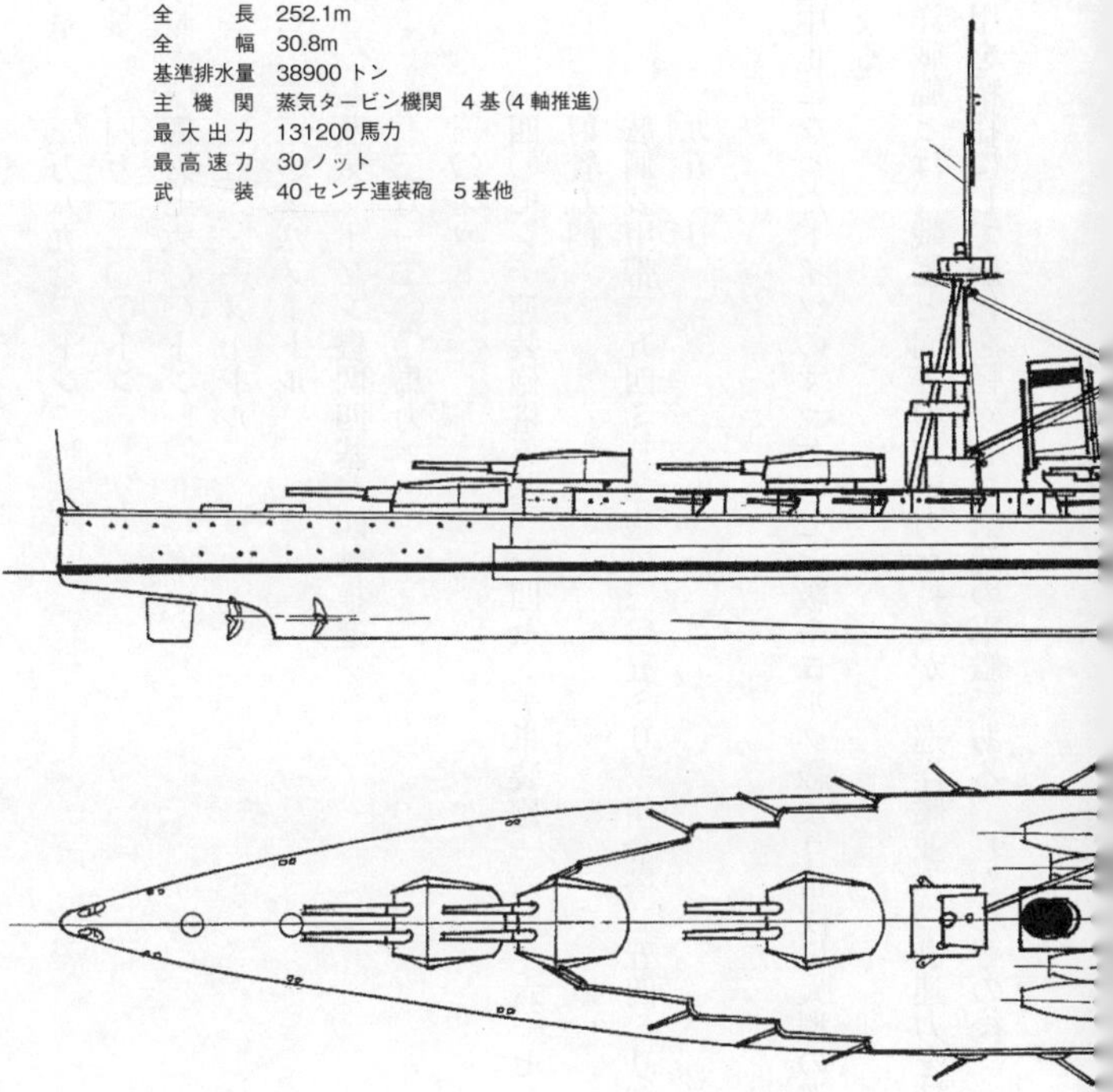

基準排水量　三万八九〇〇トン
常備排水量　四万一二〇〇トン
満載排水量　四万七六〇〇トン
全長　二五二・一メートル
全幅　三〇・八メートル
主機関　蒸気タービン機関四基　四軸推進
最大出力　一三万一二〇〇馬力
最高速力　三〇ノット
武装　四〇センチ連装砲塔五基、一四センチ単装砲一六門、六一センチ魚雷発射管八門
装甲　舷側装甲帯二五四ミリ、砲塔三〇五ミリ、司令塔二五四ミリ、装甲甲板九五ミリ

本艦は建造中止になったドイツのマッケンゼン級やヨルク級より格段に大型の巡洋戦艦であったことになる。

(注) 巡洋戦艦とは、戦艦と同等の砲戦力を持つが、巡洋艦並みの高速力を持たせるために、装甲を犠牲にして船体を軽くした構造の軍艦である。しかしその後、戦艦自体が

高速化し、また第一次世界大戦時のユトランド沖海戦の結果からも、巡洋戦艦という艦種は中途半端な存在の艦となり、存在価値がなくなり、その後消滅した。

ロ、十三号級巡洋戦艦

アメリカ海軍は一九〇三年に起草されたダニエルプランに則り、戦艦の建造計画が押し進められてきた。アメリカ海軍は、一九〇三年に発足したアメリカ海軍の軍備に関わる諮問機関である将官会議が、「一九一九年までに強力戦艦八隻を基幹とする艦隊を整備する」という計画を決定した。このときの海軍長官ジョセファス・ダニエルの名前を採り、この計画はその後ダニエルプランと呼ばれることになった。

ダニエルプランは日本海軍の八八艦隊計画策定時にはすでに推進中であった。このダニエルプランでは、五〇口径四〇センチ主砲一二門を搭載したサウスダコタ級戦艦の建造計画が進められていた。この強力な戦艦の建造計画に対し、日本海軍は八八艦隊計画の中で、最後の十三号から十六号までの巡洋戦艦を、サウスダコタ級戦艦に対抗できる、より大型の巡洋戦艦を建造することで対処しようとしたのであった。

ただし巡洋戦艦として計画された十三号級艦は、ユトランド沖海戦の戦訓から巡洋戦艦ではなく、高速戦艦として建造されることになったのであった。

本艦について判明している範囲での基本要目をここで示すが、不明な部分が多い。

第34図　13号級巡洋戦艦（建造中止）

全　　長　274.0m
全　　幅　30.8m
基準排水量　40200トン
主　機　関　蒸気タービン機関　4基（4軸推進）
最大出力　150000馬力
最高速力　30ノット
武　　装　46センチ連装砲　4基他

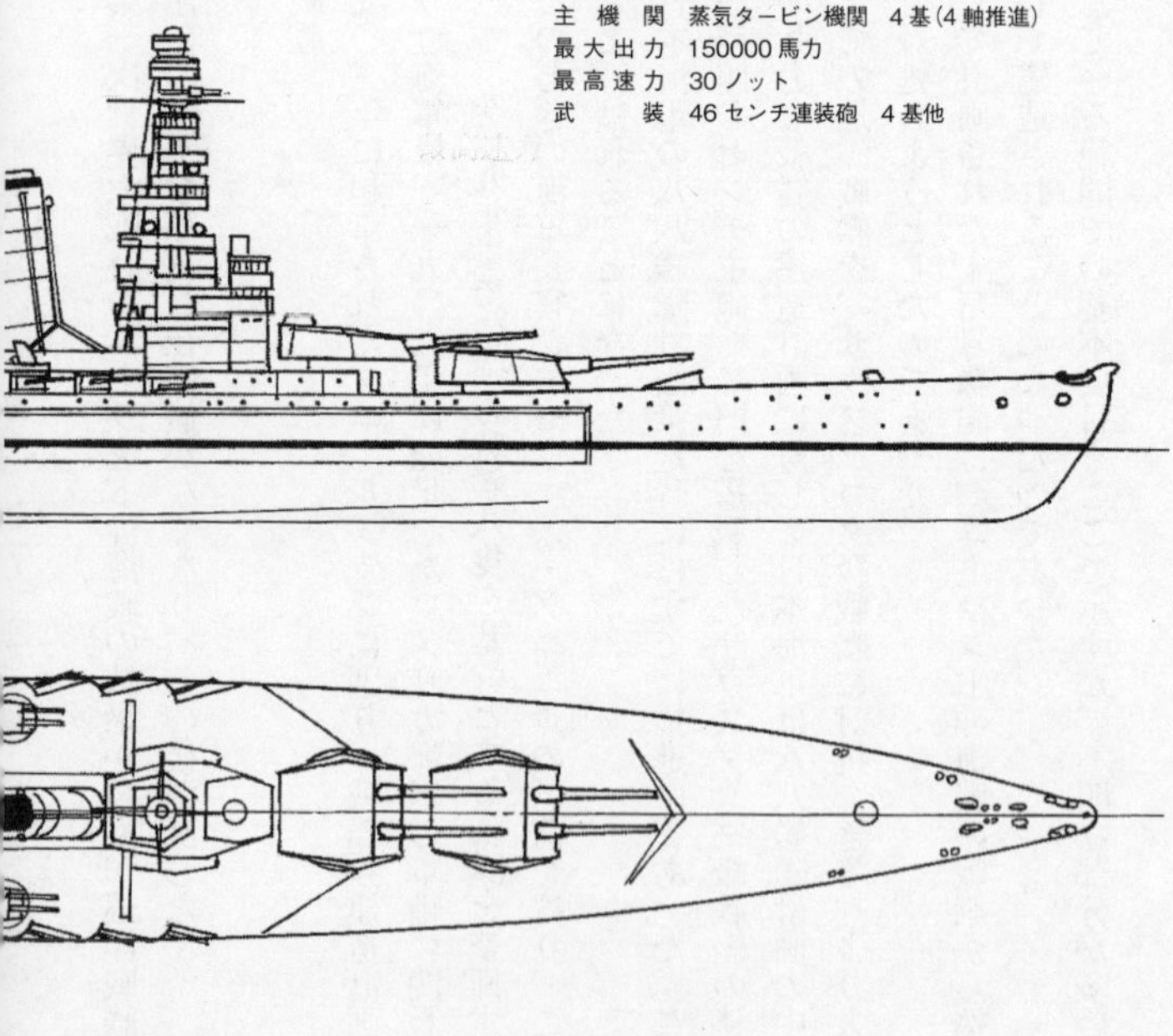

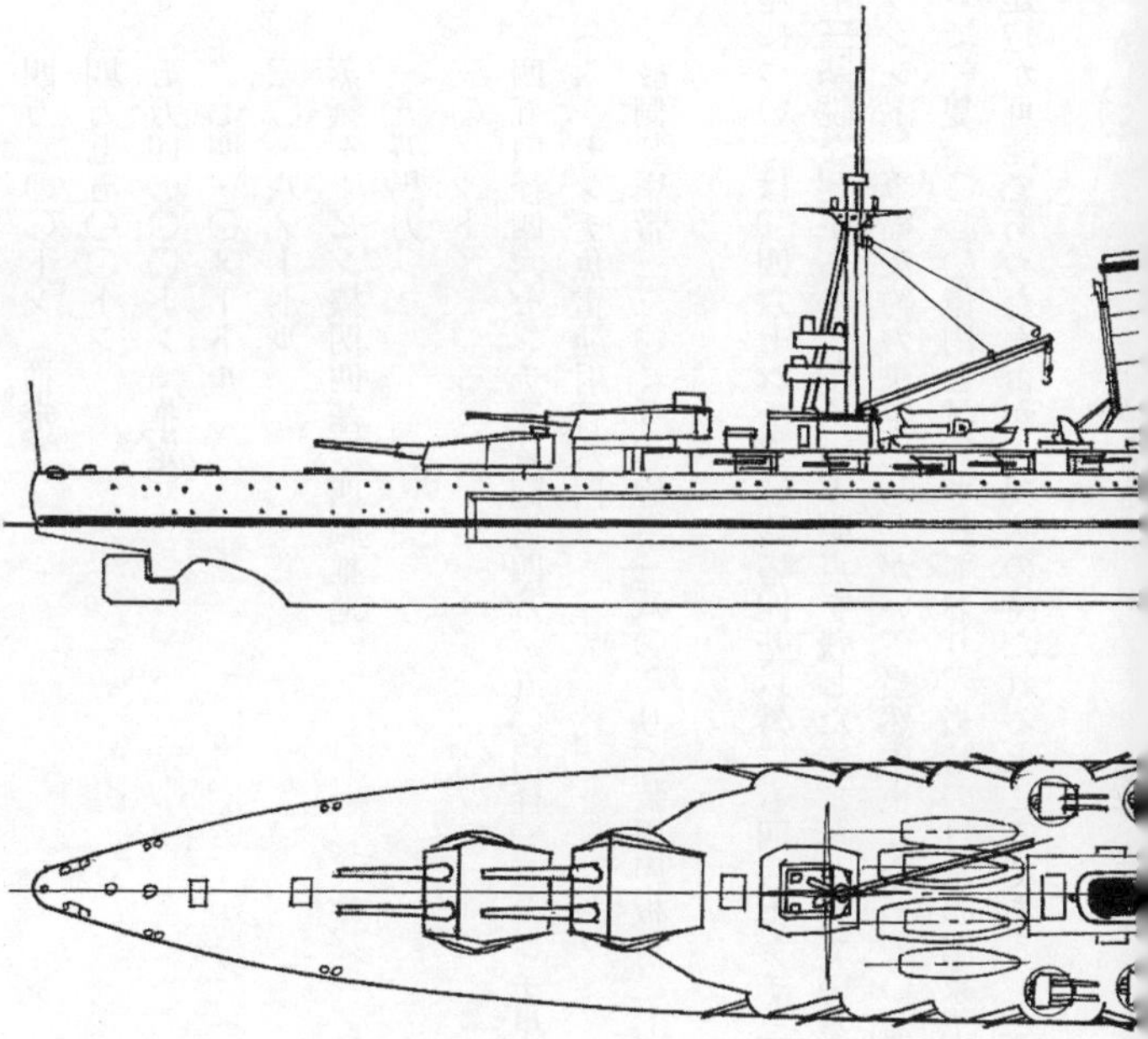

基準排水量　四万二〇〇〇トン（推定）
常備排水量　四万七五〇〇トン
満載排水量　五万四〇〇〇トン（推定）
全長　二七四・〇メートル
全幅　三〇・八メートル
主機関　蒸気タービン機関四基　四軸推進
最大出力　一五万馬力
最高速力　三〇ノット
武装　四五口径四六センチ連装砲塔四基、五〇口径一五センチ単装砲一六門、
六一センチ魚雷発射管八門
装甲　舷側装甲帯三三〇ミリ、砲塔三八〇ミリ、装甲甲板一二七ミリ

なお本艦の主砲については、四六センチ連装砲塔四基以外にも四〇センチ三連装砲塔四基説、同四連装砲塔三基説などがあり、多くの不明点を残したままとなっている。

本艦の建造はワシントン軍縮条約の決定にしたがい、当然中止となっているが、建造費用は現在の価格換算で一隻一〇〇〇億円と試算されており、当時の日本の国家予算の中で果たして四隻の増加建造が可能であったか否か、興味の持たれるところである。

戦艦サウスダコタ（アメリカ）

最終的なダニエルプランによると、アメリカ海軍は一九一七年から一九二一年までの間に、戦艦一〇隻と巡洋戦艦六隻を建造し、既存艦を含め戦艦二七隻と巡洋戦艦六隻とする、大海軍戦力保有国となる予定であった。そしてこのダニエルプラン最後の戦艦が最強・最大のサウスダコタ級戦艦であった。

本級艦はダニエルプランの仕上げともいうべき戦艦で、常備排水量四万トン以上とされ、五〇口径四〇センチ砲の搭載が計画されていた。この砲の最大射程は四万一二四〇メートルに達するもので、日本海軍の「長門」級戦艦が搭載する四六口径四〇センチ砲より射程が長かったのである。

しかし本艦には弱点があった。本艦の最高速力は二三ノットに抑えられていたのである。これは装甲を重視し船体の重量が増したための結果であったのだ。アメリカ海軍が軽装甲の巡洋戦艦よりも重装甲の艦を選んだ結果であった。

本級艦六隻は一九二一年当時すべて起工されており、進捗状況は一一～三九パーセントとなっていた。完成には程遠く、条約の制限を受け六隻すべての工事は中止されることになり、幻の戦艦として存在することになったのである。

本級艦の基本要目は次のとおりである。

## 第35図　アメリカ戦艦サウスダコタ(未成)

全　　長　280.5m
全　　幅　32.3m
常備排水量　43200トン
主　機　関　蒸気タービン機関　4基(4軸推進)
最大出力　50000馬力
最高速力　23ノット
武　　装　40センチ3連装砲　4基他

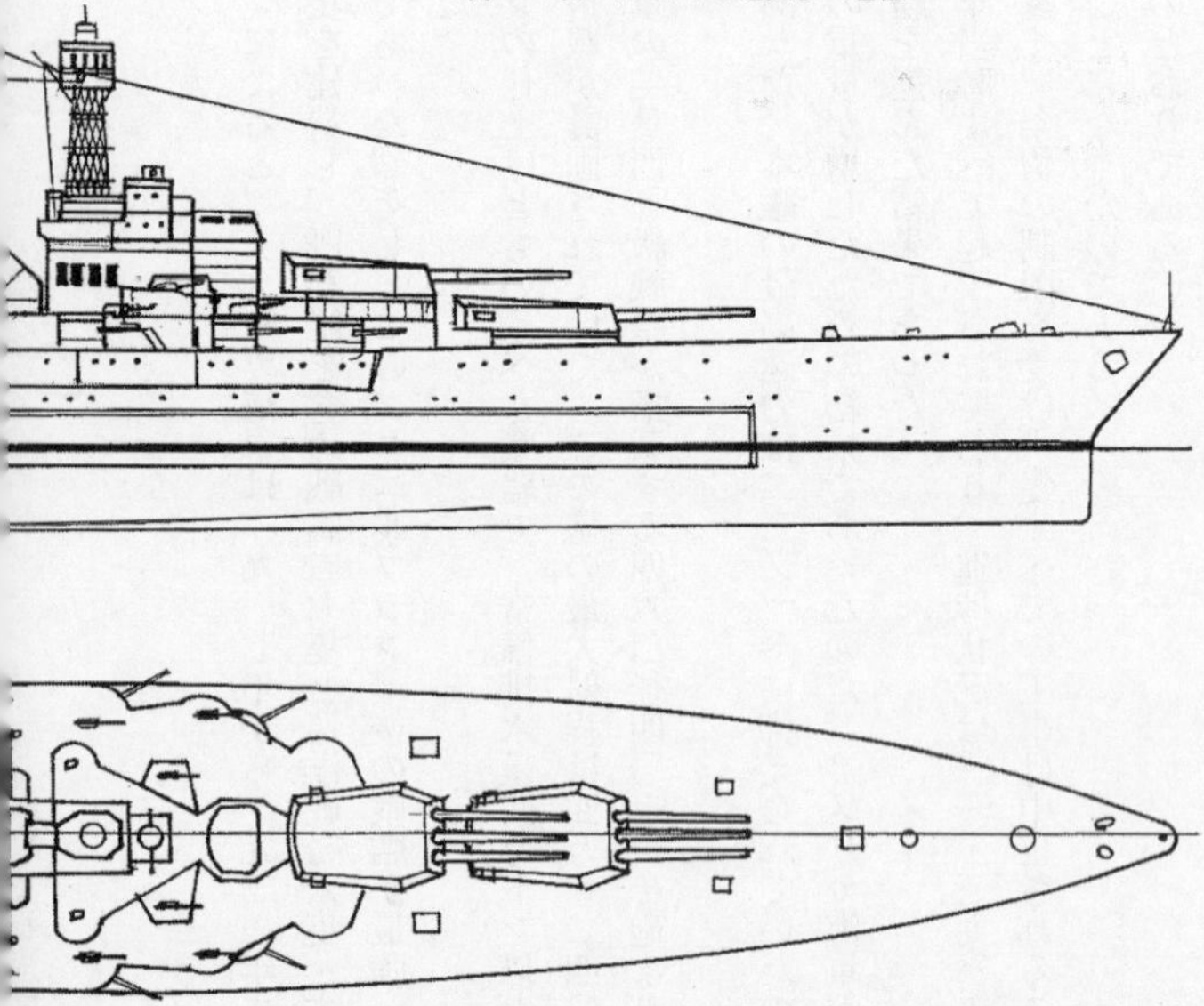

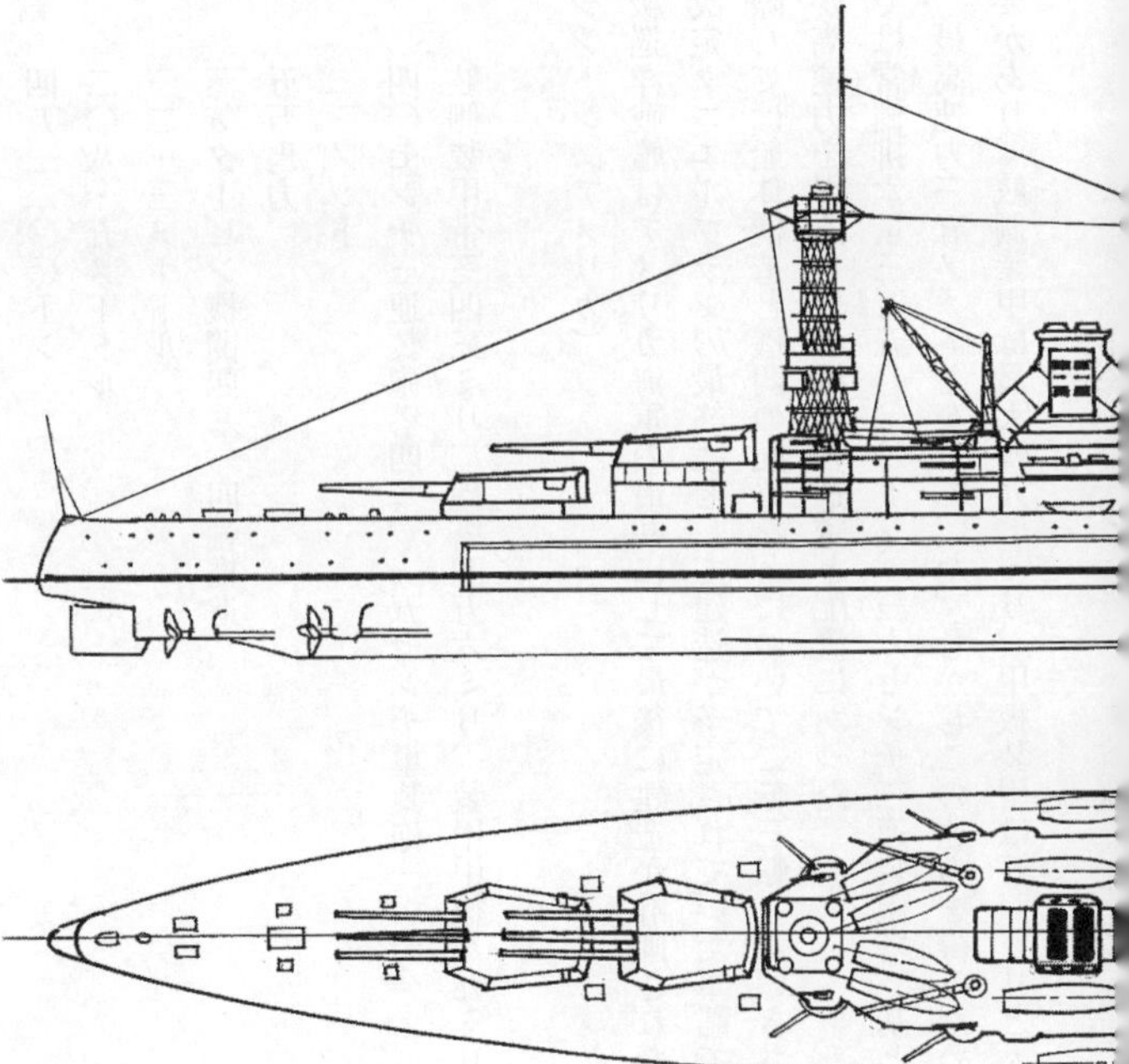

常備排水量　　四万三二〇〇トン
全長　　二〇八・五メートル
全幅　　三二・三メートル
主機関　　蒸気タービン機関四基　四軸推進
最大出力　　五万馬力
最高速力　　二三ノット
武装　　四〇センチ三連装砲塔四基、一五センチ単装砲一六門
装甲　　舷側装甲帯三四三ミリ、砲塔四五六ミリ、装甲甲板八九ミリ

巡洋戦艦レキシントン（アメリカ）

レキシントン級巡洋戦艦はアメリカ海軍の最初にして最後に建造が計画された巡洋戦艦である。本級艦は改定ダニエルプランの最終艦として建造が予定されていた軍艦であった。本艦の設計に際しては船体構造と機関の配置などについて二転三転したいきさつがある。その原因の一つが高速力を得るための機関の選定と配置にあった。

本艦は当初案では常備排水量三万五〇〇〇トン、三六センチ三連装砲塔二基と連装砲塔二基の一〇門搭載、最高速力三五ノットとなっていた。しかしこの速力を得るために艦の重量を軽減させる必要があり、舷側装甲は最大一九七ミリ、甲板装甲は五一ミリと大型巡洋戦艦

としては異例の薄い装甲になっていたのだ。これはあくまでも駆逐艦並みの三五ノットの高速を得るための手段だったのである。

この高速力を得るためには主機関の最大出力は一八万馬力にしなければならない。しかしその力をひき出すためには二四基という多数のボイラーを備えなければならなくなるのだ。これは非現実的な構想となるために、最終案としてボイラー一基当たりの缶出力を上げ、ボイラーの合計を二〇基まで減少させることにした。そして船体荷重を軽減させ、その分舷側装甲を厚くし、舷側装甲二二五ミリを可能にすることにより、本艦の建造は決定されたのであった。

最終的にまとまったレキシントン級巡洋戦艦の基本要目は次のとおりとなった。

満載排水量　四万一一〇〇トン
全長　二六六・五メートル
全幅　三二・一メートル
主機関　蒸気タービン機関四基　四軸推進
最大出力　一八万馬力
最高速力　三三・五ノット
武装　五〇口径四〇センチ連装砲塔四基、一五センチ単装砲一六門、五三センチ魚雷発射管八門

第36図　アメリカ巡洋戦艦レキシントン
(空母へ改造)

全　　長　266.5m
全　　幅　32.1m
満載排水量　41100トン
主　機　関　蒸気タービン機関　4基(4軸推進)
最大出力　180000馬力
最高速力　33.5ノット
武　　装　40センチ連装砲　4基他

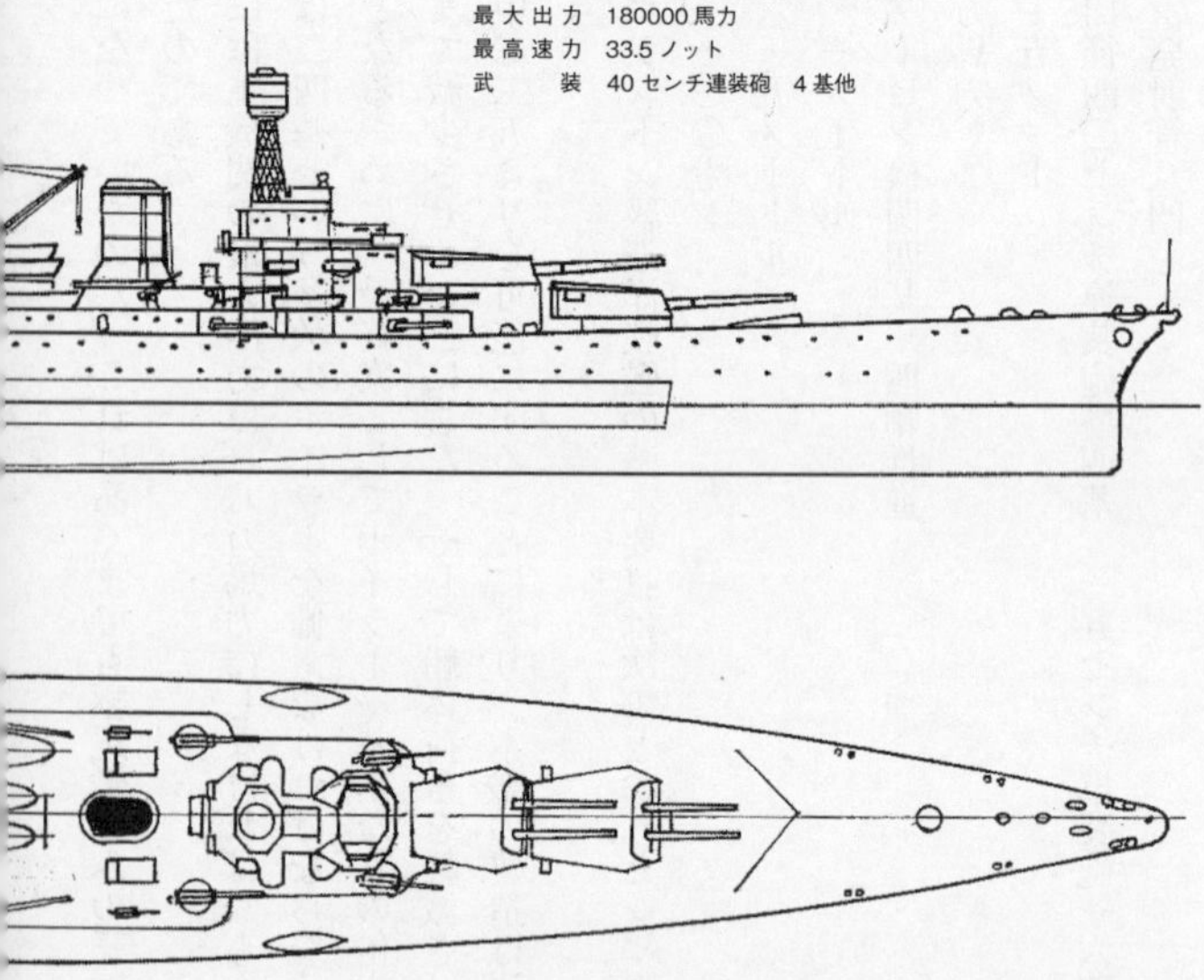

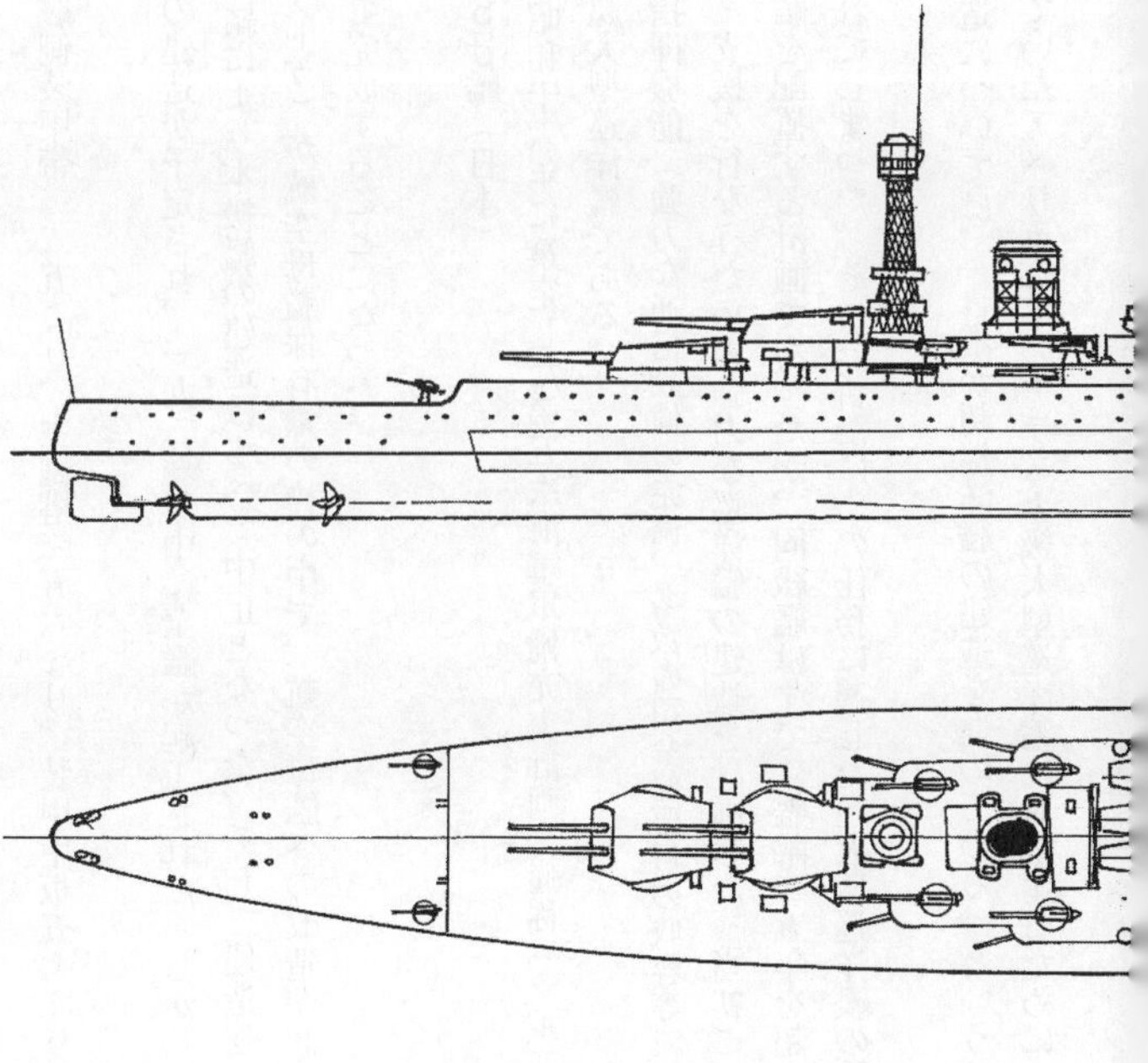

装甲　舷側装甲帯二二五ミリ、主砲塔二五六ミリ、装甲甲板五七ミリ

本級艦は合計六隻の建造が予定され、一九二一年中に全艦が起工された。しかしワシントン海軍軍縮条約の締結により本級艦の建造はすべて中止となった。そして建造途中の二隻（レキシントンとサラトガ）が航空母艦保有量の枠の中で、航空母艦への改造が認められ、その後航空母艦として完成することになった。

超甲型巡洋艦795号艦（日本）

本艦は日本海軍が昭和十六年に策定した第五次海軍軍備充実計画（通称「マル五計画」）で建造が計画された超大型巡洋艦である。

日本海軍は強力な指揮機能（強力な通信設備の完備、多数の司令部要員の収容等）を持ち、夜戦水雷戦闘の指揮・支援を行なうための強力な巡洋艦の建造を計画した。当初この任務に「金剛」級の高速戦艦を配置する計画であったが、同級艦はすでに艦齢二五年を超えており不適当の艦と判断されてしまった。そこで新たにこの任務に適した超大型巡洋艦の建造を計画したのだ。

じつは本級艦の建造については、「日本が超巡洋艦の建造を進めている」という誤報によって建造が進められていたアメリカ海軍のアラスカ級大型巡洋艦に対抗するために、建造計

画が立案されたとする説もある。本級艦がアラスカ級大型巡洋艦の建造のいきさつと真逆のいきさつで建造計画が進められたことに、日米海軍の思惑が錯綜していたことが分かるのである。

本級艦の基本要目は次のとおりである。

基準排水量　三万一四〇〇トン
公試排水量　三万四九五〇トン
全長　二五〇メートル
全幅　二七・五メートル
主機関　蒸気タービン機関四基　四軸推進
最大出力　一七万馬力
最高速力　三三ノット
武装　五〇口径三〇センチ三連装砲塔三基、一〇センチ連装高角砲塔八基
（魚雷発射管の搭載は見送られた）
装甲　舷側装甲帯一九五ミリ、主砲塔二六〇ミリ　司令塔二一五ミリ、装甲甲板一二五ミリ

これらの数値を眺めると、すべての面でアメリカ海軍のアラスカ級大型巡洋艦と酷似して

### 第37図　超甲型巡洋艦第795号艦（建造中止）

全　　長　250.0m
全　　幅　27.5m
基準排水量　31400トン
主 機 関　蒸気タービン機関　4基（4軸推進）
最大出力　170000馬力
最高速力　33ノット
武　　装　30センチ3連装砲　3基他

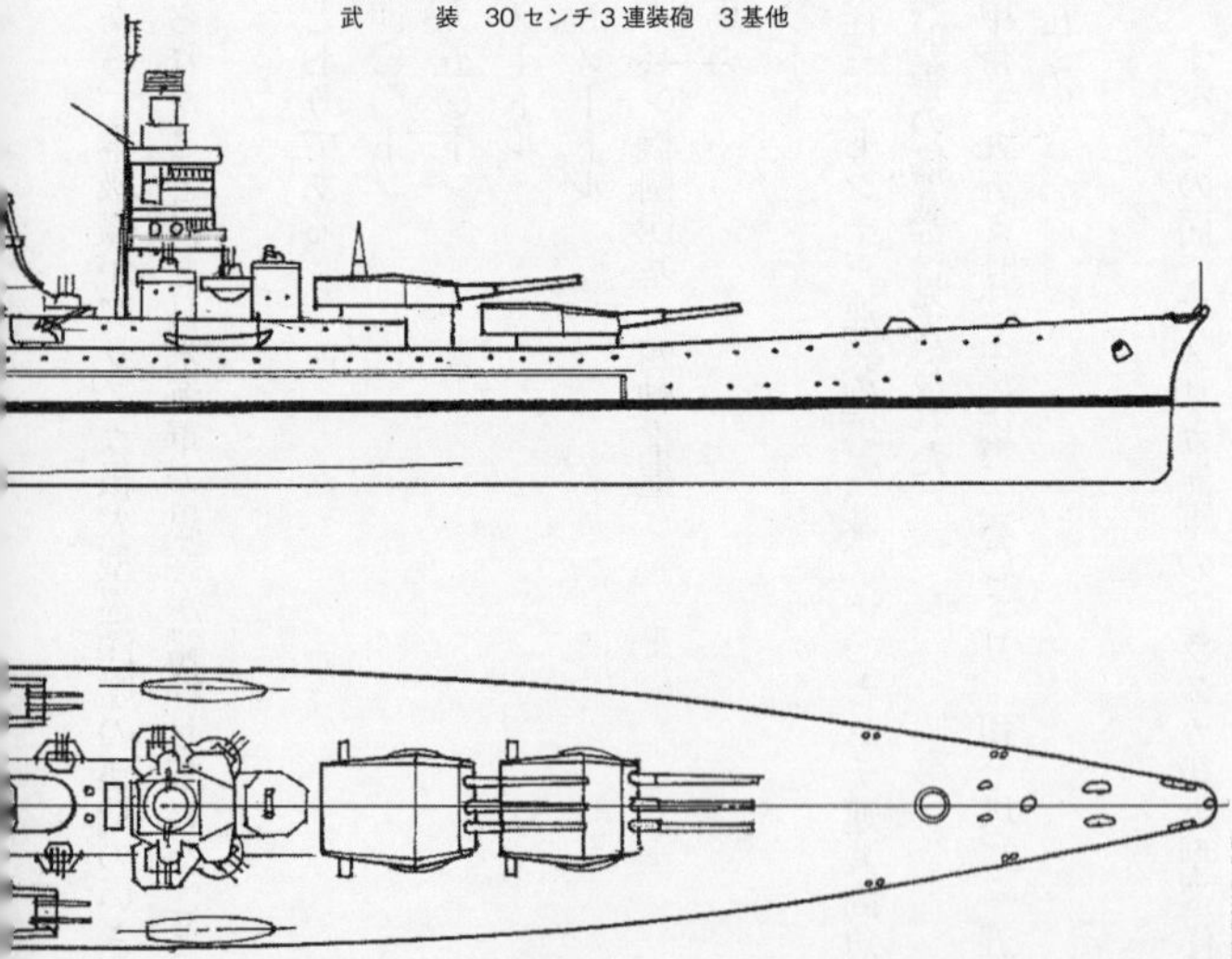

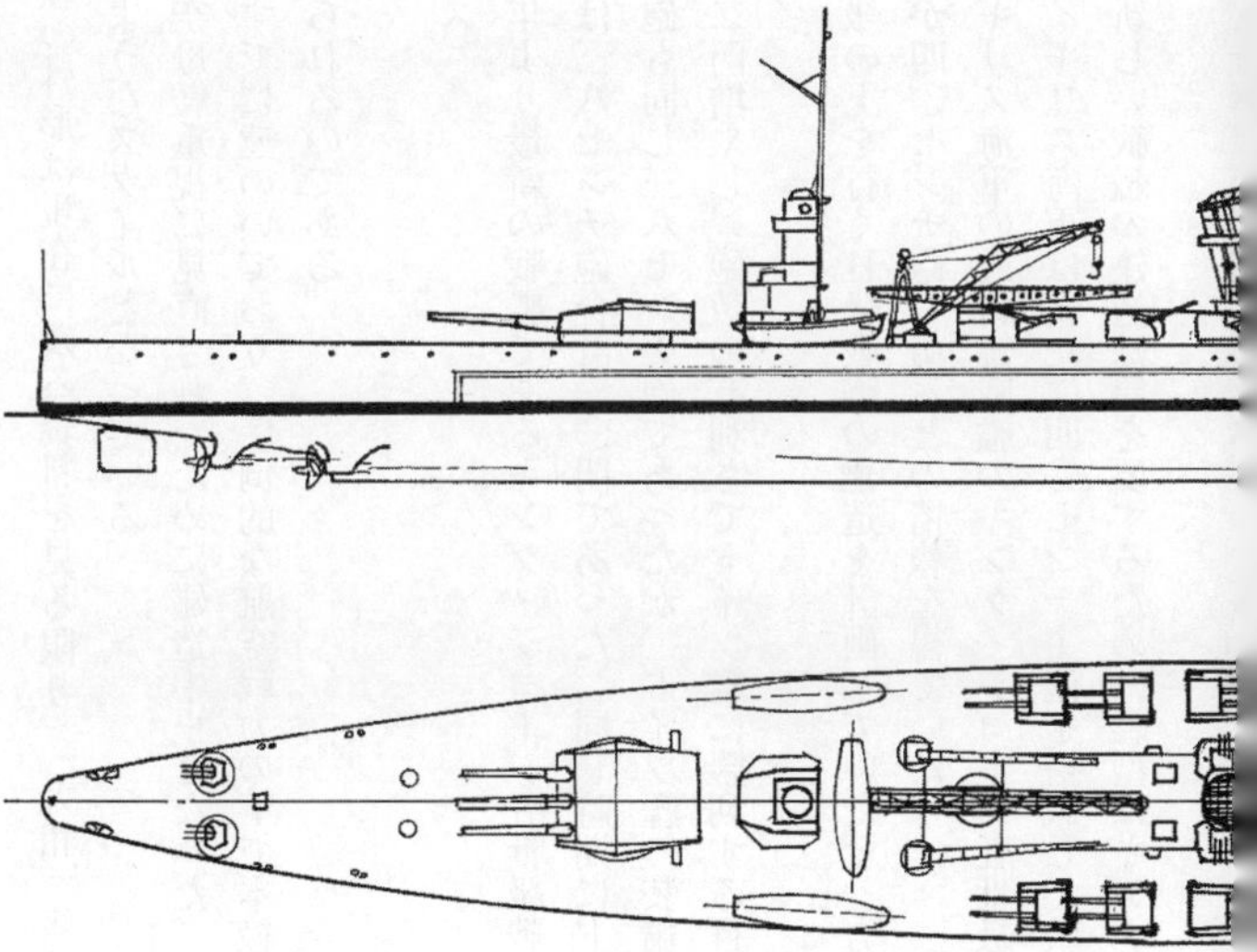

いることが興味深い。本艦の外形は現在に残る資料を見る限り、「大和」級戦艦と「阿賀野」級軽巡洋艦を合わせたようなスタイルとなっている。

本級艦は第五次計画が航空母艦重視に見直されたために建造中止となった。恐らく完成しても、夜間水雷戦の時代はすでに遠のいており、圧倒的な航空戦力の下で本級艦が活躍する機会は皆無であったと考えられるのである。

ライオン級戦艦（イギリス）

イギリス海軍は一九三九年より最新の戦艦であるキング・ジョージ五世級戦艦五隻を次々と完成させた。本艦の主砲は三八センチ砲合計一〇門であった。同じ時期にドイツ海軍が完成させたビスマルク級の主砲も同じ三八センチ砲であったが、ドイツ艦の装備数は八門であった。イギリスは砲の数を二門増やし、砲数の有利さでドイツ艦に勝利する目算を持っていたのである。

ドイツ海軍はビスマルク級の上を行くH級戦艦の建造を計画していた。一方のイギリス海軍はすでにH級戦艦の主砲が四〇センチ砲であるとの情報を得ていた。

この戦艦が出現すればイギリス海軍の最新鋭戦艦のキング・ジョージ五世級では太刀打ちできなくなる。このためにイギリス海軍は新たに四〇センチ主砲を搭載した戦艦の建造に踏み切ったのであった。この新しい戦艦の建造は急を要するために艦型はキング・ジョージ五世級の拡大型で進められた。

四〇センチ砲搭載戦艦の基準排水量は四万トンを超え、搭載する主砲は三連装砲塔三基とされ、イギリス海軍史上最大の戦艦になる予定であった。

新戦艦の基本要目は次のとおりである（カッコ内はキング・ジョージ五世級戦艦）

基準排水量　四万五五〇トン（三万六七五〇トン）
満載排水量　四万六三〇〇トン（四万二二三七トン）
全長　二九三・三メートル（二二七・一メートル）
全幅　三一・七メートル（三一・五メートル）
主機関　蒸気タービン機関四基　四軸推進（同）
最大出力　一三万馬力（一一万馬力）
最高速力　三〇ノット（二八ノット）
武装　四〇センチ三連装砲塔三基、一三・三センチ連装両用砲塔八基
装甲　舷側装甲帯三八一ミリ、砲塔三八一ミリ、装甲甲板一五一ミリ

新戦艦は同型艦四隻の建造が予定された。そして一番艦ライオンが一九三九年四月に、二番艦テレメーアが同年六月に起工され、引き続き二隻が起工の予定であった。しかし一九四一年九月に建造は中止と決定したのだ。建造中止の理由は、今後の戦艦の必要性に対する疑

## 第38図　イギリス戦艦ライオン(未成)

全　　長　293.3m
全　　幅　31.70m
基準排水量　40550トン
主 機 関　蒸気タービン機関　4基(4軸推進)
最大出力　130000馬力
最高速力　30ノット
武　　装　40センチ3連装砲　3基他

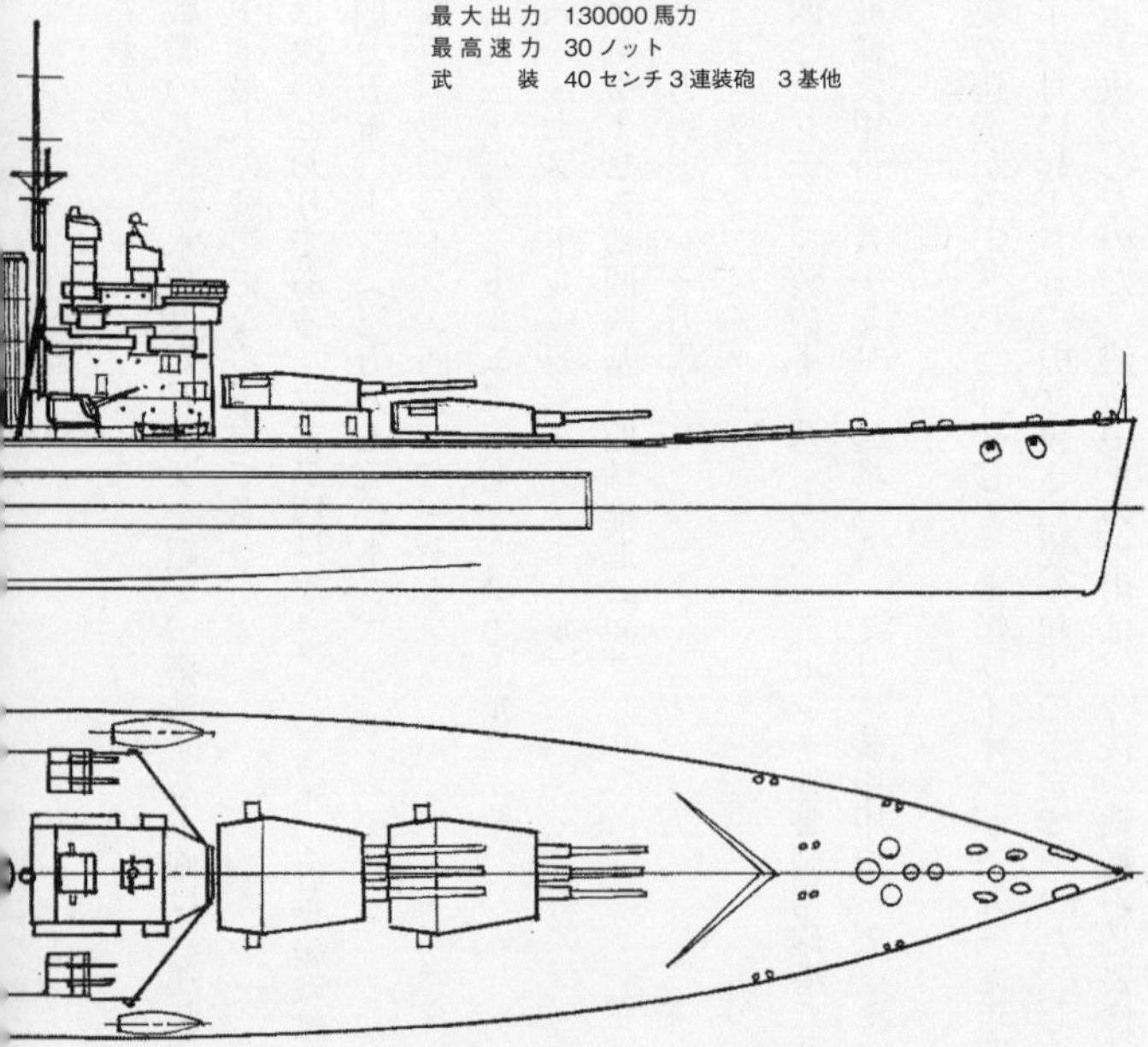

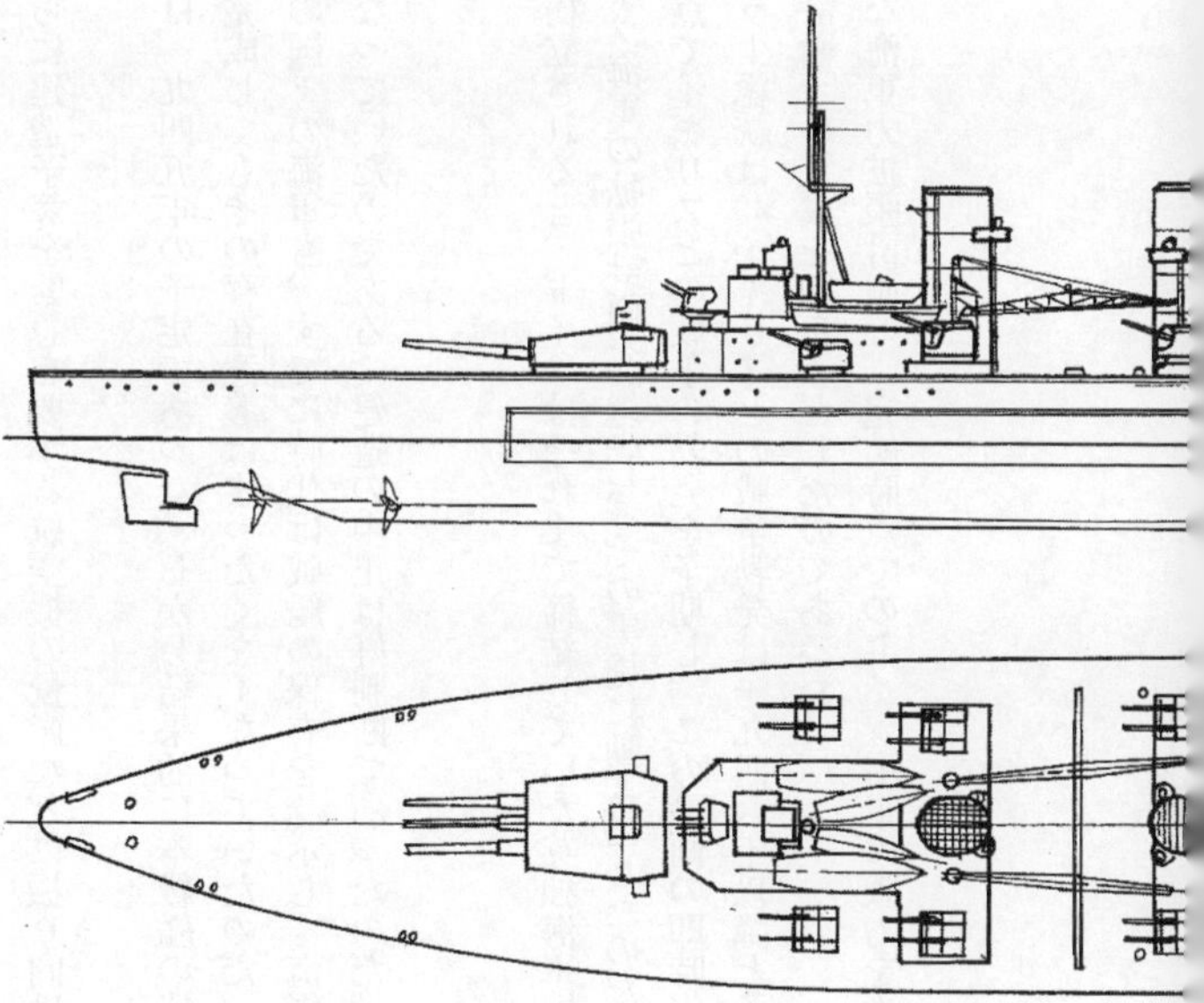

問、建造資材の不足、さらに建造予算を緊急を要する航空機の量産などに振り向けることなどであった。

一番艦ライオンの完成は一九四五年の予定であった。しかし結果的に本級艦の建造は中止されたのだ。仮に本艦が完成してもその存在意義はまったくなくなっていたのだ。イギリス海軍ばかりでなくその他の国々の海軍も、すでに時代は戦艦の保有を誇示し、海軍の軍事力を喧伝する時代ではなくなっていたのである。建造の中止は好判断であったのだ。

H級戦艦（ドイツ）

ナチス・ドイツ政権が樹立されると、ドイツはそれまで締結していた英独海軍協定を破棄し、「Z計画」というドイツ海軍の拡張計画を策定し、その実施に動き出したのだ。

ドイツはすでにこの時点でイギリスとの戦争の勃発を予期し、この計画の即時実行を進めたのだ。この時点でヒトラー総統は、イギリスとの戦争勃発は一九四六年以降と予想していた。そしてこの間に「Z計画」の完成を図ろうとしたのであった。

「Z計画」は極めて雄大な海軍力拡張計画で、完結時点でのドイツ海軍の戦力を次のように想定していたのだ。

戦艦　一三隻

航空母艦　四隻

装甲艦　　　一五隻（いわゆるポケット戦艦）
重巡洋艦　　五隻
軽巡洋艦　　四六隻

H級戦艦は「Z計画」中の最強力戦艦の位置づけにあった。本級艦の知られている予想外観はビスマルク級と大差ないが、主砲に四〇センチ砲を採用するためにビスマルク級より一回り大型の艦になっている。
本艦は四七口径四〇センチ砲八門（連装四基）を搭載し、満載排水量は六万トンを超える巨大戦艦になる予定であった。しかも驚くのは最高速力が三〇ノットを計画していたことであった。H級戦艦の計画基本要目は次のとおりである。

基準排水量　五万五四五三トン
満載排水量　六万二四九七トン
全長　　　　二七七・八メートル
全幅　　　　三七・二メートル
主機関　　　ディーゼル機関二基、蒸気タービン機関一基　三軸推進
最大出力　　一六万五〇〇〇馬力
最高速力　　三〇ノット

武装　四〇センチ連装砲塔四基、一五センチ連装砲塔六基、五三センチ魚雷発射管六門
装甲　舷側装甲帯三〇〇ミリ、砲塔三八五ミリ、装甲甲板一二〇ミリ

本艦の特徴の一つにその主機関があった。本艦は巨大戦艦でありながら、その主機関にはディーゼル機関が採用される予定になっていた。そして推進器は三軸推進であることも際立った特徴になっていた。

主機関と推進器の配列は異色のものであった。主機関には一基一万三七五〇馬力のディーゼル機関一二基が使われた。推進器は三軸で、ディーゼル機関四基一組（五万五〇〇〇馬力）で一軸を回転させる仕組みとなっていた。

この三軸推進には理由があった。艦が巡航で航海する場合には中央の一軸のみで推進され、戦闘時には左右二軸も回転し最大船速が出せるようになっていたのである。これは艦の航続距離を増すための工夫でもあったのである。例えば航海速力一九ノットで航行すればその航続距離は一万九二〇〇カイリ（約三万五六〇〇キロ）となった。これは世界のいずれの戦艦の航続距離よりも長いものとなった。

これは本艦を仮に通商破壊作戦に投入した場合には、少なくとも大西洋全域を燃料無補給で活動することも可能になり、しかも敵対する敵艦もなく最強の戦力として使えることは明

白と考えた末の設計であったのである。

本艦は二隻が起工された。しかし第二次世界大戦勃発直後の一九三九年九月末に工事は中止となった。そして同時に「Z計画」事態も遂行中止が決定されたのであった。中止の理由は、戦争がヒトラー総統の構想よりもかなり早く勃発したために、軍備に対する計画の緊急の見直しが迫られたためとされている。

じつはこのH級戦艦の設計が進められている段階で、ドイツの戦艦設計者はさらなる巨大戦艦の構想を練っていたのである。彼らはH級戦艦の建造が中止された後も、近い将来再び巨大戦艦の建造の要求が出てくることを期待し、新しい巨大戦艦の設計を続けていたのであった。そこに登場した戦艦がH級戦艦の拡大型のH44級戦艦であった。

この戦艦は二〇インチ主砲（五〇・八センチ主砲）搭載となっており、H級戦艦より格段に大きく「大和」級戦艦もはるかに上回る規模の戦艦であったのである。

この幻のH44級戦艦の基本要目は次のとおりである。

基準排水量　一二万二〇四七トン
満載排水量　一三万九二七二トン
全長　三五五メートル
全幅　五一・五メートル
主機関　ディーゼル機関二基および蒸気タービン機関一基　三軸推進

## 第39図　ドイツH級戦艦(未成)

全　　長　277.8m
全　　幅　37.2m
基準排水量　55453トン
主 機 関　ディーゼル機関　2基
　　　　　蒸気タービン機関 1基(3軸推進)
最大出力　165000馬力
最高速力　30ノット
武　　装　40センチ連装砲　4基他

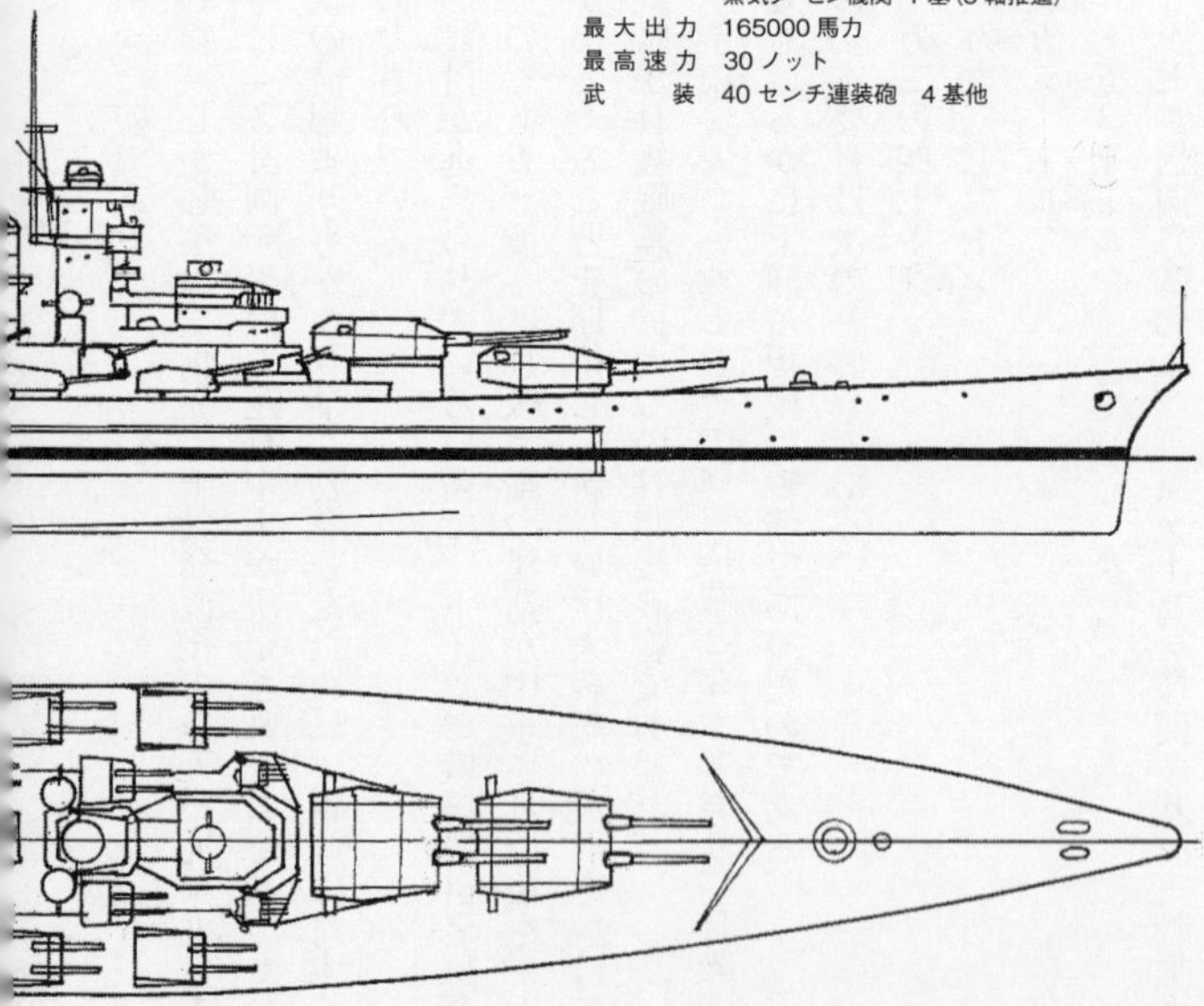

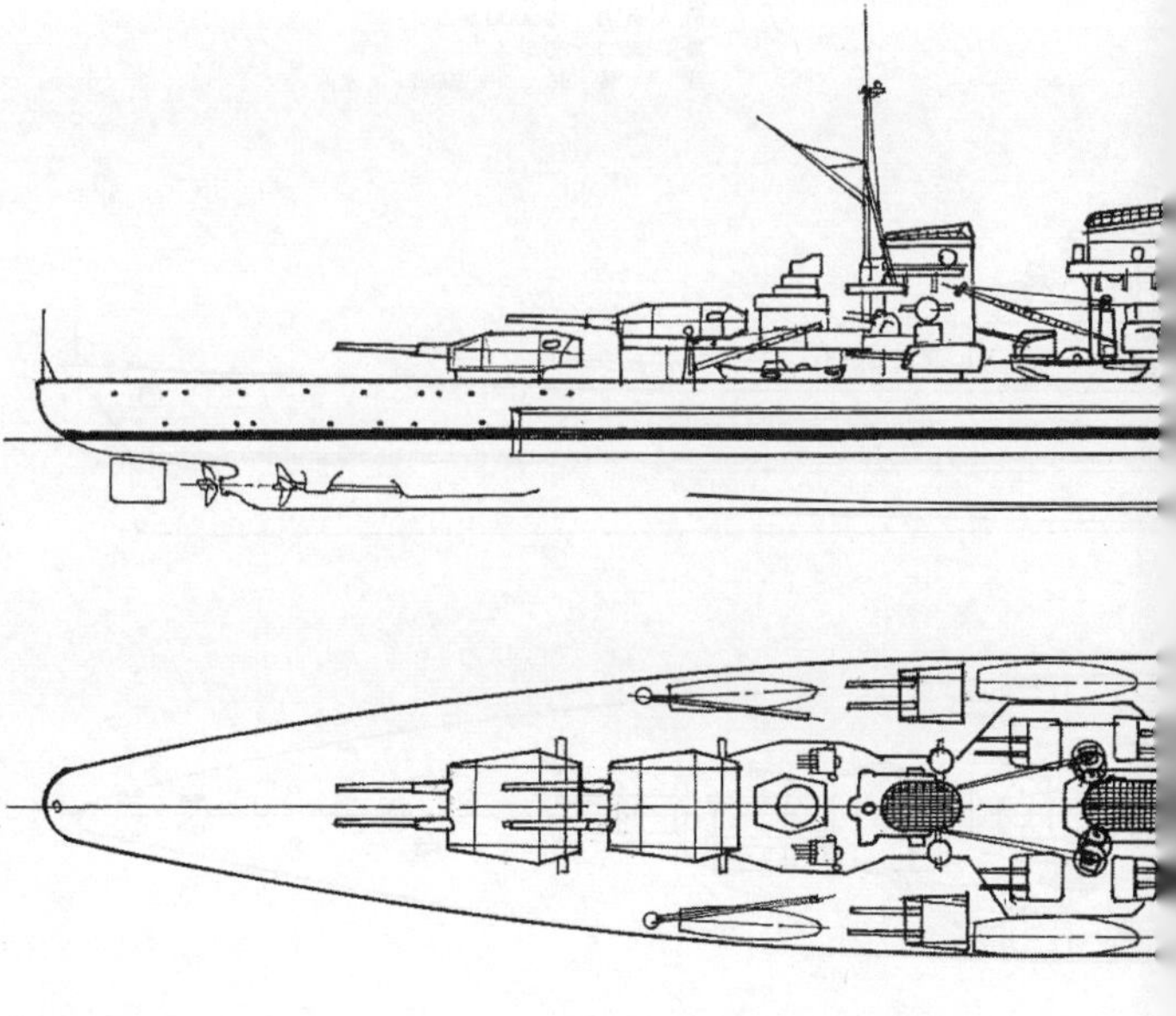

第40図　ドイツ戦艦 H44（建造中止）

全　　長　355.0m
全　　幅　51.5m
基準排水量　122047 トン
主 機 関　ディーゼル機関　2基
　　　　　蒸気タービン機関 1基（3軸推進）
最大出力　195000 馬力
最高速力　30.1 ノット
武　　装　50 センチ連装砲　4基他

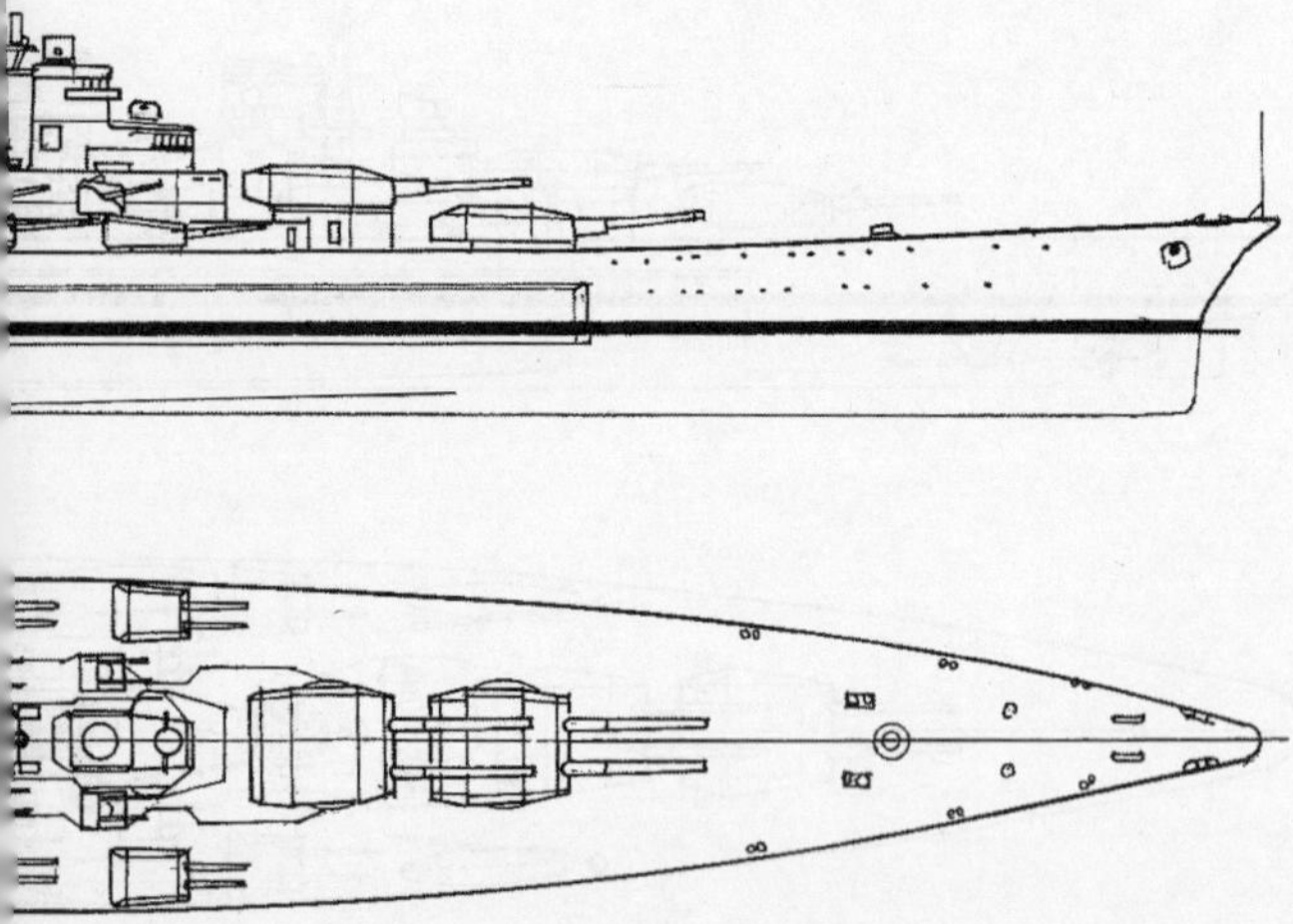

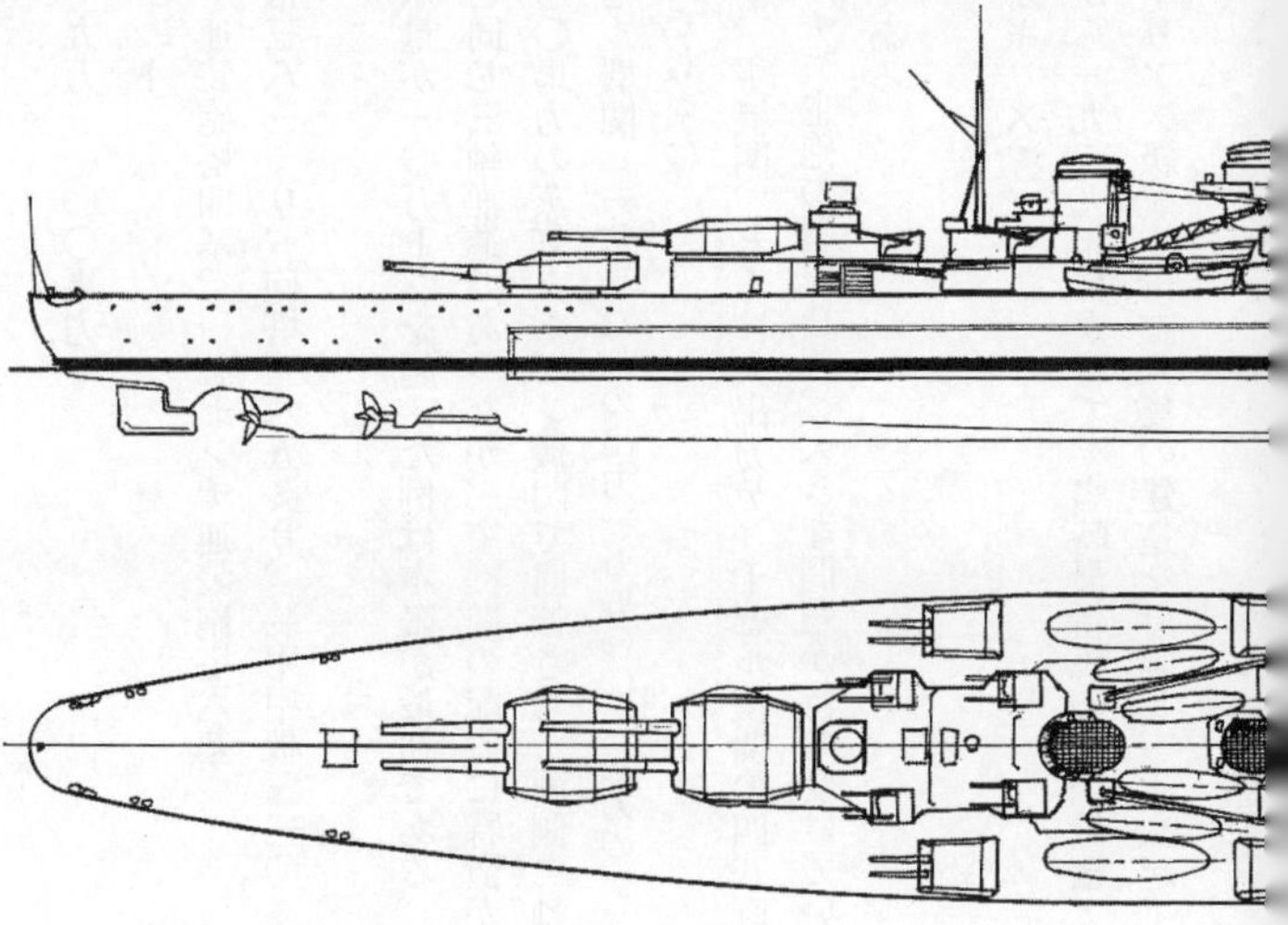

最大出力　合計出力一九万五〇〇〇馬力
最高速力　三〇・一ノット
武装　五〇センチ連装砲塔四基、一五センチ連装砲塔六基
装甲　舷側装甲帯三八三ミリ、砲塔三八五ミリ、装甲甲板三三〇ミリ

過去の軍艦の設計で基準排水量が一〇万トンを超えた例は本艦が最初である。

本艦の推進方式もH級戦艦と同じ三軸推進であったが、主機関の配置に特徴があった。中央の一軸は最大出力七万五〇〇〇馬力の蒸気タービン機関で回転させ、両側二軸は各推進器を合計出力六万馬力のディーゼル機関（一基当たりの出力一万五〇〇〇馬力のディーゼル機関を四基連結）で回転させる計画であった。

本艦の建造は幻に終わったが、主機関、とくに大出力ディーゼル機関の四基直結運転、そして二〇インチ（五〇・八センチ）主砲の製作など、大きな問題が待ち受けていたことは間違いなかったと想像されるのである。

ジブラルタル級航空母艦（イギリス）
イギリス海軍は一九三六年から一九三九年にかけて、当時最新鋭の航空母艦アークロイヤルを改良した、六隻のイラストリアス級航空母艦六隻の建造を計画し、逐次起工した。これ

ら六隻の航空母艦は第二次世界大戦中のイギリス海軍航空母艦戦力の基幹戦力として活躍することになったが、大戦勃発直後にイギリス海軍はさらなる航空母艦の整備を計画したのだ。

その内訳はイラストリアス級航空母艦を拡大したオーダシャス級航空母艦四隻、船団護衛兼艦隊用軽航空母艦コロッサス級一〇隻、さらに本級を改良した正規軽航空母艦マジェスチック級六隻、本級を大型化した中型航空母艦アルビオン級八隻という堂々たる建造計画であった。そしてその上に艦隊用大型航空母艦三隻の建造を追加したのだ。この艦隊用大型航空母艦はジブラルタル級と仮称された。

イギリス海軍はこの大量の航空母艦建造計画の中で、コロッサス級航空母艦の建造が最優先として直ちに起工された。しかし本級の建造には時間がかかり、一番艦が完成したのは一九四四年十二月であった。その後三隻の完成を待って艦隊を編成し、太平洋戦線に投入する計画であったが、航空隊を含めその錬成中に戦争は終結した。

この間マジェスチック級の建造は続けられたが、完成はいずれも戦争の終結後となった。さらにオーダシャス級は一九四二年十月以降に三隻が起工されたが、その完成も戦争終結後となった。

さてこれら一連の航空母艦の中で最大のジブラルタル級は、他の航空母艦の相次ぐ起工にともない建造の緊急性が薄れ、当初の設計の中に組み入れられていた緊急工事部分を排除し、設計を再検討することになった。そしてより充実した航空母艦を目標に、一九四二年七月か

### 第41図　イギリス ジブラルタル級航空母艦(未成)

| | |
|---|---|
| 全　　長 | 279.3m |
| 全　　幅 | 35.4m |
| 基準排水量 | 46900トン |
| 主　機　関 | 蒸気タービン 4基(4軸推進) |
| 最大出力 | 200000馬力 |
| 最高速力 | 32.5ノット |
| 航空機搭載数 | 81機 |

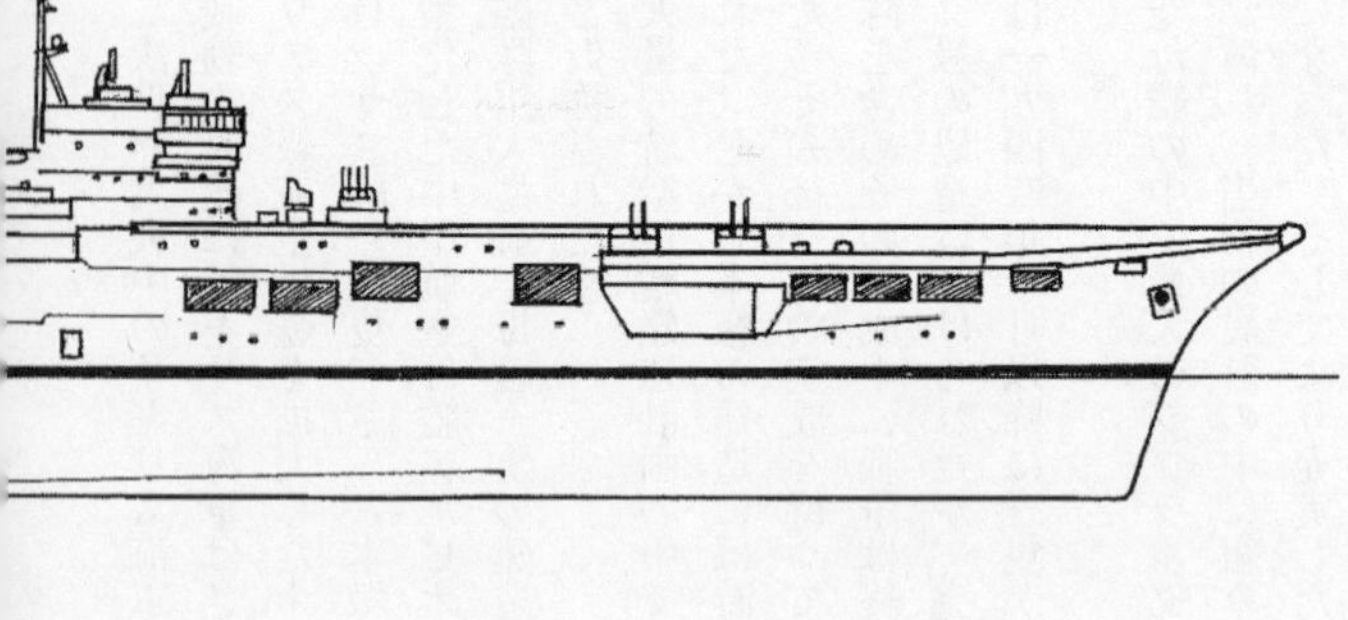

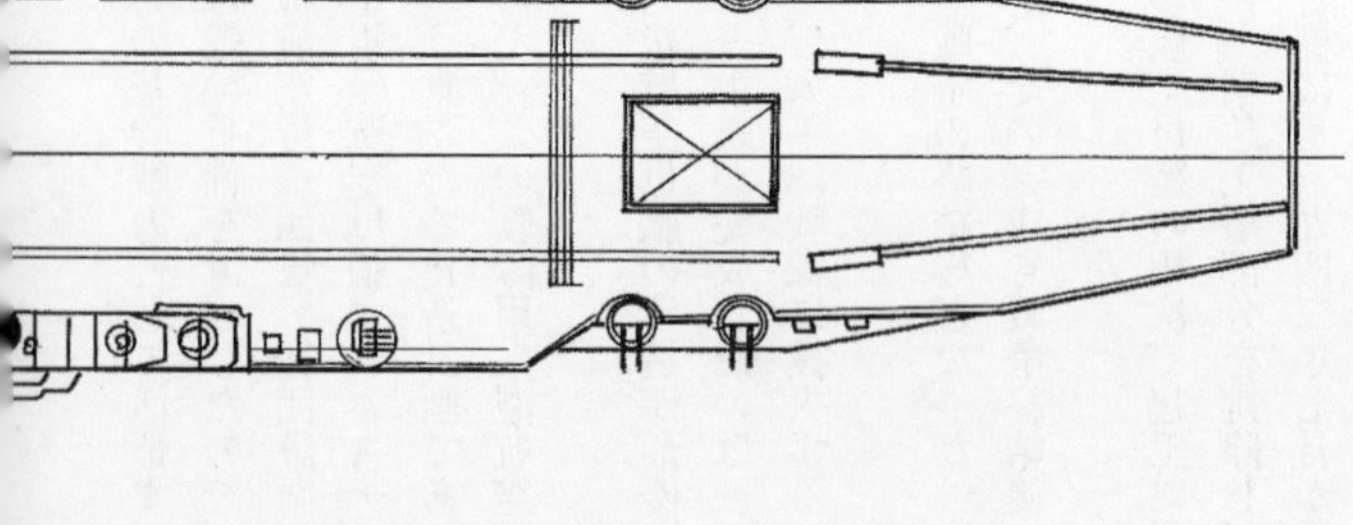

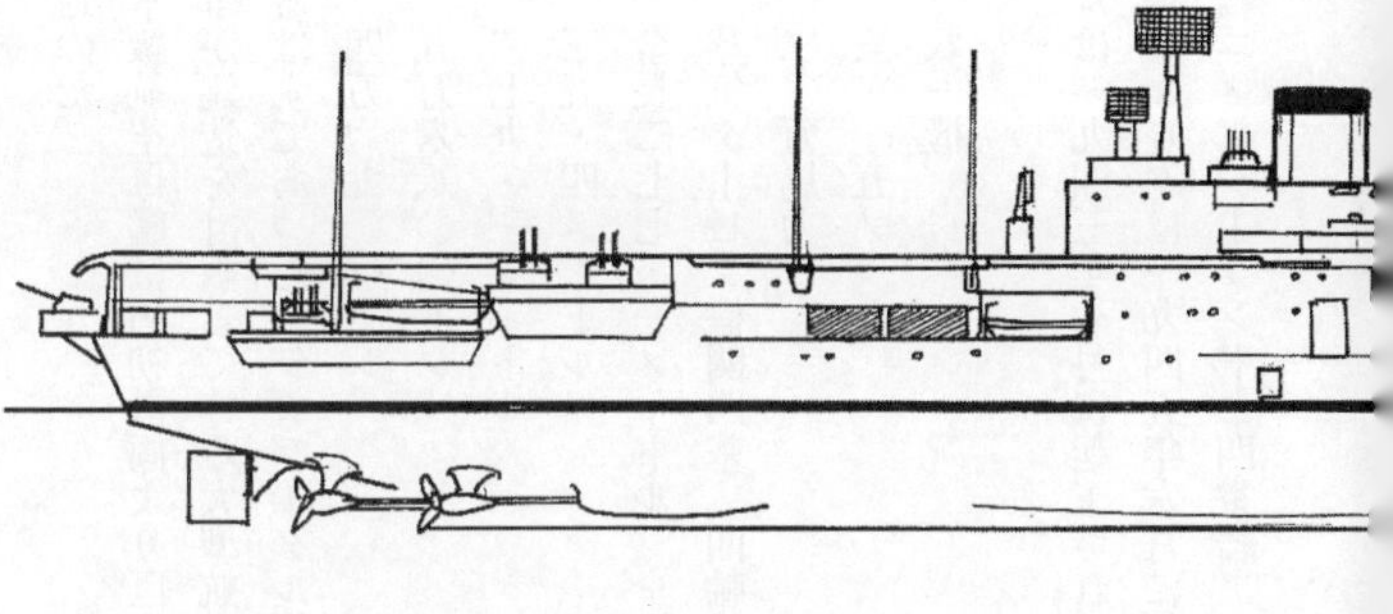

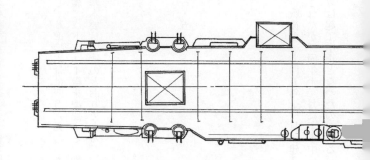

ら再設計が開始されたのだ。

この再設計により本級航空母艦は当初計画より巨大化し、基準排水量は四万六九〇〇トンに達し、アメリカ海軍が建造を計画している大型航空母艦ミッドウェー級を凌駕する、世界最大の航空母艦になるはずであった。ジブラルタル級の基本要目は次のとおりである。

基準排水量　四万六九〇〇トン
満載排水量　五万六八〇〇トン
全長　二七九・三メートル
全幅　三五・四メートル
飛行甲板寸法　全長二七七・一メートル、全幅四一・五メートル
主機関　蒸気タービン機関四基　四軸推進
最大出力　二〇万馬力
最高速力　三二・五ノット
搭載航空機　八一機

一番艦ジブラルタルは一九四三年七月に起工されたが、戦後の一九四五年十一月に建造が中止された。また二番艦マルタは一九四五年六月に起工されたが、同年十二月に工事中止となった。そして三番艦ニュージーランドと四番艦アフリカは起工中止となったのである。

戦争終結直後のイギリスは国家経済が窮乏の底にあり、いまさら航空母艦建造の必要性もなく、既存の航空母艦戦力でも当面の戦力は維持できるとして、高額な建造費のかかる新たな航空母艦の建造は必要なしと判断され、建造中止となったのであった。

ジブラルタル級航空母艦には既存のイギリス型航空母艦にはない新たな装備や機能が導入されていた。それらは次のようなものであった。
イ、飛行甲板の装甲を全廃した。
ロ、密閉式格納庫の廃止（アメリカ式の開放型格納庫を採用。飛行甲板の装甲を廃止した理由でもある）。
ハ、舷側式エレベーターの採用（エセックス級航空母艦と同じ）
ニ、カタパルト二基を飛行甲板最前部に配置（イラストリアス級やコロッサス級は一基）
なおイギリス海軍はジブラルタル級航空母艦の建造に合わせ、同艦に搭載する新しい大型艦載機の試作を同時に進めていた。その中でショート・スタージョン艦上偵察・攻撃機（双発）や、フェアリー・スピアフィッシュ艦上攻撃機は戦争終結時には完成していた。
戦艦ソビエツキー・ソユーズ（ソビエト）
日露戦争で壊滅的な打撃を受けた帝政ロシア海軍は、その後ロシア革命のあおりを受けて、ソビエト時代に突入しても艦隊の再建は不十分のままで時間ばかりが過ぎていた。ただソビエト時代に入り超弩級戦艦のガングート級三隻は建造したが、それ以上の戦艦の建造はなかった。

一九三〇年代に入る頃のソビエトは、まがりなりにも自力で戦艦の建造が可能な工業国に成長していた。この頃のソビエトは五ヵ年計画遂行を国是として続行、工業生産力と技術力の向上を進めていた。そして一九三六年に至り五ヵ年計画の一環として、海軍拡張計画「23号計画」を打ち出したのだ。

この計画は、今後一〇年間で戦艦一五隻、巡洋戦艦一五隻を中核とする艦隊を整備することにあり、その中心となるべき戦艦としてソビエツキー・ソユーズ級の建造を掲げたのであった。しかしこの戦艦の設計には多大な時間がかかることになったのである。その原因は、スターリン首相が断行した大規模な軍部の粛清であった。この粛清により多くの有能な艦艇設計者が失われることになり、絶対的な人材の不足をきたしたのだ。

新戦艦ソビエツキー・ソユーズ級の設計が完了したのは一九三七年末であった。設計原案によると、本艦の基準排水量は五万九〇〇〇トンに達していた。一九三七年（昭和十二年）当時、これほど巨大な戦艦はまだどこの海軍国でも建造には至っていなかった。

本級戦艦は四隻建造される予定で、設計は完了し起工される段階に入っていたが、建造すべき造船所がどこにも準備されていなかったのである。それどころか未経験の突然の巨大軍艦の建造に対し、造船関係者は混乱状態にあったのである。

本艦の基本要目は次のとおりである。

基準排水量　五万九一九〇トン
満載排水量　六万五一五〇トン
全長　二七一・〇メートル
全幅　三八・九メートル
主機関　蒸気タービン機関四基　四軸推進
最大出力　二〇万一〇〇〇馬力
最高速力　二八ノット
武装　四〇センチ三連装砲塔三基、一五センチ連装砲塔六基
装甲　舷側装甲帯四二〇ミリ、砲塔四九五ミリ、装甲甲板一五五ミリ

様々な困難の中で一番艦のソビエツキー・ソユーズは一九三八年七月に、レニングラード海軍工廠で起工された。また二番艦ソビエツカヤ・ウクライナは、一九三八年十一月に黒海沿岸のセバストポーリ造船所で、三番艦のソビエツカヤ・ベルルーシアと四番艦のソビエツカヤ・ロシアが北海の造船所で起工されたのだ。

しかし一九四一年六月の独ソ戦の勃発により事態は一変したのだ。すべての造船所での新

## 第42図　ソビエト戦艦ソビエツキー・ソユーズ（未成）

| | |
|---|---|
| 全　　長 | 271.0m |
| 全　　幅 | 38.9m |
| 基準排水量 | 59150トン |
| 主 機 関 | 蒸気タービン 4基 |
| 最大出力 | 201000馬力 |
| 最高速力 | 28ノット |
| 武　　装 | 40センチ3連装砲　3基他 |

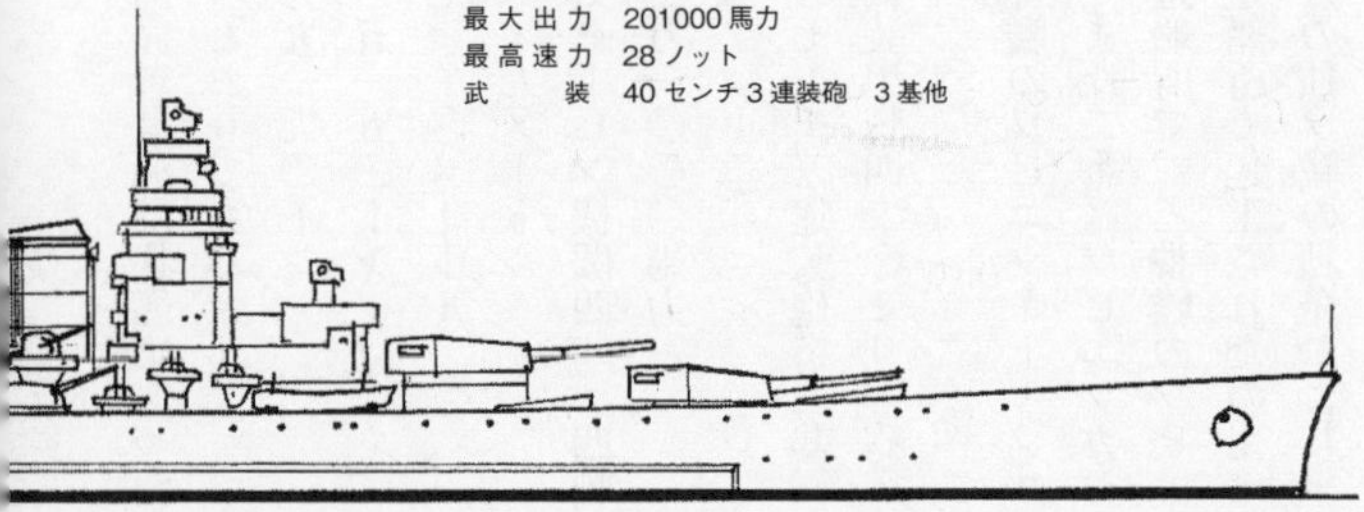

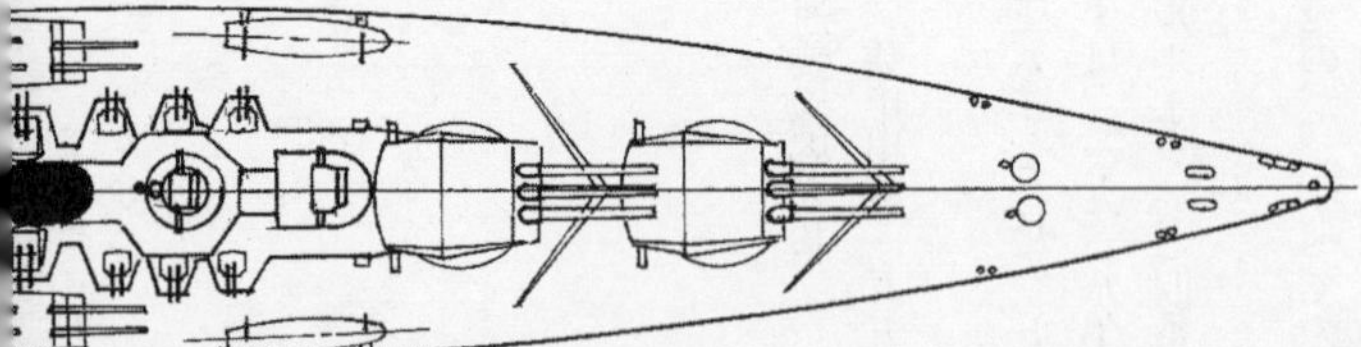

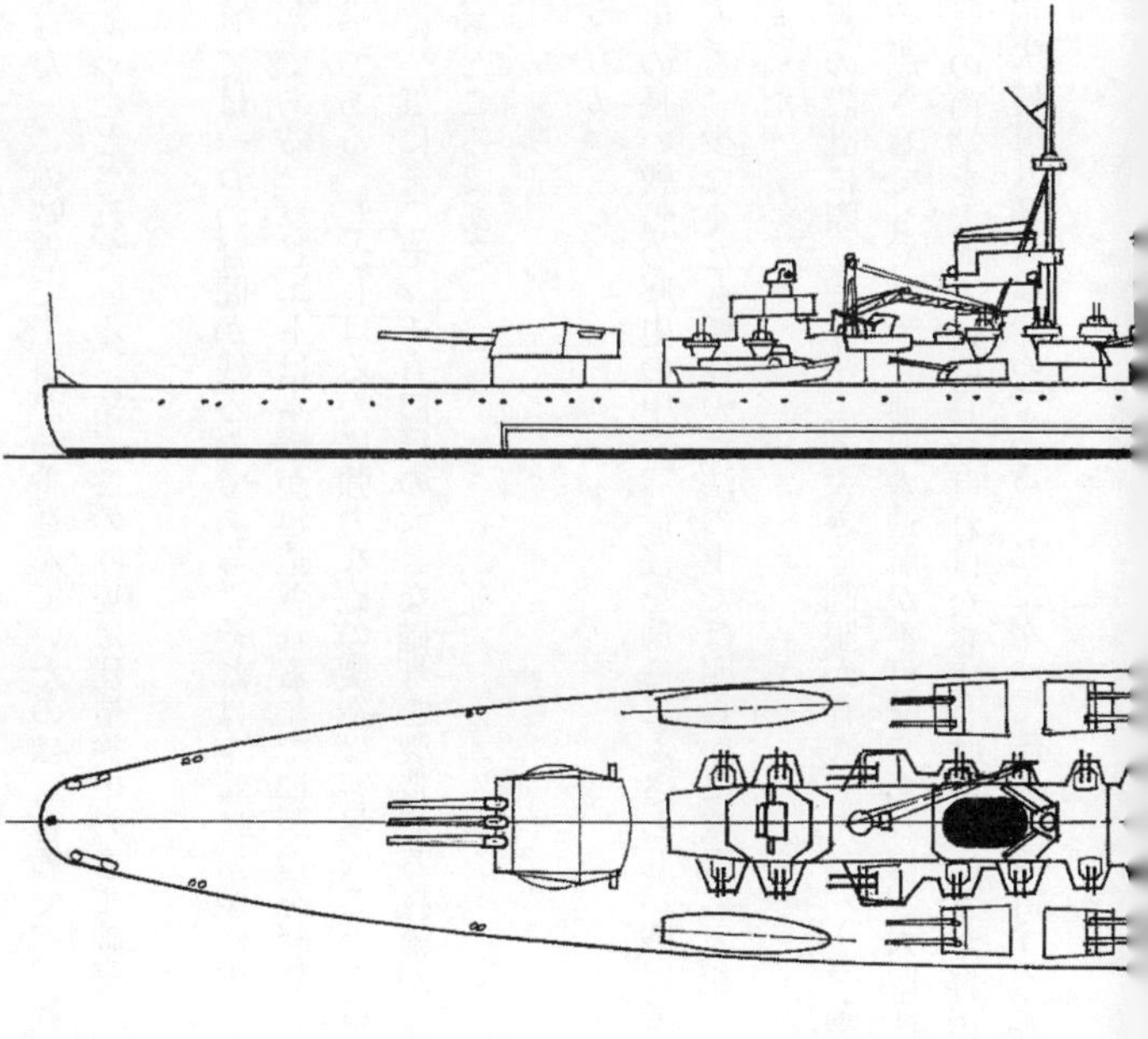

型戦艦の建造は中止された。この時点で工事が一番進んでいたのは二番艦で、工程の七五パーセントの進捗状況であったとされている。結局この四隻は建造途中のまま破棄されることになった。

この戦艦の建造に関しては一つの疑問が残るのである。それは本艦に搭載が予定されていた四〇センチ主砲の製造である。ソビエトは本艦が建造されるまでに製造を経験した大口径主砲は三〇センチ砲までである。しかしはるかに強力な砲の製造は容易なことではない。果たして当時のソビエトに一気に一〇センチも口径の大きな砲身を製造する技術が存在したのか、はなはだ疑問が残るところである。

モンタナ級戦艦（アメリカ）

モンタナ級戦艦は世界の長い戦艦の歴史の中で、最後を飾るにふさわしい戦艦であったと表現してもよさそうである。少なくとも船体の寸法の上では明らかに戦艦「大和」を上回る巨大戦艦になる予定であった。

アメリカ海軍には艦艇の設計に際し、寸法上の大きな制限が存在した。パナマ運河の存在である。巨大な艦船を完成させても、パナマ運河の通航が不可能であれば、大西洋と太平洋の連絡は南アメリカ大陸の南端を大きく迂回しなければならず、時間的にまた経済的（燃料費の大幅な加算）にも損失は計り知れないのである。したがって艦船を設計する上でパナマ運河の通行が可能（PANAMAX）、という条件はつねに付きまとい、無制限に大型の艦船を設計するわけにはゆかないのである。アメリカ海軍の艦隊においても、大西洋と太平洋両艦隊の艦艇の相互交換や派遣は日常茶飯であり、パナマ運河の通航が不可能な艦艇の存在は、即戦力としては大きなマイナス要因を抱くことになるのである。

パナマ運河の通航制限は運河の数ヵ所に設置された閘門の寸法で定められているのである。最小寸法の閘門はミラフロレス閘門で、その規模は全長二九四・一メートル、全幅三二・三メートル、深さ一二メートルとなっており、艦艇はこの寸法以内で設計することが第一条件となるのであった。

ちなみにパナマ運河の閘門の拡大問題については、第二次世界大戦後から始まった各種商船の大型化により拡張計画が促進され、現在ではある程度の大型艦船の航行は可能になっている。

アメリカ海軍はアイオワ級戦艦の建造に際し、パナマ運河通行可能とする条件に従うべきか否かで大きく悩んだが、結局は全長と全幅を規定の中で何とか収めて、通行を可能にしたのだ。

一方、懸念されていた日本海軍の最新鋭の「大和」級の戦艦建造に関しては、その概略の情報もなかなか入手できずにいるなかでアイオワ級戦艦の建造は進められていた。しかし「大和」級戦艦が予想される四〇センチ主砲九門搭載であれば、それを上回る四〇センチ主

第43図　アメリカ モンタナ級戦艦（建造中止）

全　　長　281.9m
全　　幅　36.9m
基準排水量　60500トン
主 機 関　蒸気タービン機関 4基（4軸推進）
最大出力　172000馬力
最高速力　28ノット
武　　装　40センチ3連装砲　4基他

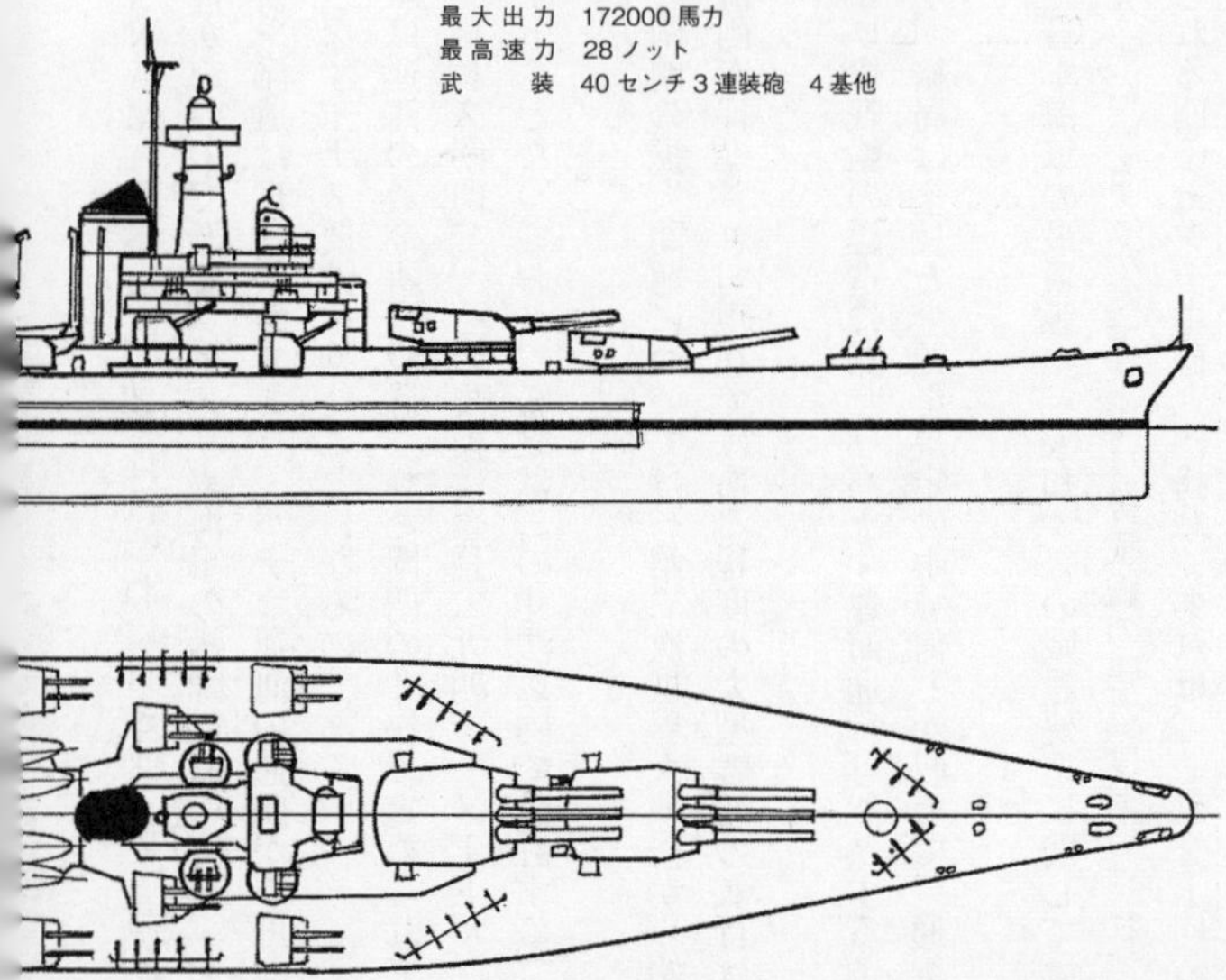

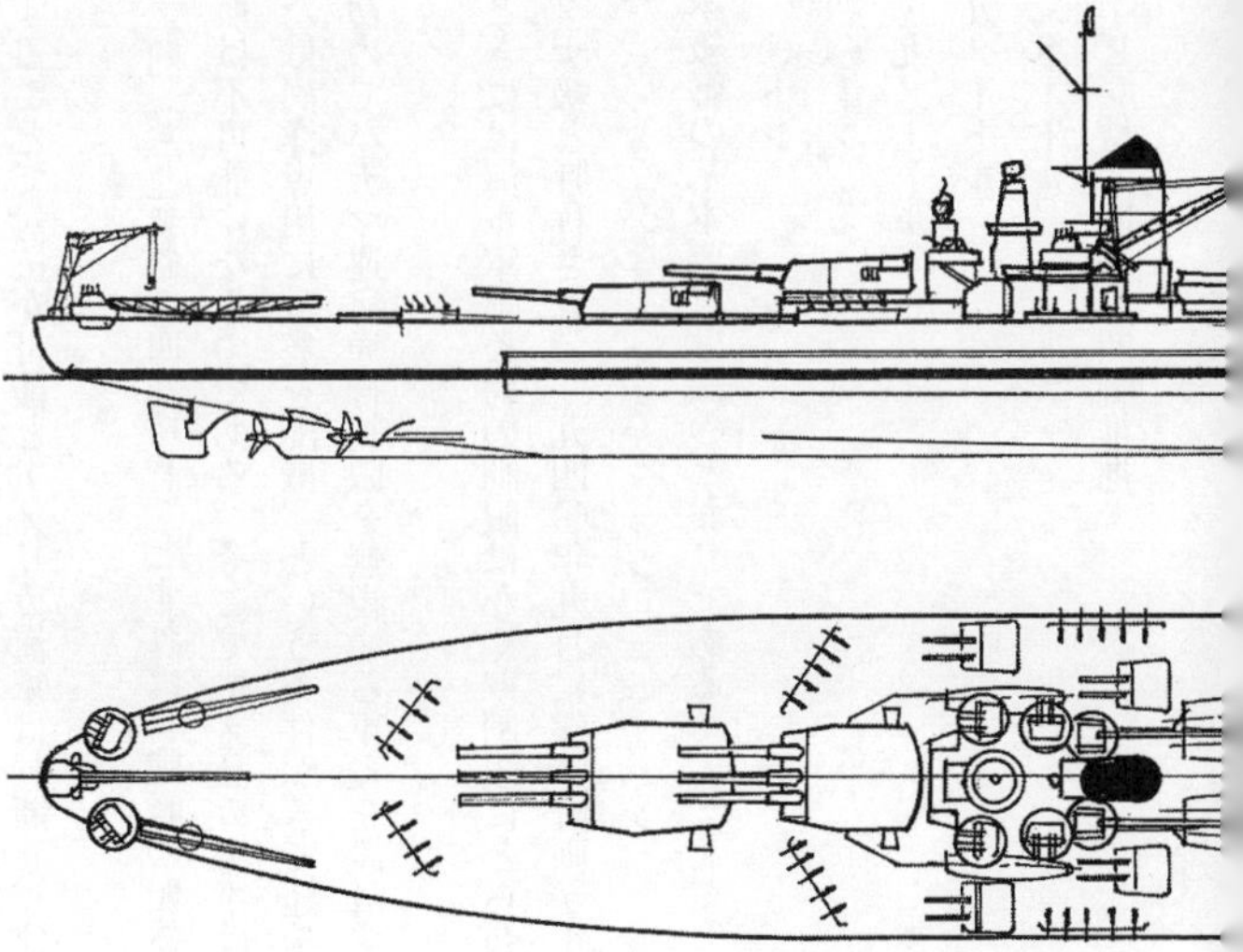

砲一二門搭載の戦艦を建造することで対抗が可能とアメリカ海軍は判断し、建造に踏み切ったのであった。

しかし四〇センチ主砲一二門（三連装砲塔四基搭載）とすれば、戦艦の船体の拡大は決定的となり、パナマ運河の通航は不可能になるのである。そこでアメリカ海軍は、この新戦艦は太平洋艦隊専属配置艦または両洋専用に数隻を配置、という条件つきで建造することになった。アメリカ海軍として初めてパナマ運河通行制限を無視する軍艦を設計することになったのである。

本艦の設計が開始されたときには海軍軍縮条約の制限はなく、制限にとらわれない設計が可能であった。本艦はモンタナ級と呼称され、一九四〇年九月に建造計画が正式に決定された。本級艦の建造数は五隻（モンタナ、オハイオ、メイン、ニューハンプシャー、ルイジアナ）と決まった。決定した本級艦の基本要目は次のとおりである。

基準排水量　六万五〇〇〇トン
満載排水量　七万五〇〇〇トン
全長　二八一・九メートル
全幅　三六・九メートル
吃水　一一・二メートル
主機関　蒸気タービン機関四基　四軸推進

最大出力　一七万二〇〇〇馬力
最高速力　二八ノット
武装　五〇口径四〇センチ三連装砲塔四基、一二・七センチ連装両用砲塔一〇基
装甲　舷側装甲四〇八ミリ、砲塔五七〇ミリ、装甲甲板一八七ミリ

モンタナ級戦艦はその規模から見ても、あらゆる面で「大和」級を上回る戦艦であったことに間違いはない。本艦の主砲は四〇センチ砲ではあるが、長砲身で初速が早い本砲の砲弾は「大和」の装甲を貫通する可能性も持っていたのである。

本艦の起工直前に太平洋戦争が勃発した。開戦とともに始まったアメリカ海軍太平洋艦隊の主力艦の予想外の損害に対し、これらの修理・改造工事に海軍工廠は忙殺された。さらに当時最優先で進められていたエセックス級航空母艦の建造や、多数の巡洋艦と駆逐艦の建造を急がせるために、緊急性を持たない本級艦の起工は延期され、そして不急の軍艦と判断され、建造は中止となったのであった。

航空母艦ハバカク（イギリス）

この建造計画はいわゆる航空母艦という範疇で語るにはいささか趣が異なるものである。

しかし「海に浮かぶ移動式の航空基地」という発想から、ここでは奇想天外な航空母艦という扱いで紹介することにする。

ハバカク（HABAKKUK）とは変わった名称であるが、これは旧約聖書の中に出てくる「預言者」にちなんだ言葉で、この計画があまりにも壮大でしかも将来を予測するような計画であったために、つけられた名前であったとされている。

この計画は「氷山航空母艦」と呼ばれることもあるが、実際の計画内容と構造から的確な名称ではなく、「ハバカク計画」が通称となっている。

この計画は、特殊人造氷ブロックで巨大な移動式海上航空基地を構築するというのが本来の構想である。

ドイツ潜水艦の猛攻の前に壊滅の危機に瀕していたイギリス商船隊は、イギリス海軍とともに様々な緊急対応策を実行していた。そのなかで効果的であったのが商船改造の特設航空母艦による船団の護衛であった。イギリス海軍はこの構想が有効であることから、船団護衛用にさらなる商船改造航空母艦の建造を進めることになり、当面の策としてアメリカに商船改造航空母艦の至急建造を依頼していた。

同じ頃、イギリスの研究者ジェフリー・N・パイクが考案した人造氷で構築する移動式航空基地構想に、時のイギリス海軍の総帥ルイス・マウントバッテン卿（海軍元帥）が興味をしめした。そして船団護衛空母の至急建造を継続するかたわら、この巨大な移動式航空基地を大西洋に行動させ、ドイツ潜水艦に対し絶対的な優位を確立するとして、この壮大な計画を実行に移したのであった。

「ハバカク計画」の具体的な構想は次のようなものであった。

大量の特殊氷ブロックを組み上げて海に浮かぶ広大な構造物を造り、これにエンジンを取り付けて北大西洋上（海水温は基本的に低い）の船団航路上の任意の位置に移動させ、構造物上の基地に配置された多数の航空機により密度の濃い対潜哨戒を行ない、ドイツ潜水艦の攻撃を阻止する。

この特殊氷で構築された移動式基地は、当初の構想では幅一〇〇メートル、長さ六〇〇メートルという規模で、その特殊氷母体の総重量は約二〇〇万トンと試算された。そして氷の上には厚板と鉄板を敷いて滑走路を造り、対潜哨戒機一〇〇機前後を配備する。そして構造物の一端には多数の電動機を設置し多数のスクリューを回転させ、基地の任意移動を行なうものである。

マウントバッテン卿の意向もあり本計画は直ちに実行に移されたが、その第一段階として「氷基地建設実験プロジェクト」が立ち上げられた。プロジェクトチームは一九四一年初頭より活動を開始した。プロジェクトチームの実験場はカナダ西部のアルバータ州にあるルイス湖とパトリシア湖が選定された。

この計画では構造物の構築には天然氷は使わず、「パイクリート」という特殊製造方式により造られた氷のブロックで構築されることになっていた。パイクリートとは水に木材パルプを重量比で一〇パーセント混入させ、特殊混和材を混入し凍らせた氷であって、これを大型のブロック状に多数製造するのである。完成したパイクリートのブロックは鋼材を使った枠組みの中に積み重ね、巨大な立方体を造り、この立方体を多数積み重ねて氷の島を構築するのである。

このパイクリートは摂氏一五度の海水の中では容易に溶けることはないが、巨大なパイクリートの立方体の単位体積ごとに冷却パイプを配置し、溶解を防ぐようになっていた。

パイクリートで構築された人口島（航空母艦）は、北緯四五度以北の大西洋であれば容易に溶けることはないとされていたのである。

パイクリート島の一端には合計二六基のモーターが配置され、これを動力としてスクリューを回転させ、二〜三ノットの速力で自走させることを可能にしたのである。このようにすれば氷の基地は一日に約一〇〇キロの範囲で移動することが可能であった。

カナダでは実物大のパイクリートを製造し、パイクリートブロックを造り実験が行なわれたが、その結果、パイクリートの強度は理論値とほぼ一致し、容易に溶けることもなかった。

しかし、ここで思いもよらなかった事実が浮かび上がった。パイクリートの巨大なブロックを積み重ねて構築すると、ブロックの積層による重量で本体は沈下し、所定の厚さの「人工島」が完成しても、その海面上の高さはほとんどなく、滑走路は海面スレスレになることが判明したのである。

「ハバカク・プロジェクト」は一九四三年早々に中止となった。その原因となったハバカク自体の問題としては、当初構想した安全な海上基地の構築が不可能であること（海面スレスレ）、また建造には当初の計画をはるかに超える膨大な費用がかかること、構想する面積の飛行場では現用航空機の運用が不可能であることなどであった。

# 第六章　帆船時代の商船

一五〇〇年代の中頃から航洋帆船の主流となったガレオン型帆船はしだいに規模が大型化し、より外洋航海に適した船として急速な発展を遂げてきた。スペイン、ポルトガル、そしてイギリスを中心に、ガレオン型帆船の規模は排水量三〇〇トン、五〇〇トン、そして一〇〇〇トンへと拡大していった。またこの過程で、それまでの武装商船は純然たる商船と軍艦へと特化されていった。そしてこの中で大型化が進んでいったのは軍艦型ガレオン型帆船であった。

しかし一六〇〇年代も中頃になると、その形態に特有の変化が現われ、それぞれの用途に適した形態の船へと変化していった。商船型ガレオン型帆船の特徴として際立って高く構築された船尾楼があるが、船体をより効率よく使う（より多くの貨物の積載が可能）ために、全通式平甲板式の船体が出現してきたのである。

この頃の代表的な商船型の大型帆船にオランダが建造したバタビアがある。本船にはまだ典型的な船尾楼の高いガレオン型帆船の形態は残されていたが、全体的に多層甲板式の商船型帆船の姿を現わしていた。本船の排水量は一二〇〇トンに達し、当時のガレオン型帆船としては最大規模の商船であった。全長は四八メートル、全幅九・八メートルのこの大型帆船は、四層の甲板を持ち四〇〇トンの貨物の搭載が可能であった。

バタビアは一六二八年にオランダのアムステルダムで建造された。本船は当時のオランダ領東インド（現在のインドネシア）のジャワ航路に使われており、アフリカの南端の喜望峰を経由する片道三万キロの航路に配船され、往復九ヵ月の航海を行ない、南方の高価な香料などを満載し、オランダに巨万の富をもたらしていたのであった。江戸時代前期から中期にかけて日本に来航していたオランダ商船のほとんどは、このバタビアに近似のスタイルの帆船であったことに間違いはなさそうである。

一六〇〇年代から一八〇〇年代中頃にかけての商船型帆船には、極端に大型の帆船は出現していない。最大の船でも排水量一四〇〇トン程度であった。大型化が進まなかった理由には、当時の世界の経済状態が大量の原材料や商品を輸送する必要性がなかった、ということもあるが、最大の問題は建造する船の船材の確保に限界があったためであった。

この時代の船の建造材料は楡、松材そして樫材などであったが、造船に必要な船材はある程度成長した樹木でなければ船材として使うことができないのだ。それまでに多数の船を建造してきた造船所周辺の木材は伐採され船材の枯渇は進み、大型の船を建造するには船材の確保が第一条件となり、大型船の建造は容易ではなかったのであった。

一六〇〇年代から一七〇〇年代にかけてのヨーロッパ型商船はほぼガレオン型商船の時代であった。この頃日本では御朱印船が出現しているが、この船については絵画では残されているが、正確な外観や構造については分からない点が多く詳細は不明なのである。ただ構造的には当時の中国の航洋型ジャンクと日本の和船の構造を併せ持ったような構造で、その規模は二〇〇〜五〇〇トン程度ではなかったかと推測されているのである。

時代が進み一八六六年にイギリスはクリッパー型帆船のソブレインを建造した。クリッパー型帆船とは、ガレオン型帆船から一転し、より実用的で近代的な構造に進化した高速型の帆船のことで一七〇〇年代の終わり頃から出現している。

ソブレインは肋材やビーム材には鉄材が使用され、それだけでも大きな木材の節約になった。そして甲板や外板には樫材が主として使われ、排水量二〇三二トンという、当時としては最大級の商船として完成した。

しかし同じ頃、イタリアは全木製の大型帆船コスモスを建造し、南米航路に配船した。本船の排水量は四二〇〇トンという当時世界最大級の帆装商船であった。

コスモスは全木製の帆装大型商船としては最後の部類で、船体の主材は樫材が使われた。

第44図　オランダ帆船バタビア

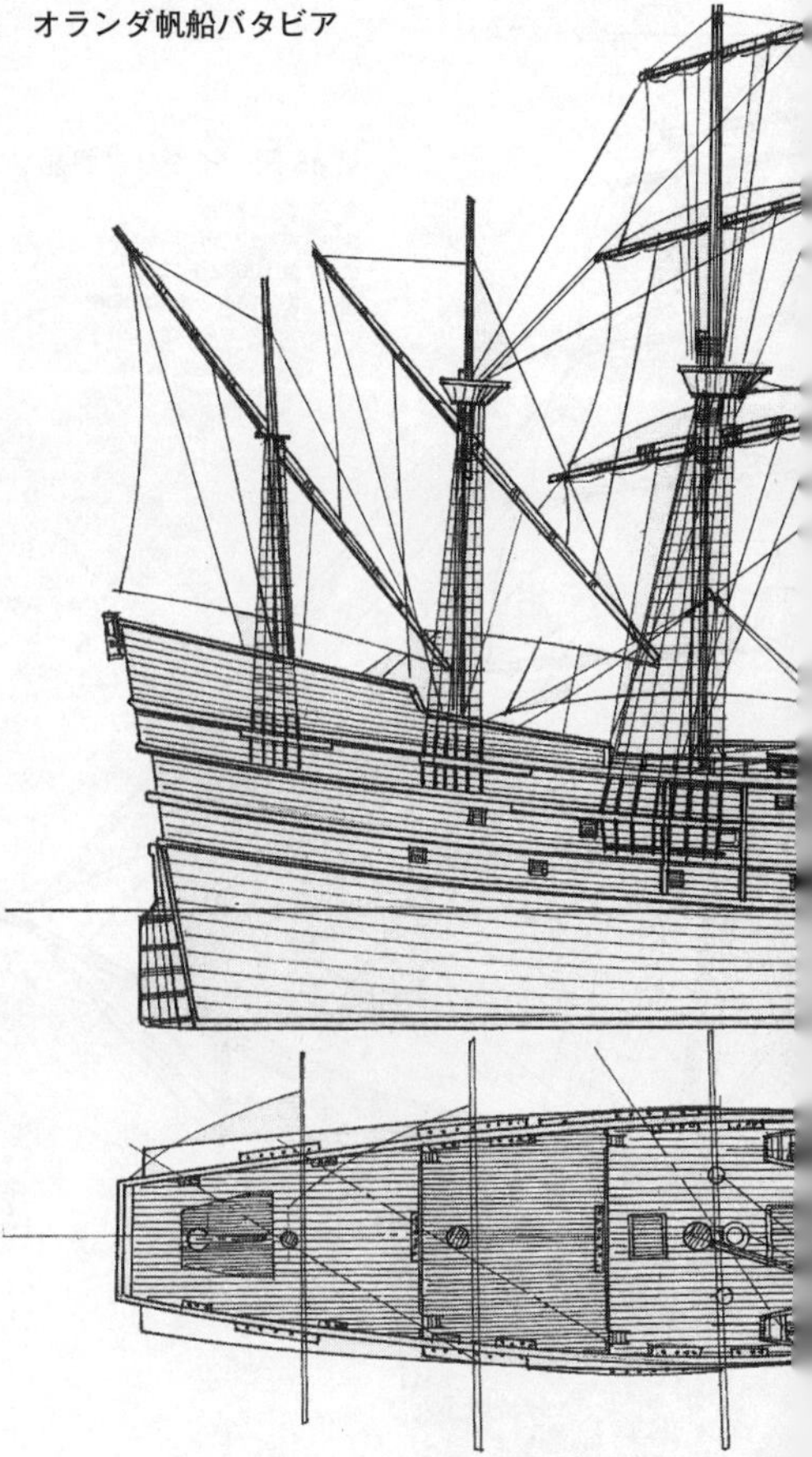

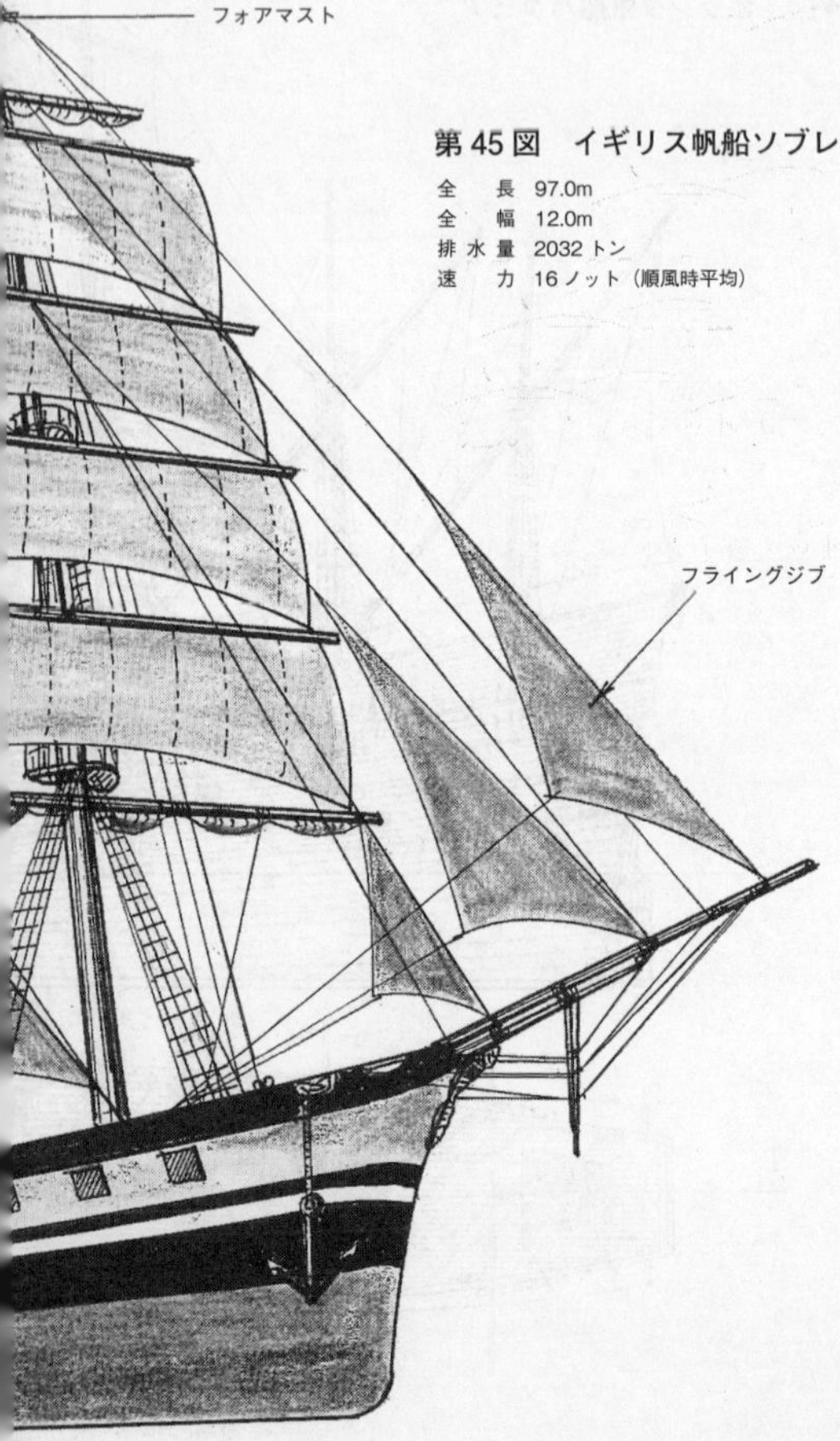


## 第45図　イギリス帆船ソブレイン

全　　長　97.0m
全　　幅　12.0m
排 水 量　2032トン
速　　力　16ノット（順風時平均）

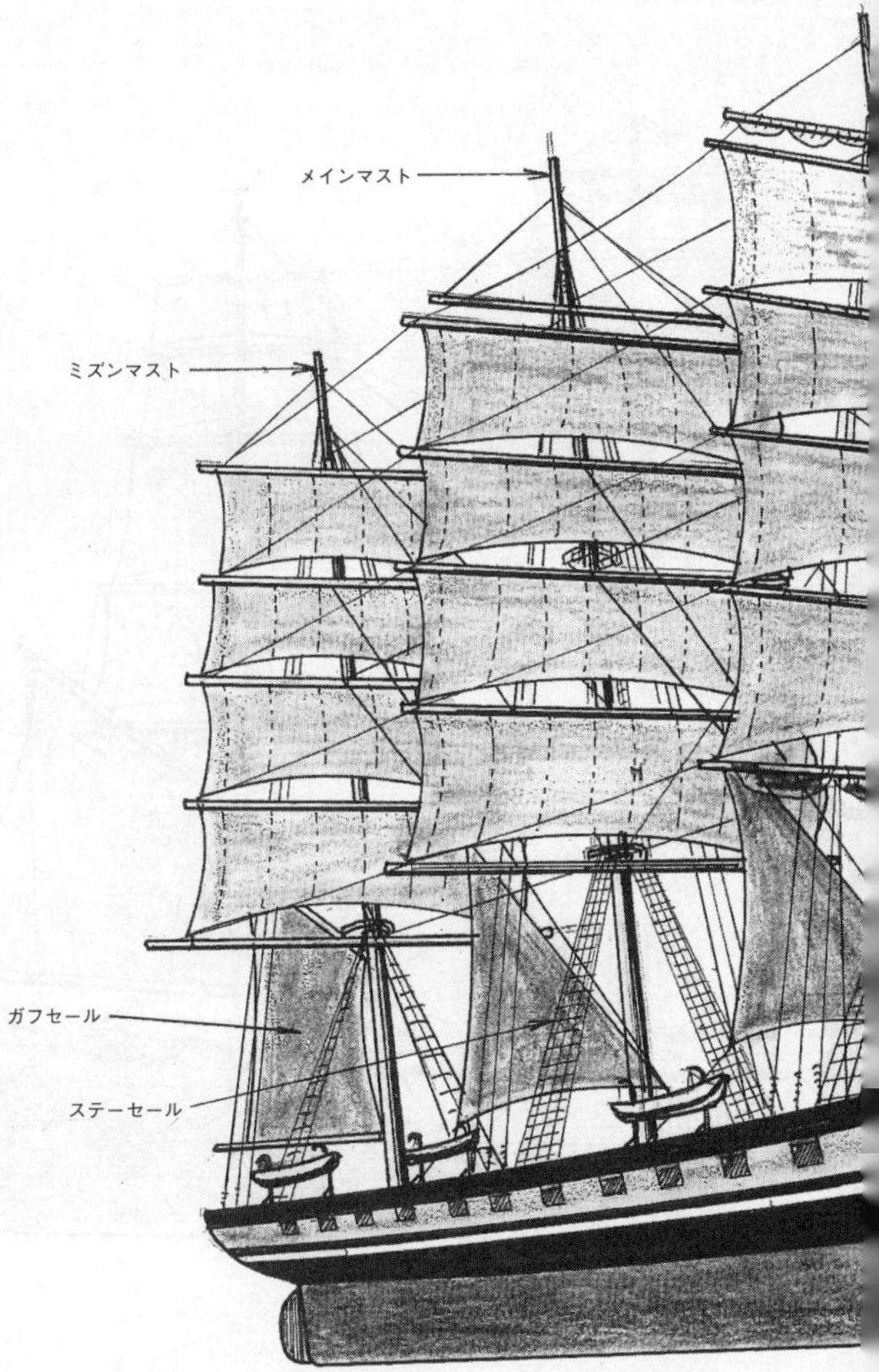
メインマスト
ミズンマスト
ガフセール
ステーセール

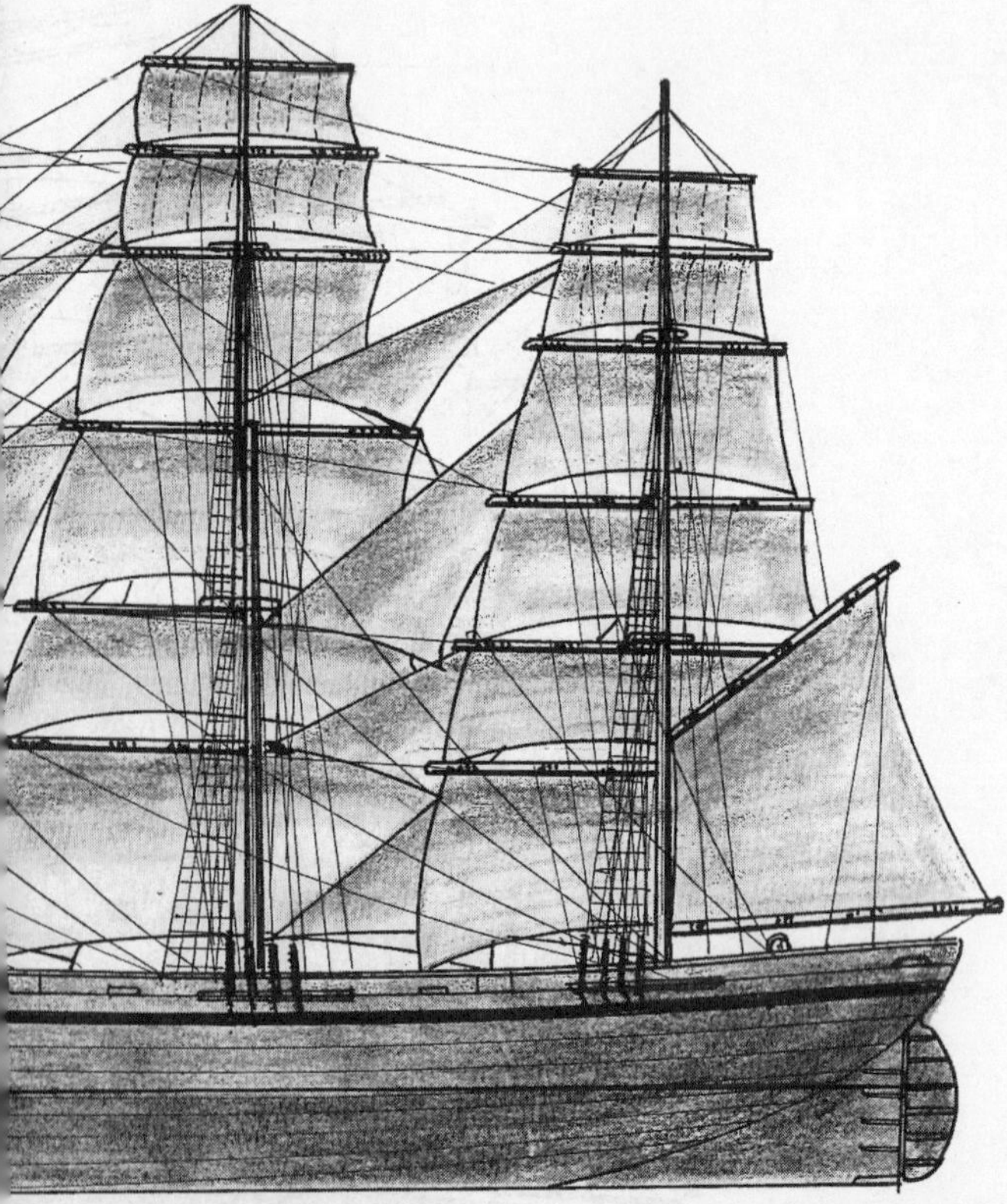

## 第46図　イタリア帆船コスモス

全　長　70.0m
全　幅　12.7m
排水量　4200トン
速　力　14ノット（順風時平均）

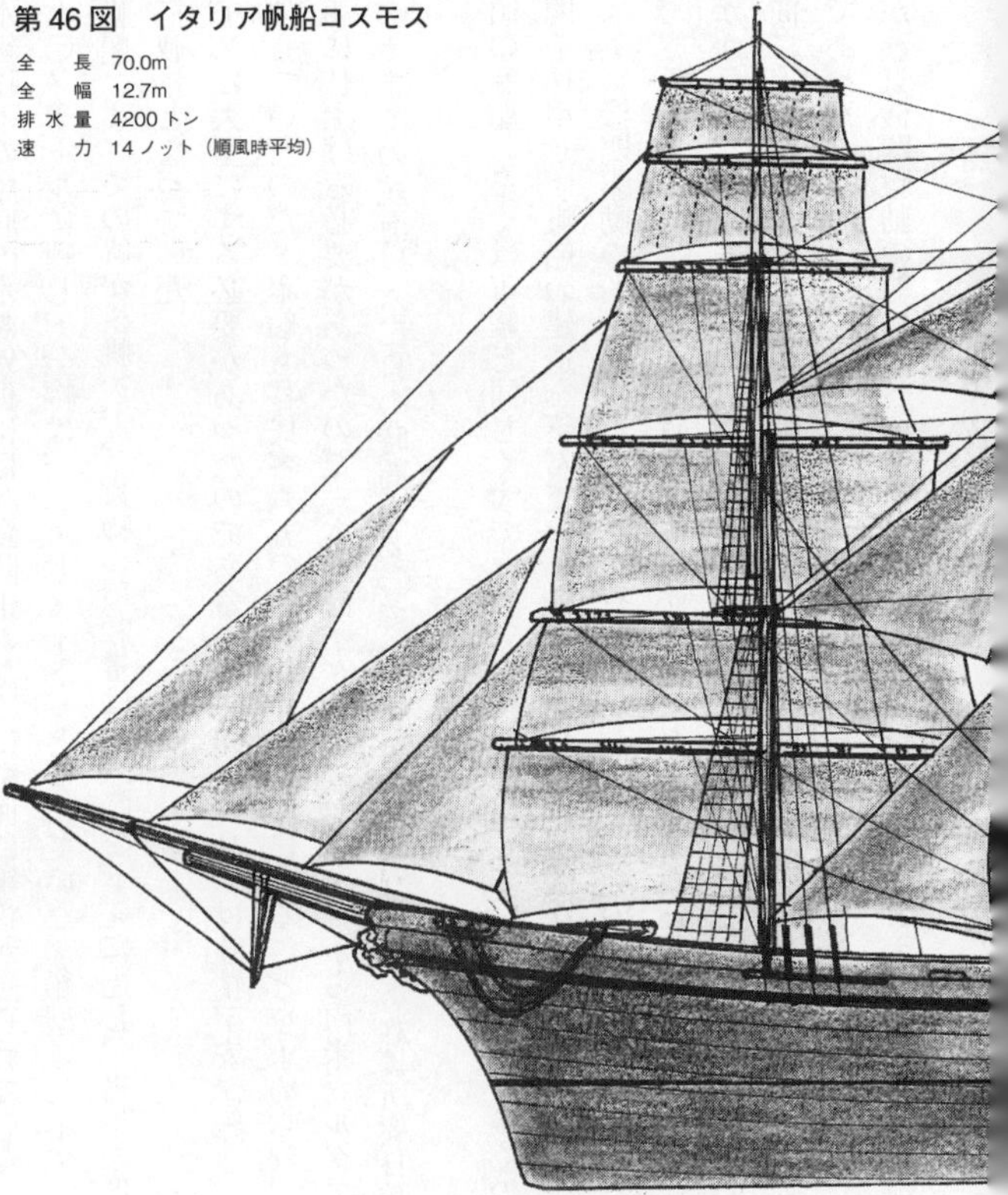

ただ吃水線以下の船底の木製外板には腐食防止のために全面に銅板が張られていた。本船の全長は七〇メートルに達し、全幅は一二・七メートルとなっていた。船型は三本マストのシップ型帆船（すべての帆が横帆）で、貨物の積載量は二八〇〇トンに達し、当時の世界最大の貨物搭載量となっていた。

コスモスは大型にする必要があったのである。当時のイタリアは政情不安が続き、海外移民が増加していたのだ。本船も移民客六五〇名の輸送を可能にすることを求められ、必然的に大型船に仕上げる必要があったのだ。本船はイタリアのジェノアから南米ウルグアイのモンテビデオまでの航海に六二日の時間を要していた（当時の蒸気船であれば所要日数は平均一五日）。

この頃の商船の多くは軍艦と同じくすでに蒸気機関を採用していた。しかし多くの船主は蒸気機関を採用せず帆船の建造を望んでいたのだ。それには明確な理由があった。

帆船は蒸気機関駆動の船と違いボイラー室や機関室がなく、その容積も貨物艙として使うことができるために、より多くの貨物の輸送が可能になる。また運航経費も燃料代などがまったくかからず、利益率の高い貨物輸送が可能だったためであった。そしてこの頃の貨物輸送は時間に追われるような輸送の必要もなく、輸送時間のかかる帆船でも十分な活動ができたためであった。

帆船が蒸気機関駆動の船に比べて劣っていたのは、気ままな風と天候まかせの航海のために、ある程度正確な航海日数（輸送時間）をあらかじめ予測することが難しかった、ということであった。

一八八九年にフランスは五本マストのバーク型帆船（四本が横帆マスト、一本が縦帆マスト装備の帆船）のフランス二世を建造した。本船の排水量は六一六〇トンに達し、全長は一一四・六メートル、全幅は一五・一メートルという巨大な帆船で、帆船としては史上最大級の船であった。

フランス二世は南米の南端のホーン岬を経由する南米西岸と北米西岸航路に就航した。本船のマストの高さは船底からマスト頂部まで七〇メートルを超え、帆船史上最もマストの高さの高い船として知られることになった。しかしこのマストの高さは船の安定性を欠くことになり、結果的には一九〇一年に、南米のモンテビデオ沖で強風のために安定を失い沈没、全損に帰したのであった。

じつは全帆走商船は二十世紀に入ってもまだ建造されていた。建造された理由は蒸気機関駆動の船に対する利点を生かすことにあった。当然ながら一九〇〇年代当初の貨物輸送では、まだ時間の制約を受けるような緊急性のある物資の輸送は存在せず、大量の物資の輸送に帆船を運用することに、基本的には不適なことはなかったのである。

一九〇〇年代に入って間もなく、帆船史上最大級の船が相ついで三隻建造された。一隻は一九〇二年にアメリカが建造した総トン数五二一八トン、全長一一七メートル、全幅一五・

二メートルの七本マストの巨大スクーナー型帆船（すべての帆が縦帆型の帆船）のトーマス・ローソンである。また一隻は同じく一九〇二年にドイツが建造した総トン数五〇八一トン、全長一二四・三メートル、全幅一六・三メートルの五本マストのシップ型帆船（すべての帆が横帆型の帆船）のプロイセンである。そして残る一隻が一九一一年にフランスが建造した五本マストのバーク型帆船のフランス二世である。本船の総トン数は五六三三トン、全長一二七・七メートル、全幅一七メートルであった。

さて巨大帆船の頂点に立つ船はこの三隻のどの船かとなると、決めることは難しいのである。帆船の規模を決める手段には総トン数や排水量、船体の全長、展張するすべての帆の総面積、さらにそれぞれの形式の帆船の中での最大の船、などがある。この三隻の場合はまさにこの中のどれかの条件にそれぞれ当てはまるために、決めにくいのである。したがって長い帆船の歴史の中で最大の巨大帆船はこの三隻である、とするのが最も妥当と思われるのである。

ちなみにこの三隻のそれぞれの最大の特徴を示せば次のようになるのである。

トーマス・ローソン　世界最大のスクーナー型帆船。

プロイセン　世界最大面積の帆（シップ型帆船として）を持つ帆船

フランス二世　世界最大の総トン数を持つ帆船

なお帆船の帆の形状が違うのには理由があるのだ。

スクーナー型帆船のようにすべての帆が縦帆の帆船は帆の操作が容易で操作要員が少なくてすみ、横風に対する推進力と推進対応が容易であるという利点がある。横帆型帆船は縦帆よりも風を受ける帆の面積が格段に多くなり、推進力が高まる（高速力が得られる）という利点があるが、一方では帆の操作に多くの要員と労力が必要であるという欠点がある。例えばトーマス・ローソンの帆の総面積は約二七〇〇平方メートルであるのに対し、プロイセンの帆の総面積は五五〇〇平方メートルに達するのである。つまりトーマス・ローソンとプロイセンを同じ好条件下で走らせた場合、トーマス・ローソンの平均速力は一〇ノット前後となったする。これに対しプロイセンは平均速力一四ノット前後が確保できる可能性がある。つまりプロイセンはトーマス・ローソンに比較し一日当たり一八〇キロ多く航海できることになるのである。

なお余談ながら、二十一世紀の現代でも世界の海運国の多くで航海練習船に前時代的な帆船を使用しているが、これには明確な理由があるのだ。現在は電子機器が極度に発達し、航海機器にも多くの最新技術を駆使した装置が導入され自動航行も常識化している、そして大洋上の航海は現在では完全な自動運転（自動操船）となっている。

しかし船の航行はつねに大洋の自然の現象の影響を受けながら行なわれるものであり、その時々の海流、潮位、風速、風向等々の影響を受けながら船を進めなければならないのだ。

そのためには船員はつねに海象を体（五感）で会得しておかなければならない。そのためにも航海訓練のときから、つねに海象の影響を受ける帆船による航海訓練は極めて重要なことになるのである。

二十世紀に入り登場した史上最大の三隻の帆船について、ここで少し解説を加えておきたい。

トーマス・ローソン（アメリカ）

本船は世界最大のスクーナー型帆船（すべてのマストの帆が縦帆型帆船）である。本船はすでに船の動力として蒸気機関が普及していた時代にあえて建造された帆船である。トーマス・ローソンは一九〇二年に建造されたが、なぜこの時代に建造されたのであろうか。答えは単純である。

当時の蒸気機関駆動の貨物船の航海速力は七～一〇ノット（時速一三～一八キロ）程度であった。この速力はそれなりの装備を整えた帆船であれば不可能な速力ではないのだ。また帆船であれば船内構造からもより多くの貨物の搭載が可能であり、蒸気機関に必要な燃料も不要で、またボイラー操作に必要な多くの要員も不要である。つまり大型の帆船を建造すれば同規模の蒸気駆動船よりも運航利益率が高く、経営的にメリットが多いことになるのだ。

本船の基本要目は次のとおりである。

トーマス・ローソン

総トン数　五二一八トン
載貨重量　七六〇〇トン
全長　一一七・三メートル（バウスプリットを含まず）
全幅　一五・二メートル
深さ　一〇・七メートル（船底から上甲板までの高さ）
マスト高　五〇メートル（上甲板からマスト頂部までの高さ）
マスト数　七本
総帆面積　二七五〇平方メートル
乗組員　二七名

本船の帆の上げ下ろしは蒸気駆動ウインチを使うために、帆をあつかう要員の総数はわずかに一七名ですんだ。なお同規模の蒸気駆動の貨物船であれば貨物積載量は六〇〇〇トン程度で、乗組員も多数のボイラー火夫が必要で、乗組員の総数は五〇名程度になった。

本船は完成後からアメリカ南部で産出される石油を東部の港へ輸送する任務についていた。当時の石油輸送は木製の樽詰めで行なわれていた。一九〇七年に七六〇〇トンの樽詰め石油を本船でイギリスのロンドンまで輸送することになったが、その途中、イギリス本島の南西端のシリー岬で座礁し、全損に帰して失われた。

プロイセン（ドイツ）

本船はシップ型帆船（すべてのマストの帆が横帆形式の帆船）として、帆の総面積が世界最大の帆船である。本船は一九〇二年の建造で、ドイツと南米アルゼンチンと、南米大陸南端のホーン岬経由の南米西岸航路の人貨輸送用に建造された船である。

本船の基本要目は次のとおりである。

総トン数　五〇八一トン
載貨重量　六四〇〇トン
全長　一二四・三メートル（バウスプリットを含まず）
全幅　一六・三メートル
深さ　八・三メートル
マスト数　五本

総帆面積　五五〇〇平方メートル
乗組員　四八名

本船の帆の操作はトーマス・ローソンと同じく蒸気駆動ウインチが用いられ、本来であれば一〇〇名以上の水夫の作業で行なわれる帆の展張作業は大幅な省力化となっていた。

本船は一九一〇年十月にイギリス海峡で濃霧の中を航行中、イギリスの海峡連絡船が右舷船腹に高速で衝突、浸水のために沈没した。

フランス二世（フランス）

本船はバーク型帆船（船尾の一本が縦帆、他の複数の帆柱の帆がすべて横帆の帆船）として、前に建造されたフランス一世とともに世界最大の帆船であった。本船の建造はじつに一九一一年であった。この巨大な帆船が建造された一九一一年は有名なタイタニック号の姉妹船であるオリンピックが完成した年でもある。この蒸気駆動船の全盛時代に帆船を商船として完成させたことには奇異を感じる。しかし海運関係者にとって帆船は、まだ十分に貨物輸送船として魅力があったのである。

本船の基本要目は次のとおりである。

総トン数　五六三三トン

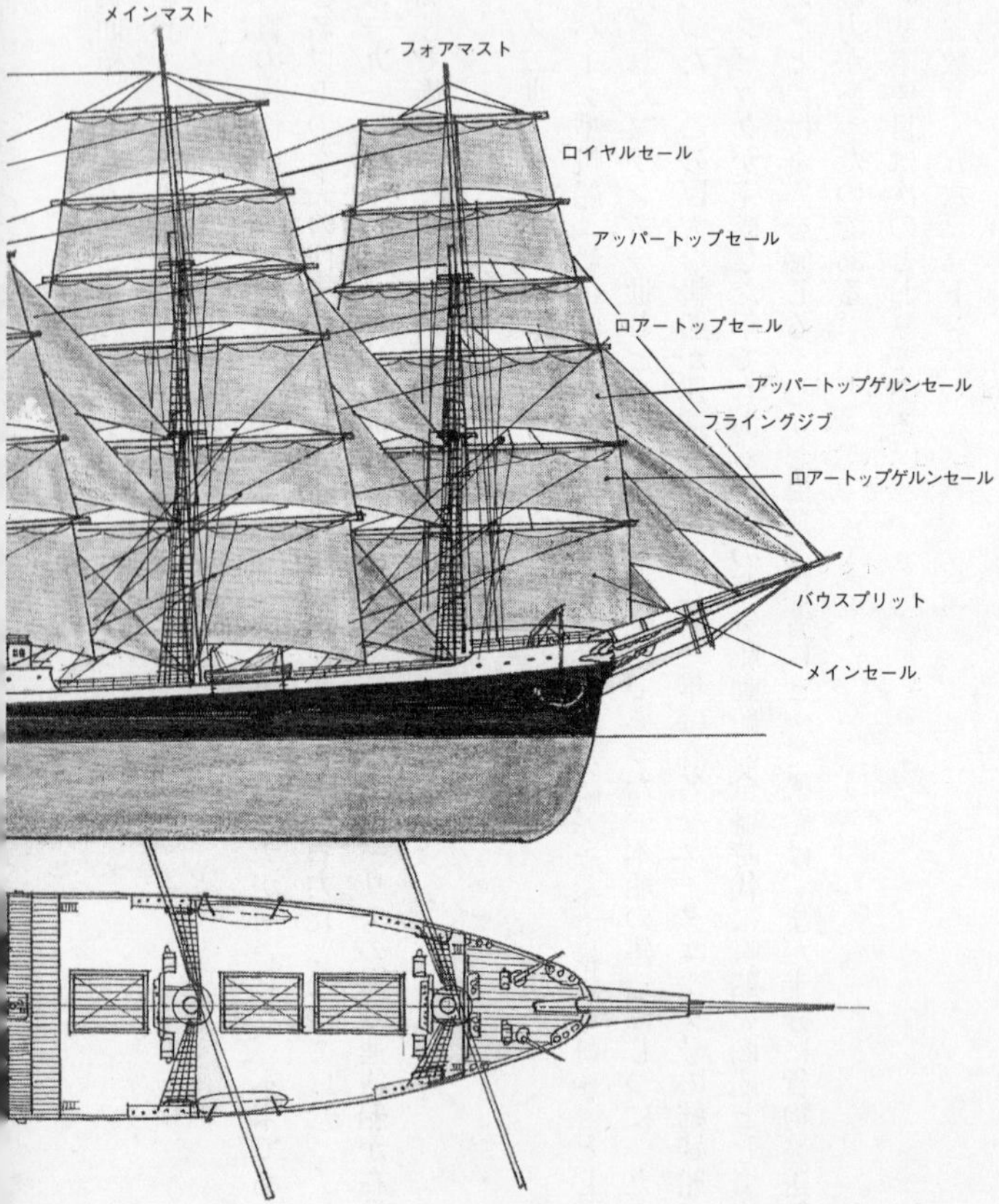
メインマスト
フォアマスト
ロイヤルセール
アッパートップセール
ロアートップセール
アッパートップゲルンセール
フライングジブ
ロアートップゲルンセール
バウスプリット
メインセール

第 47 図　ドイツ帆船プロセイン

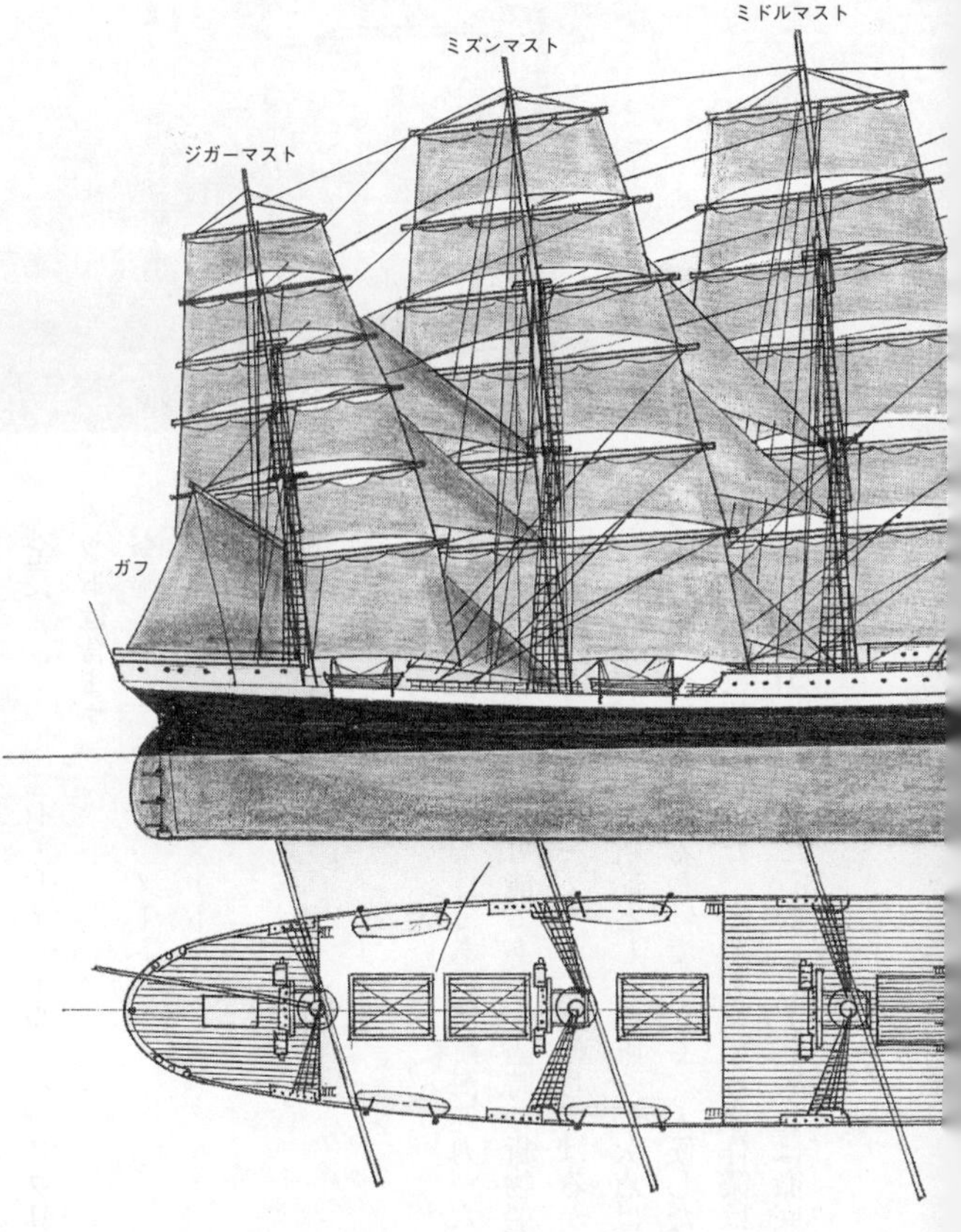

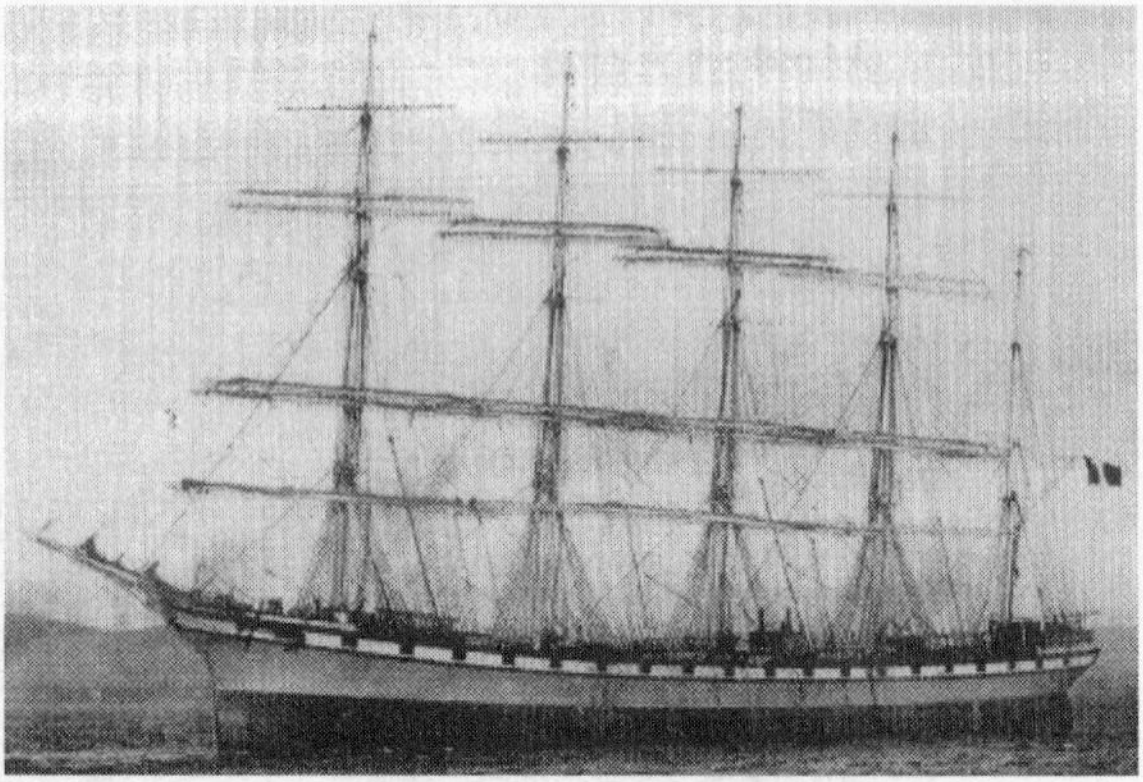
フランス二世

載貨重量　七八〇〇トン
全長　一二七・七メートル（バウスプリットは含まず）
全幅　一七・〇メートル
深さ　七・六メートル
マスト数　五本
帆総面積　六三五〇平方メートル
乗組員　四五名

フランス二世は順風の条件であれば航海速力一六〜一七ノットでの航海が可能であり、当時の貨物船の平均航海速力一〇〜一一ノットに比較し、はるかに速かったのだ。しかし帆船としての唯一の欠点は、この速力がつねに得られるわけではなく、天候しだいという問題は抱えていた。本船も帆の展張作業はすべて蒸気動力ウインチで行なわれ、省力化は徹底されていた。

本船は南太平洋のニューカレドニア産出のニッケル鉱石輸送専用船として建造されたもので、その後アメリカ東岸方面で石炭輸送に運用されていた。

しかし一九二二年にニューカレドニア島沖合で座礁し、全損に帰した。本船が世界の商船帆船の最後となったのである。

# 第七章　現代の商船

商船の巨大化は、十九世紀までは木造帆船という姿で、軍艦とほぼ同じような発展の中で進んでいた。そして軍艦の巨大化は搭載する主砲の数に比例して巨大化してきた。一方の商船の場合はいかに大量の貨物や乗客を運搬するかの工夫の中で大型化してきた。そしてこの大型化は世界を巡る経済活動が活発化するにしたがい急速となったのである。

つまりライバルの海運会社よりいかに多くの貨物や乗客を運ぶことができるか、これが商船の巨大化を推し進めてきたのであった。

商船の大型化と高速化を加速した大きな背景の一つに、新興国アメリカへの移民輸送があった。十九世紀から二十世紀の初頭にかけてのヨーロッパ各地では、政情不安と食料不足から多くの人々が新天地アメリカへの移住を願っていた。彼ら移民の輸送は年を経るごとに激増し、最盛期には年間数百万人もの人々がヨーロッパ各国からアメリカに移民として渡った。

この大量の移民客の輸送には多くの商船が必要であり、各海運会社はより大型の（そしてより高速の）船を造り集客に努めたのだ。この現象は勢い船の大型化を招くことになったのであった。旅客輸送の船の巨大化は一八九〇年頃から一九三〇年代にかけて大規模な展開を見せた。

第二次世界大戦後の一九六〇年代に入ると世界経済は安定するとともに、大量の製商品生産の時代に入り、これら原材料と商品を運ぶ船がしだいに巨大化してゆくことになった。そして現在では様々な種類と用途の船舶が巨大化の頂点に達しているのである。巨大化してゆく商船の姿を各分野での巨大船の代表で解説したい。

### 早すぎた巨大船グレート・イースタンの誕生

船の建造に鉄が用いられ、蒸気機関が採用されるようになると船の大型化は一気に促進された。その過程で突如、出現した巨大商船がイギリスのグレート・イースタンであった。一八五〇年頃の世界の商船のほとんどはまだ帆船で、蒸気機関を搭載した船は、帆船の補助動力として蒸気機関を装備した「蒸気機関付帆船」であった。つまり航海の主体は帆走であり、無風時や港への出入りの際のように、自在の操船が望まれるときの推進装置として使うことが主体であった。事実、蒸気機関付帆船も最大の船で総トン数が一〇〇〇トン程度であった。

この中で蒸気機関付帆船として最も成功した船はイギリスのグレート・ウエスタンであっ

グレート・イースタン

た。グレート・ウエスタンは総トン数三四三三トンという、当時の蒸気機関付帆船としては超大型商船であった。本船は船体の構造物や外板はすべて「鉄」（鋼鉄ではない）で造られており、最新式の二衝程レシプロ機関を装備し、最新設計のスクリュー推進となっていた。

ところが一八五〇年代に入り、本船をはるかに凌ぐ蒸気駆動の超巨大商船の出現が噂されだしたのであった。そしてその船は現実のものとして建造されることになったのである。設計は野心的な若い船舶設計者のイザムバード・ブルネルであった。彼は革新的な蒸気機関付帆船のグレート・ウエスタンの設計者として知られていた。

彼が設計を企てた超巨大商船の船名はグレート・イースタンと決められていた。総トン数はじつに一万八九一五トンという、当時としては桁外れの世界最大級の船舶であったイギリス海軍の木造軍艦ヴィクトリーをはるかに超える巨大船だったのである。彼がなぜこのような巨大な商船を設計しようとしたのか、それには明確な理由があったのである。

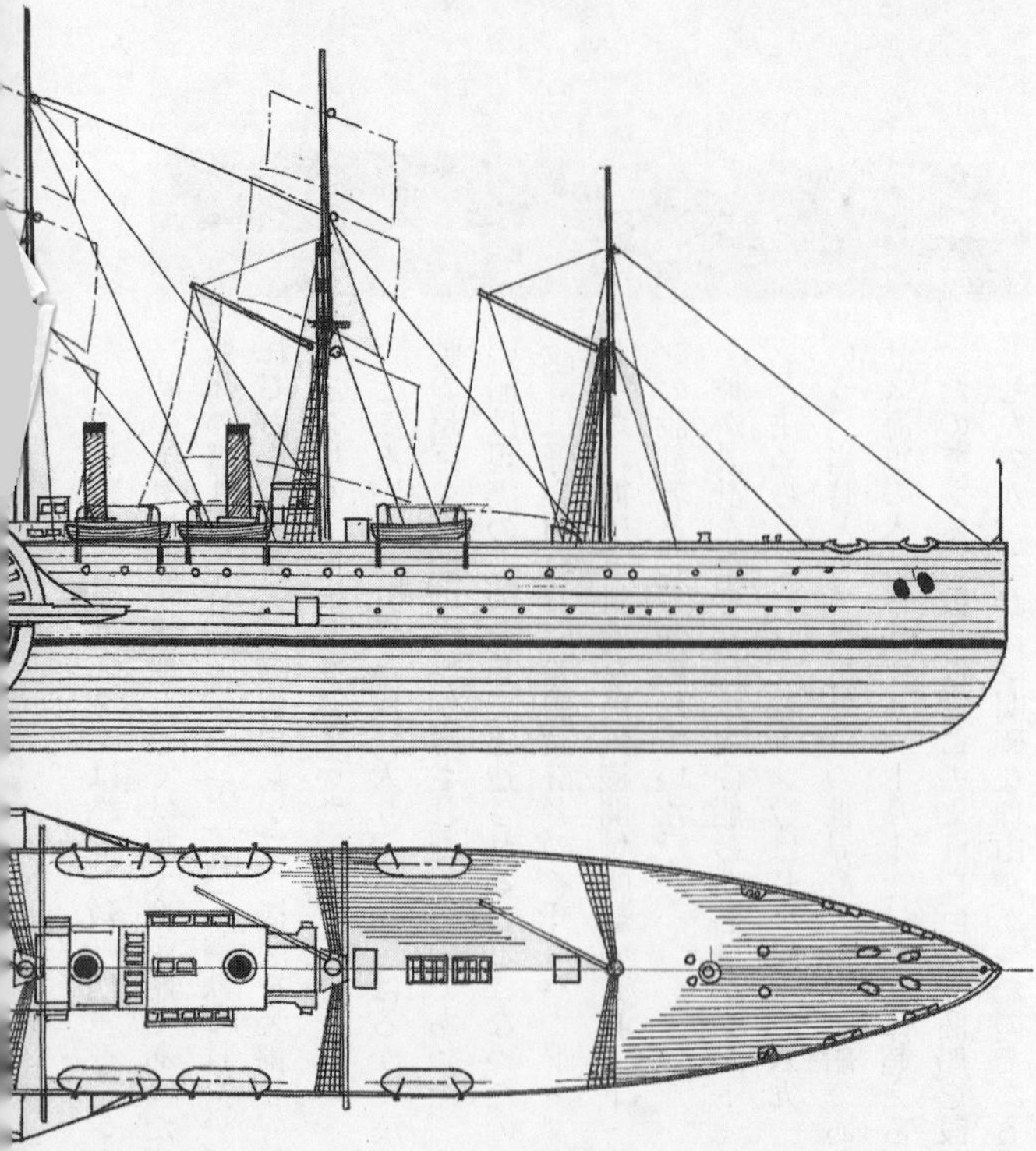

第48図　イギリス商船グレート・イースタン

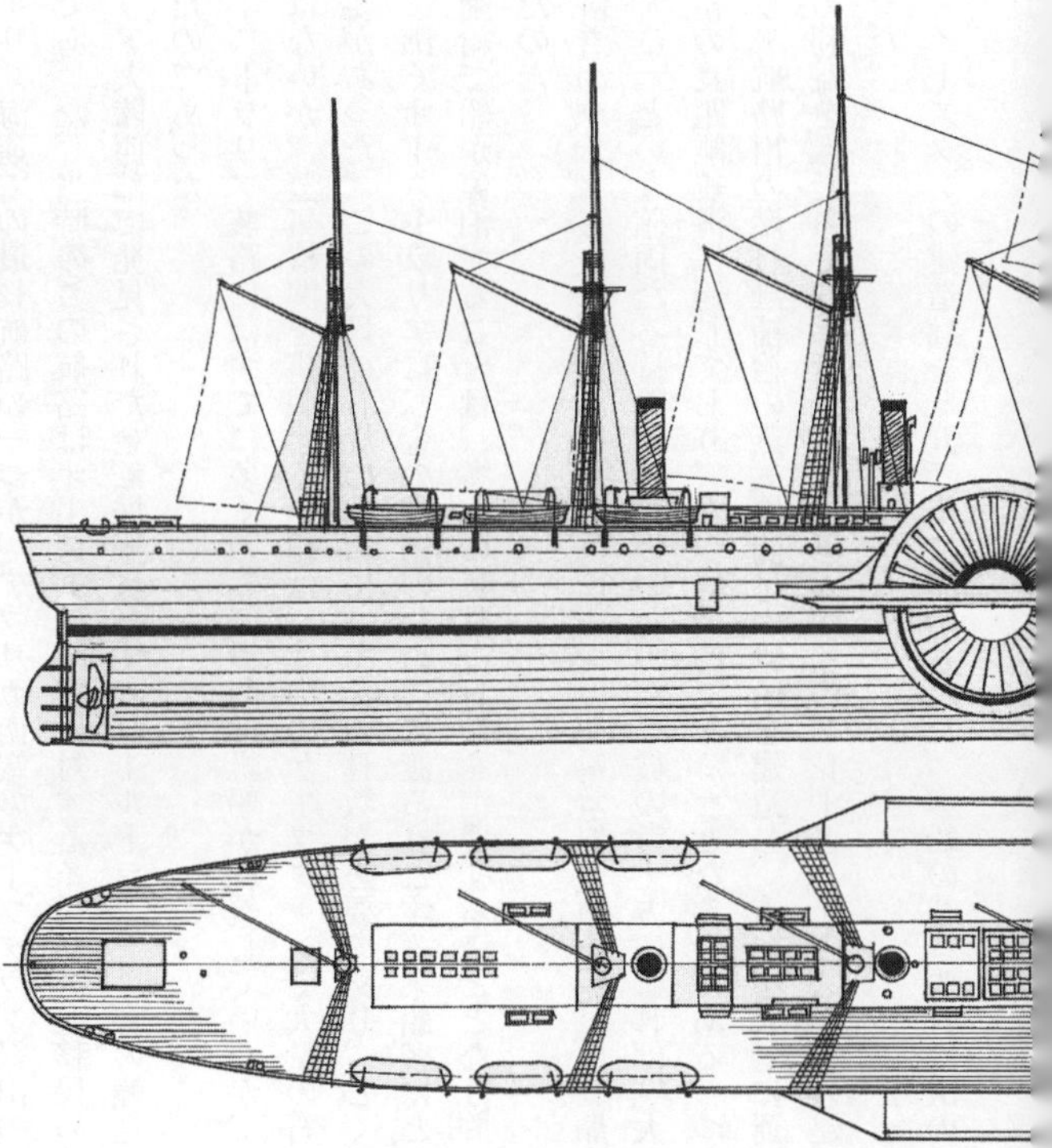

当時のイギリス海運での最長航路の一つが、アフリカ南端のケープタウン経由のオーストラリア航路であった。当時のこの航路はオーストラリアに対するイギリス人移民の輸送と、オーストラリア大陸西部で発見された金鉱採掘目当てのゴールドラッシュ客の輸送で繁忙をきたしていたのであった。

当時のオーストラリア航路にはすでに多くの蒸気機関付帆船が就航していたが、純帆船であれば問題はないが、蒸気機関を搭載する船舶は、途中のケープタウンで大量の石炭の補給を行なう必要があった。この大量の石炭の補給には多くの日数が必要であり、とくにゴールドラッシュに沸くオーストラリアに、金の採掘のためにに渡ろうとする乗船客にとっては、長い時間の補給で船が停泊することは、多くの無駄な日数を消費することとなり許されないことであったのだ。

本船の設計者のブルネルは蒸気船の燃料について、「船に必要な石炭の量は、船の長さの二乗に比例する」という確固たる持論を持っていたのだ。彼の考え方によれば「大きな船ほど燃料無補給の長距離航海に適しており、かつ経済的である」となるのである。つまり彼はオーストラリア航路用の燃料無補給の蒸気機関付の帆船を建造し、乗客を大量に運び、海運会社に多くの利益をもたらそうと考え、この巨大商船のグレート・イースタンの建造を手掛けたのであった。

グレート・イースタンの建造は一八五二年に開始された。本船の基本要目は次のとおりである。

総トン数　一万八九一五トン
全長　二一一メートル
全幅　二五・一メートル
主機関　二衝程レシプロ機関二基（機関の一基はスクリュー推進用で他の一基は両舷の外輪駆動用）
最大出力　スクリュー推進用機関四八九〇馬力
　外輪推進用機関三一一〇馬力
帆走装置　六本マスト（三本を横帆配置、三本は縦帆配置＝変則バーグ配置帆船）
機走最高速力　一四ノット
貨物積載量　一万トン
旅客定員　各等合計三〇〇〇名

本船について世間を驚かせたのは、その巨大さにともなう旅客定員の数量であった。当時の航洋商船の常識的な旅客数の一〇倍を超える数であったのだ。この航路の旅客は一獲千金の夢にあこがれた乗客であふれていたが、一隻で同航路に配船される船の一〇隻分の旅客を輸送することが可能であることは、まさに驚異的であったのである。

しかし常識をはるかに超える大型の商船の建造には、船体の工事や蒸気機関の製作などに多くの時間を要したのだ。本船が進水するまでには起工後六年が経過していた。そして完成したのはそれからさらに一年後の一八五九年であった。初めての巨船であっただけにその後も不具合が生じ、ボイラーの爆発事故も引き起こした。当時の不安定な品質の鉄板の製造方法で、高圧のボイラーを製作することは困難をともない、初期の蒸気機関駆動の艦船のボイラー爆発事故は頻繁に生じていたのである。

結局本船がオーストラリア航路に就航することになったのは、起工から九年も経過した一八六〇年のことであった。そしてこの頃はオーストラリアのゴールドラッシュも過ぎ去っており、オーストラリアに渡る乗客は激減していたのだ。このための本船のオーストラリア航路への配船は取り止めとなり、大量の移民客であふれかえっていたアメリカ行きの大西洋航路に配船されることになった。しかし結果的には常識はずれの巨大船だからこその構造上や操船上、さらに機関や推進装置の様々なトラブルの続発で、本船の大西洋航路への配船も中止されたのである。

その後、グレート・イースタンは巨大な船倉を活用した海底電線敷設船に改造され運用されたが、船の不具合は解消されず、その後も長く繋船され、ついに一八八九年に解体されたのである。時期尚早に建造された巨大船の失敗であった。

イギリス客船オリンピックとタイタニック

二十世紀に入ってもヨーロッパから新興国アメリカへの移民は減ることなく、むしろ加速された。この大量の移民客を運ぶためにヨーロッパのイギリス、フランス、ドイツ、オランダ、イタリアなどの海運国は次々と客船を建造し、北大西洋航路に配船した。

これら客船の規模は一九〇〇年初頭頃は総トン数一万～一万八〇〇〇トン程度の規模にとどまっていた。これは各海運会社ともにそれ以上の船の建造には技術上のリスクがともなうとし、危惧していたためであった。しかし各海運会社の集客への競争は、時代が一年進むごとに熾烈化してゆくことになったのである。具体的には建造する客船も一万総トンから二万総トンへ、そして二万五〇〇〇総トンへとしだいに大型化してゆくことになったのである。

このときイギリスの二大海運会社が集客のために革新的な考えで大型客船を建造しようとしたのであった。その考えは二つに分かれており、それぞれの考えを実行に移したのである。その海運会社はキュナード・ライン社、一方がホワイトスター・ライン社であった。両社ともイギリス海運界を二分する勢いを持つ大海運会社で、双方がいかにすれば大量の乗客を集められるか、それぞれの持論を持っていたのである。

キュナード社の考え方は高速大型客船の建造であった。その理由は「より高速の船を建造し、不快な船酔いから乗客を一日でも早く解放し、目的地に輸送すること。高速船を建造す

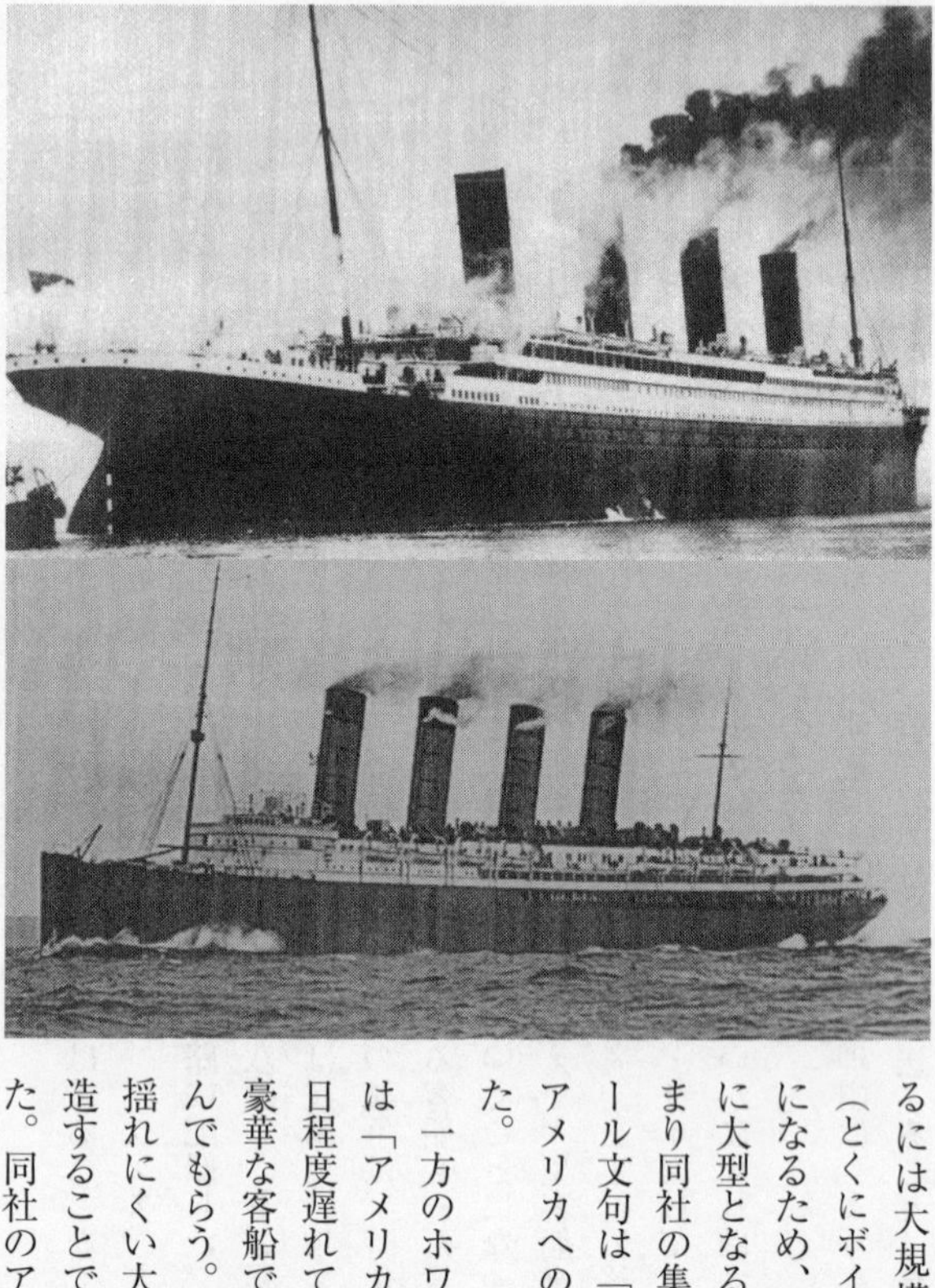

（上）タイタニック、（下）モーリタニア

るには大規模な機関装置（とくにボイラー）が必要になるため、船体は必然的に大型となる」である。つまり同社の集客へのアッピール文句は「一日でも早いアメリカへの到着」であった。

一方のホワイトスター社は「アメリカへの到着が一日程度遅れても、揺れない豪華な客船での船旅を楽しんでもらう。そのためには揺れにくい大型の客船を建造することである」であった。同社のアッピール文句は「揺れない客船で快適な船旅」である。

両社の持論は優劣がつけ難いものであった。結局は論争よりも実証であった。この両社の考え方にしたがって建造された客船が、キュナード・ライン社の大型高速客船ルシタニアとモーリタニアの姉妹船。そしてホワイトスター社のオリンピック、タイタニック、そしてブリタニックの三姉妹大型客船であった。

完成させたのはキュナード・ライン社が最初で、一九〇七年にルシタニアとモーリタニアが完成した。ルシタニアは総トン数三万三九六トン、初期の最高速力二五ノット。モーリタニアは総トン数三万六九六トン、初期の最高速力二六ノットであった。

この時代で商船と軍艦を通じて三万トンを超える船舶の誕生は世界で初めてのことで、まさに巨船の誕生であった。モーリタニアの基本要目は次のとおりである。

総トン数　三万六九六トン
全長　二六〇・七メートル
全幅　二九・〇メートル
主機関　蒸気タービン機関四基　四軸推進
最大出力　六万八〇〇〇馬力
最高速力　二七・〇ノット
乗客定員　各等合計二一六五名

ルシタニアとモーリタニアは処女航海以来、高速運航を続け、イギリスとアメリカ間の航海日数をわずか五日以内に縮め、利用客の絶賛を浴びたのである。

一方のホワイトスター社はモーリタニアの完成に四年遅れの一九一一年に、巨大豪華客船オリンピックを、そしてその翌年に姉妹船タイタニックを完成させた（三番船のブリタニックは第一次世界大戦勃発後の一九一五年に完成）。

オリンピックとタイタニックは世界の船舶の中で最初の四万トン越えの巨大船となった。オリンピックの基本要目は次のとおりである。

総トン数　四万四四三九トン
全長　二九一・一メートル
全幅　三〇・四メートル
主機関　蒸気タービン機関四基　四軸推進
最大出力　五万馬力
最高速力　二三・〇ノット
旅客定員　各等合計二〇二一名

オリンピックの航海も乗客に好評をもって迎えられたのだ。航海日数はライバルのルシタニアやモーリタニアに比べ一日余計にかかった。確かに両船より大型のオリンピックは揺れも少なく、さらに船内の設備も豪華で、大半が移民客で占められる三等船客も、他の船の三等では味わえない上等な食事と豪華な船内設備に満足し、巨大客船の評価は高まったのだ。

その結果、軍配はどちらに上がるかは、まさに乗客の好みに従うしかなかった。しかし姉妹船のタイタニックが一九一二年四月の処女航海で悲劇的な海難事故を起こし、巨大客船安全の神話が崩れ、軍配は皮肉にもキュナード社に上がることになったのである。

ただ巨大客船タイタニックの遭難は船舶自体の問題よりも、航行の安全に対する操船当事者の責任に帰するものであった。しかし事故後当分の間は「巨大船必ずしも安全ならず」という流言が広がり、海運会社も乗客も巨大船に対する見方に忌避の姿勢がみられるようになったのは事実であった。

## 巨大タンカー、サン・ジェロニモの登場

商船の巨大化については、その華々しさからとかく豪華客船に目が向きがちであるが、その他の商船についても、二十世紀に入るとしだいに巨大化の兆しが見られるようになった。

ドイツのルドルフ・ディーゼルが一八九二年にディーゼル機関を開発し、これが船舶用の推進機関として優れていることが、とくに蒸気タービン機関やレシプロ機関に比較し燃費が格段に優れていることが証明されると、船用機関としてのディーゼル機関に対する要求は急

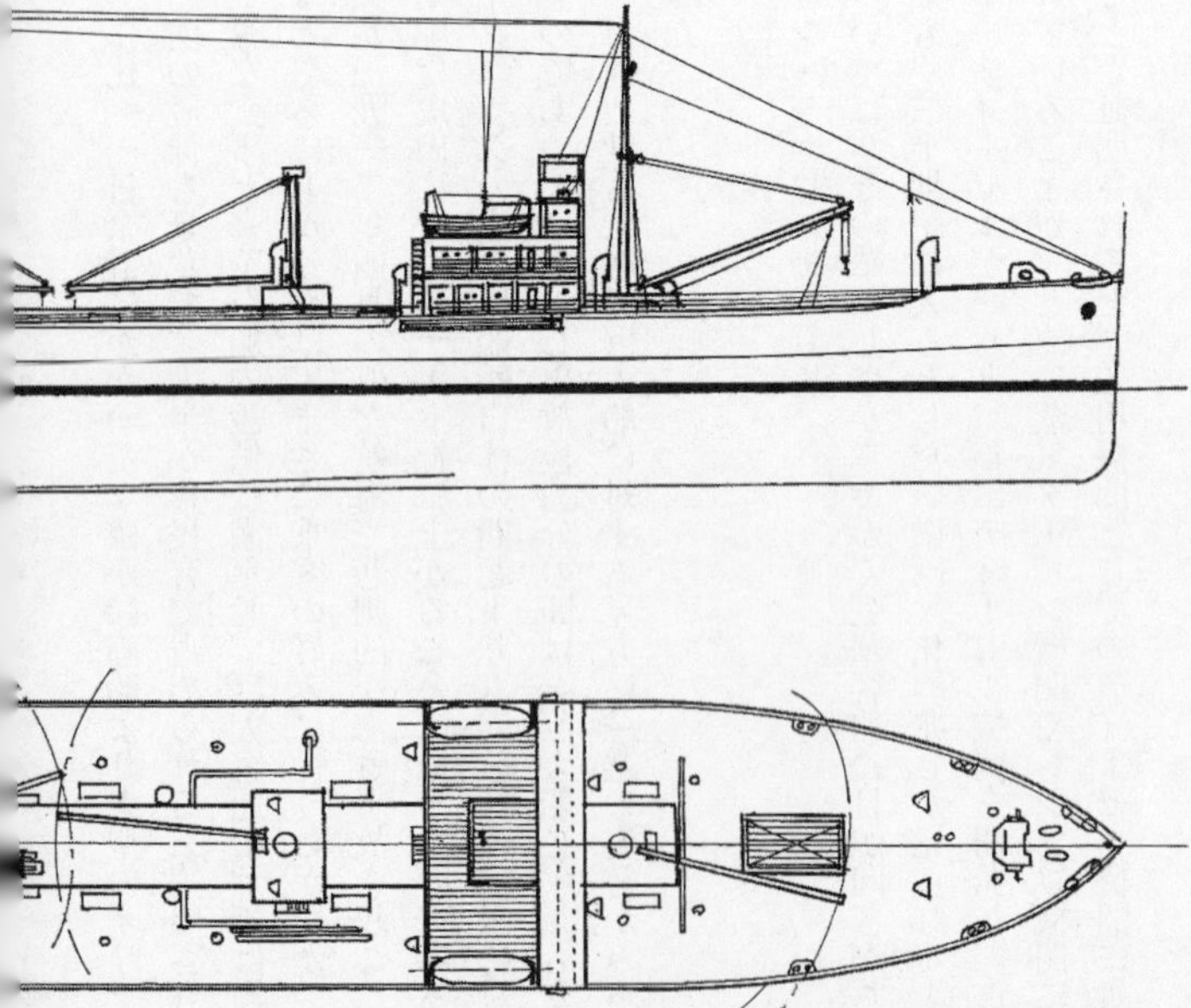

第49図　イギリス油槽船サン・ジェロニモ

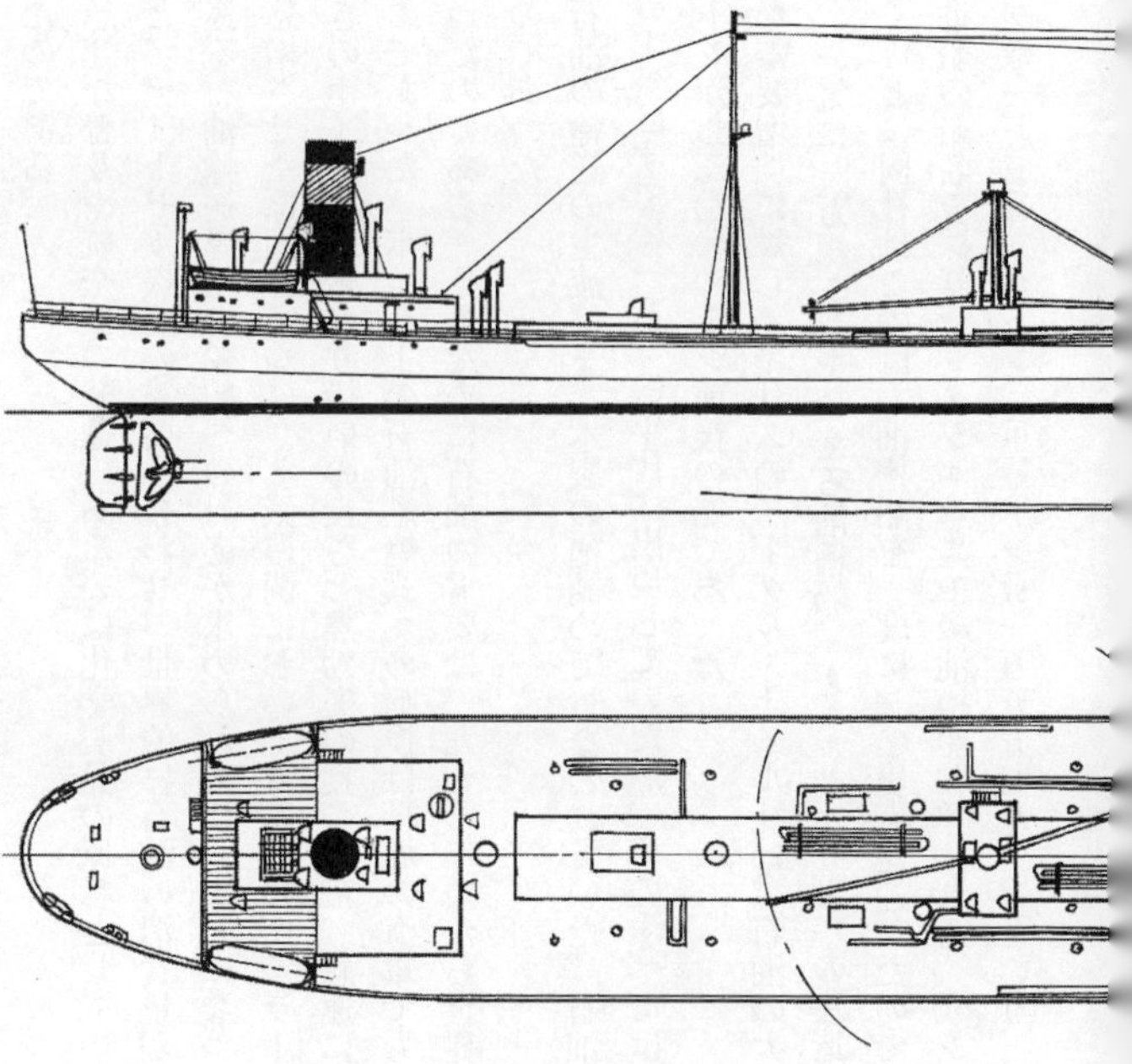

速に高まっていったのである。

そして自動車の急速な普及や航空機の発達、あるいは化学製品の原料としての石油の需要がふくらみ始めると、ディーゼル機関の需要と合わせ、世界的に石油の消費量が急増することとなり、世界を巡る石油輸送専用の船舶への対応が求められてゆくことになったのだ。

また石油需要を急増させた原因の一つに、蒸気機関においても船舶のボイラーの燃焼方法が、従来の石炭炊きのボイラーから取り扱いの良さと熱効率の良さから、急速に石油燃焼式に転換されだしたのであった。ボイラーの石油燃焼式への転換は世界の海軍でもこぞって行なわれるようになったのである。そのために石油の需要は一九一〇年頃から世界的に急速な伸びを示し始めたのであった。

一九〇〇年頃の石油の輸送の主流はまだ木製の樽詰めで行なわれていた。石油輸送専用の船舶（オイルタンカー）はすでに一八八〇年代に出現していたが、そのすべてはまだ小型で総トン数一〇〇〇トンから三〇〇〇トン前後の船であった。

この石油の急速な需要増加に対しイギリスのイーグル・オイル社は、石油の大量輸送を目的に一九一四年に、一気に一万総トンを超える油槽船（オイルタンカー）の建造に踏み切ったのであった。驚くことに同社はこの巨大油槽船を一度に一〇隻も建造したのであった。

この油槽船は一番船の船名を採りサン・ジェロニモ級油槽船と呼ばれた。サン・ジェロニモ級油槽船は総トン数一万二〇二八トン、重量トン数一万五五七八トンという、当時の油槽船に比較して各段に大型で、全長一六二メートル、全幅一九・九メートルという巨体であった。本船の主機関は最大出力四一〇〇馬力の四衝程レシプロ機関で、本機関のボイラーは当然のことながら、当時一般化されだした重油専燃式ボイラーである。本船は一軸推進で最高速力は一三ノットであった。

サン・ジェロニモ級タンカーこそ現在に至る巨大タンカーの祖ともいうべき船で、後のタンカー王国日本が総トン数一万トン級のタンカーを建造したのは、これからさらに二〇年以上も経過してからであった。

なおサン・ジェロニモは一九三〇年代に入り捕鯨母船に改造され、イギリスの南氷洋捕鯨の主力船として活躍したが、第二次世界大戦中にイギリス海軍に特設給油艦として徴用され、一九四二年十一月にドイツ潜水艦の雷撃で撃沈された。

巨大貨物船ビーバーフォードの出現

一九二〇年代後半の世界の海運界における外航貨物船の主流は、五〇〇〇総トンから六〇〇〇総トン級の石炭燃焼レシプロ機関付きの低速の旧式船だった。そしてその主力は第一次世界大戦中にアメリカとイギリスで大量建造された戦時設計型貨物船であった。

ところが一九二五年にイギリスの海運会社カナディアン・パシフィック社が、総トン数一万トンを超える巨大貨物船の建造を計画し、一九二八年に五隻のこの巨大姉妹貨物船を建造

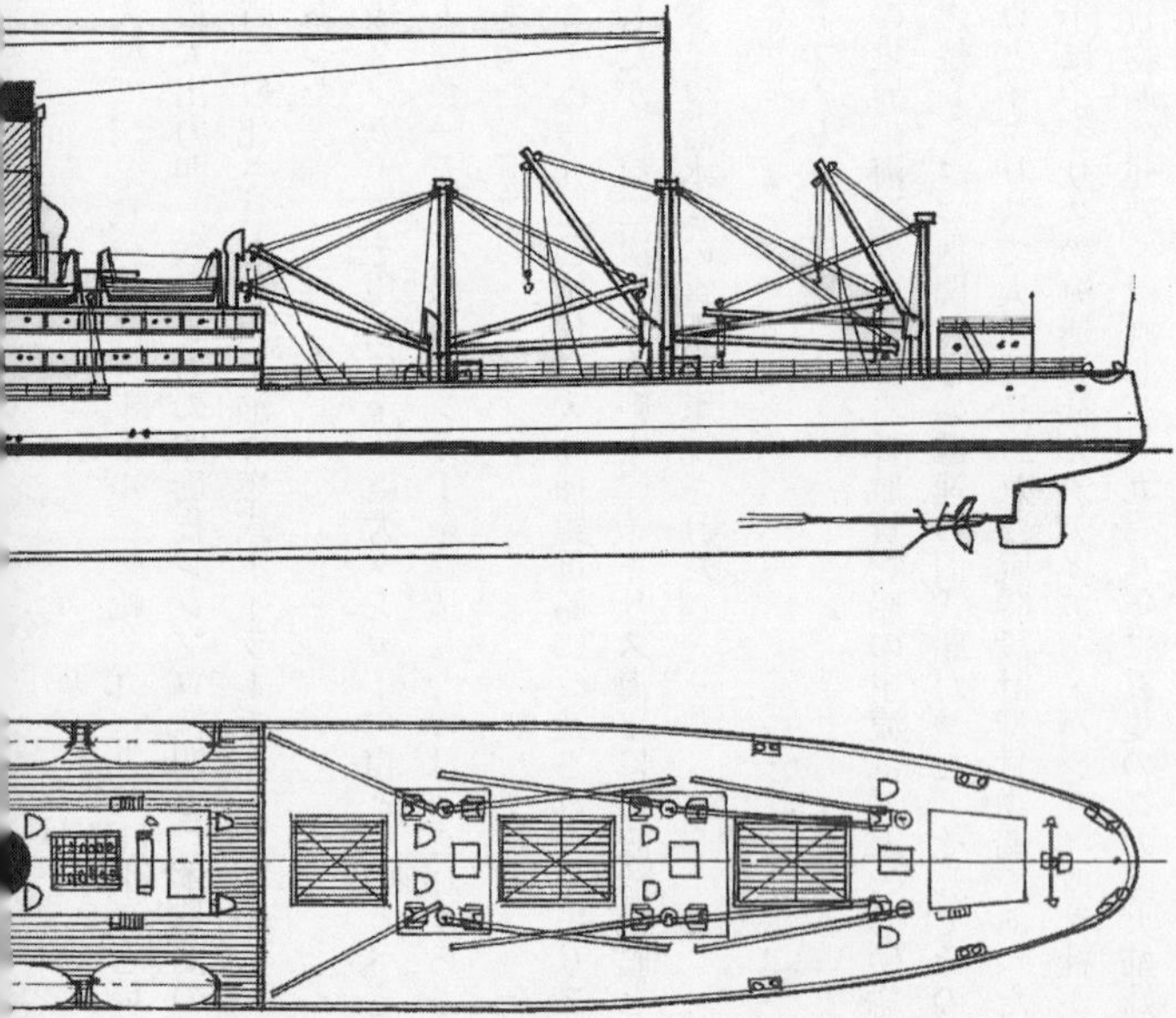

第50図　イギリス貨物船ビーバーフォード

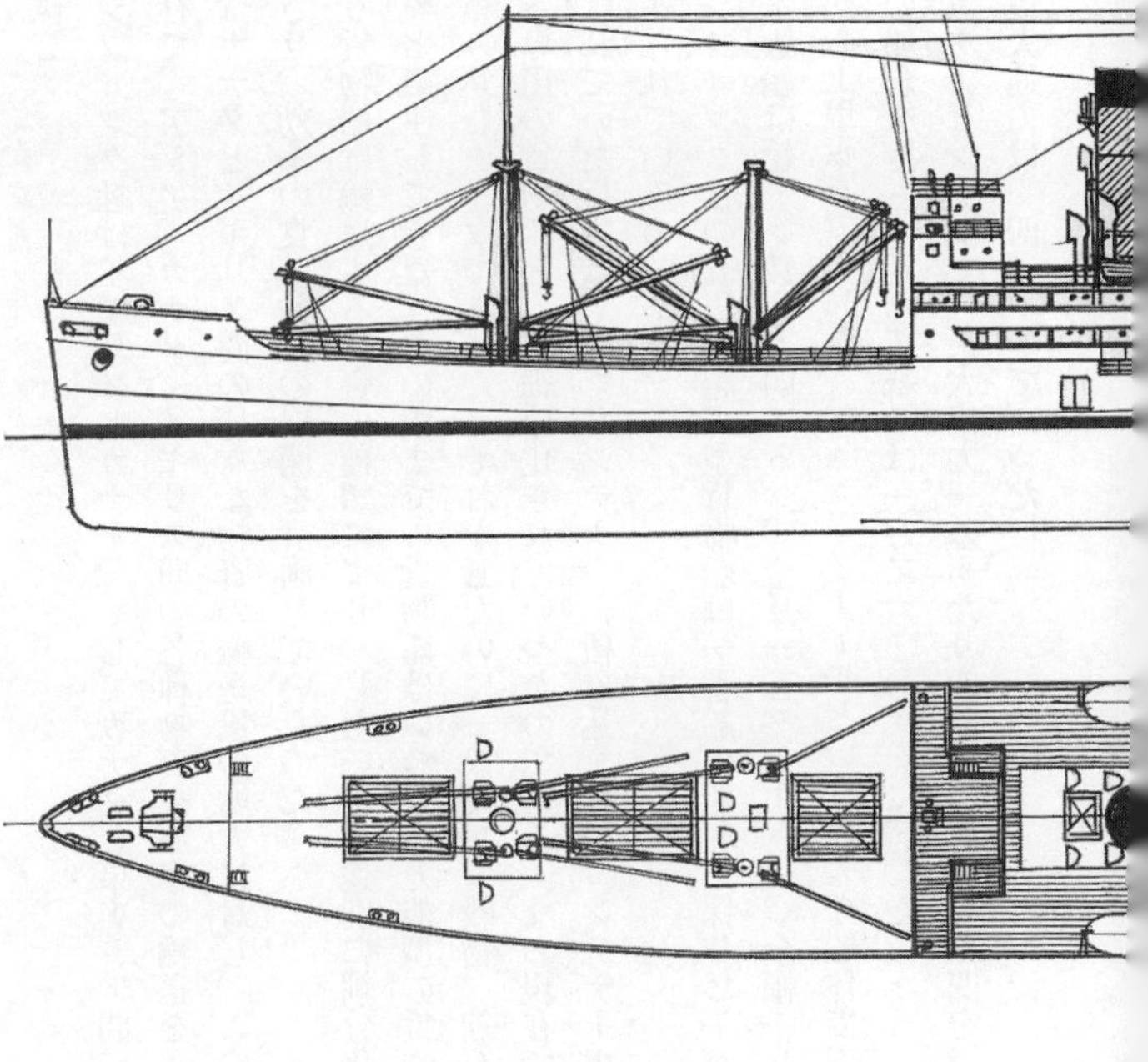

し就航させたのであった。

カナディアン・パシフィック社はイギリスとカナダ、そしてカナダと東アジア間に主要航路を持つ大手海運会社で、アジア、カナダ、イギリス間の各種物資や旅客の輸送を一手に引き受けていた。同社はカナダとイギリス間の様々な物資の輸送量の増大に対し、この五隻の超大型貨物船を就航させ、効率の良い輸送の展開を計画していたのだ。

一九六〇年代に入り貨物船は輸送する物資の種類により、しだいに用途別に細分化され特殊用途の貨物船が次々と誕生してきた。この頃までの貨物船はいわゆる万能型の貨物船で、様々な物資を船倉に積み込むタイプであった。それがしだいに一般貨物、穀物、鉱石、木材、重量物などを輸送する専用の貨物船として細分化されていったのである。なお現在ではかつて一般貨物として運ばれていた貨物はすべてコンテナーに積み込まれ、コンテナー専用の貨物船によって海上輸送されているのである。

カナディアン・パシフィック社の五隻の超大型貨物船は一番船の船名を採りビーバーフォード級と称された。本級船は総トン数一万四二トン、全長一五三メートル、全幅一八・四メートル、深さ（船底から上甲板までの高さ）一二・二メートルという巨大な船体で、船体の前後には合計八ヵ所の船倉を持ち、貨物積載量は一万二六〇〇トンに達した。

本船の主機関は蒸気タービン機関で、最大出力一基当たり四〇〇〇馬力の機関を二基装備し、二軸推進による最大速力は一四ノットであった。

一万総トン級のいわゆる万能型貨物船が普及を始めるのは、ビーバーフォードが出現してから三〇年以上も経過した一九六〇年代に入った頃からで、大型万能型貨物船が現われだして一〇年が過ぎた頃には貨物船は用途別に特殊化し、万能型貨物船の姿は海運界から急速に姿を消していったのだ。

ビーバーフォード級貨物船は大変に均整の取れた美しい姿の外観を持った貨物船であったが、第二次世界大戦中に五隻すべてがドイツ潜水艦の雷撃で撃沈された。

巨大客船ノルマンジーとクイーン姉妹への道程

商船の巨大化は前出のルシタニアやタイタニックなどを代表とする客船を中心に、一九一〇年前後から急速な展開を始めた。これら商船の規模も一八九〇年頃には最大でも一万三〇〇〇総トン前後であったものが、それから五〇年後には八万総トンという信じられない規模の商船として現われたのである。この頃の商船の巨大化はすべて客船が引き起こしたものであった。

国力発展のために新興国のアメリカはヨーロッパから広く移民を受け入れていた。それも大量に。そのために十九世紀初頭頃から、ヨーロッパ各国からアメリカへの移民は急増の一途をたどった。

この大量の移民輸送のためにヨーロッパの海運国はこぞって船を建造し移民客の輸送に努

めたが、その間に海運会社の間では移民客の獲得のために様々なサービス手段を打ち出したのだ。それは一日でも早く目的地アメリカへ到着できるために船の速力をアップするサービス、少しでも豪華な船に乗って快適な船旅ができるための船の大型化などであった。

その結果は、より早くは「より強力な機関を搭載すること。そのためには必然的に船体は大型化する」ということになり、より快適は「船体をできるだけ大きく豪華に造り船旅を快適に過ごす」ということになり、おしまいには両方の考え方が一つとなり「より高速で、より快適」な客船を造ることが超大型客船の出現につながってゆくことになったのである。その頂点に位置する客船がフランス客船ノルマンジーと、イギリス客船クイーン姉妹（クイーン・メリーとクイーン・エリザベス）である。

一九三〇年代の最大出力が得られる舶用機関は蒸気タービンであった。大型船を高速で走らせるためには多数の蒸気タービン機関が必要である。この蒸気タービン機関を動かすには、出力が大きくなるほど多数の蒸気発生装置であるボイラーが必要である。

大型の高速船を建造するためには多数の蒸気タービン機関と多数のボイラーが必要になり、これらを配置するためには船体の大きさは必然的に大型にならざるを得なくなるのである。

巨大客船の建造競争が始まったのは、前出のルシタニア、モーリタニアとオリンピック、タイタニックの出現が大きなきっかけであった。

この両船の出現の直後に第一次世界大戦が勃発し、大型客船の建造競争は一時中断された。

（上）ノルマンジー、（下）クイーン・エリザベス

しかし四万総トン級のオリンピックやタイタニックの完成間近に、ドイツのハンブルク・アメリカ・ライン社が五万総トン級の大型客船三隻の建造を進めていた。そして一九一二年から一九一四年にかけてその中の二隻が完成したのだ。インペラートル（五万二一〇一総トン）とファーテルラント（五万九九五七総トン）である。

　この二隻が完成した直後に第一次世界大戦

が勃発し、しばらく巨大客船の建造競争は休止となったのだ。このドイツの巨大客船はそれまで最大であったオリンピック級客船を抜き、世界最大の巨船、まさに巨大商船の出現であった。

その一隻であるインペラートルの船体の全長は二七八メートル、全幅は二九・七メートルに達する巨船で、じつに各等合計三〇六三名の乗客を乗せることができたのだ。本船の最高速力は二三・五ノットで、オリンピック級客船と同じく「多少到着は遅くなるが大型で揺れない快適な船旅」のコンセプトを代表する巨大客船であった。

第一次世界大戦は一九一八年十一月にドイツの敗戦で終結したが、国内経済はどん底状態にあり、国民の意気も低迷し国力回復のための何らかの起爆剤が必要であった。そして国力が安定の兆しを見せ始めた一九二九年に、ドイツの北ドイツ・ロイト・ライン社は高速巨船ブレーメンを竣工させたのだ。

ブレーメンの総トン数は五万一七三一トン。本船は処女航海において最高速力二七・八ノット（時速五一・五キロ）を記録し、それまでイギリスのキュナード・ライン社のモーリタニアが保持していた速度記録を抜き去り、世界最速最大の巨大商船として君臨することになったのである。この快挙はドイツの国威発揚に大きく貢献することにもなったのである。当時の大西洋航路の大型客船の速度競争は各国国民の最大の関心事であり、その競争心理は少し前の宇宙開発に似たものがあった。

(上)ブレーメン、(下)レックス

　この出来事に発奮したのがイタリアであった。一九三二年にイタリアは五万総トン級の巨大高速客船レックスを完成させた。総トン数五万一〇六二トン、最高速力二八・九ノット（時速五三・五キロ）を記録し、巨大商船のしかも速度記録をドイツから奪ったのである。この出来事は、国内が経済不況の中で不安定であった当時のイタリア国民の士気高揚に大きく貢献することになったのである。「ライバルのドイツに勝った」ということである。

この事態にフランスは黙っていなかった。フランスはその決定打として、ドイツやイタリアを凌駕する規模と速さを持つ巨大客船の建造にチャレンジしたのだ。

フランスは一九三五年に総トン数七万九二八〇トン（後に八万三四二三トンに増加）の巨大客船ノルマンジーを完成させた。本船は最高速力三二・九五ノット（時速五九・二キロ）を記録し、規模と速力でライバルのイタリアとドイツを大きく抜き去ったのである。

ノルマンジーはその大きさや高速力に注目が注がれたが、本船の完成度は世界の船舶の歴史においても今に至るまで称賛の的なのである。とくに船内装飾の豪華さはまさに「浮かぶ美術館」ともいえるほどで、世界の最高レベルの工芸家や芸術家が完成させた壁画や調度品の数々が船各所に置かれており、現在のいかなる豪華クルーズ客船も、その船内装飾においてノルマンジーに勝てるものはないのである。

ノルマンジーの出現に対しこんどはイギリスが挑戦したのだ。一九三六年にキュナード・ライン社は総トン数八万一二三七トンのクイーン・メリーを建造し、最高速力三二・八ノット（時速六〇・七キロ）を記録し、船の規模と速力においてライバルを圧倒したのだ。

二十世紀中頃までの巨大船の建造競争は客船が主体で展開していた。二十世紀に入ってからのわずか三五年間に巨大船と呼ばれる船の規模は約六倍まで拡大したのであった。木造帆船時代の船の規模の進化とは比較にならない速さで進んだことになったのである。

この開発の早さは船舶建造用の資材として鉄が導入され、各種の形状や強度の鋼材が容易に大量生産できるようになったことが大きな要因であった。また船舶の推進装置が様々に開発され発達を見たこと、船舶の設計に関する流体理論や構造理論などの基礎理論が確立され、巨大で高速の船舶を建造するための様々な工夫が理論的に考えられ、さらなる建造が可能になったためであった。

この一連の巨船の建造と速度競争の最後に位置したのは、クイーン・メリーの姉妹船クイーン・エリザベスである。本船はクイーン・メリーの改良型として第二次世界大戦勃発直後の一九四〇年に完成した。総トン数八万三六七三トンの本船は、旧来型のいわゆるライナー（定期航路旅客船）として最大規模の客船であった。

クイーン・エリザベスは最高速力三二ノット以上の実力の持ち主であったが、ついに一度も最高速力の試験を行なわなかった。その理由は完成が戦時中であり、しかも集客のためのピーアールを行なう必要もなかったためである。

クイーン・エリザベスは大戦中は姉妹船のクイーン・メリーとともに連合軍の兵員輸送船として、それぞれ一度に一個師団（約一万六〇〇〇人）規模の兵員の輸送が可能で、戦況に対する貢献度は連合国輸送船の中でも抜群であったのである。

巨大ライナーの後に続く巨大船は、巨大タンカー、巨大コンテナー船、巨大クルーズ客船という、それまでの商船のカテゴリーの中には存在しなかった船であった。そしてその巨大さは帆船時代の数多の巨大船と比較すること自体無意味と思われる、驚愕の巨大さで現われたのであった。

クルーズ客船、オアシス・オブ・ザ・シーズ

客船の巨大化の競争は第二次世界大戦後には消滅した。その原因は大洋の横断が船から飛行機に代わり、その発達が急激であったからである。いくら船を高速にしても航空機の速度に適うはずはなく、またいくら揺れの少ない豪華客船を建造したとしても、短時間で行ける地にわざわざ数日の時間を割いて行く人もほとんどいなくなったためであった。

そのために世界中の海運会社のほとんどは一九六〇年代の早々には定期客船の運航を中止した。しかし一九七〇年代に入ると定期旅客船としてではなく、海のレジャーの一つとして客船によるオーシャン・クルーズが勃興し始め、その人気は年々上昇し、ついには大量のクルーズレジャー客を楽しませる、クルーズ専用の客船が建造された。そしてその規模も年々拡大し、超巨大クルーズ客船が誕生することになったのである。

クルーズレジャーが急激な発展を見せた理由は、クルーズ運営会社が客層を従来の富裕層から庶民層へ拡大させたためであった。つまりクルーズ料金を引き下げることにより集客率が高まったのだ。そして高まった集客率に対し、より大型のクルーズ客船を建造して需要に対応してゆくことになったのである。

このようにしてかつての定期旅客船とそれに乗船する乗客は消滅したが、新しいクルーズ

産業の発展により客船の大型化が再び展開されることになったのであった。

新しいタイプのクルーズ客船は、一九七〇年代から専用客船として建造されるようになり、当初は一万総トン前後であったものがしだいに大型化し、二万総トン代、四万総トン代と拡大してゆき、現在世界最大のクルーズ客船は、アメリカのクルーズ客船運営会社であるロイヤル・カリビアン・インターナショナル社が所有するオアシス・オブ・ザ・シーズである。本船は二〇〇九年に建造された船であるが、その基本要目は驚くようなもので、次のとおりである。

総トン数　二二万五二八二トン
全長　三六一・〇メートル
全幅　六四・九メートル
高さ　七二・〇メートル（船底からブリッジまでの高さ）
主機関　ディーゼルエレクトリック機関（ディーゼル機関六基により発電される電力で電動発電機三台を動かし、三基のスクリューを回転させる方式）
最大出力　八万一五〇〇馬力（電動発電機三基合計）
最高速力　二〇・二ノット（三軸推進）
旅客定員　モノクラス（等級なし）五四〇〇名
乗組員　二一六〇人

## 第51図　アメリカ客船オアシス・オブ・ザ・シーズ

全　　長　361.0m
全　　幅　64.9m
総トン数　225282トン
主 機 関　ディーゼルエレクトリック機関
　　　　　（ディーゼル機関　6基）
最大出力　81500馬力
航海速力　20.2ノット
旅客定員　5400名
乗 組 員　2160名

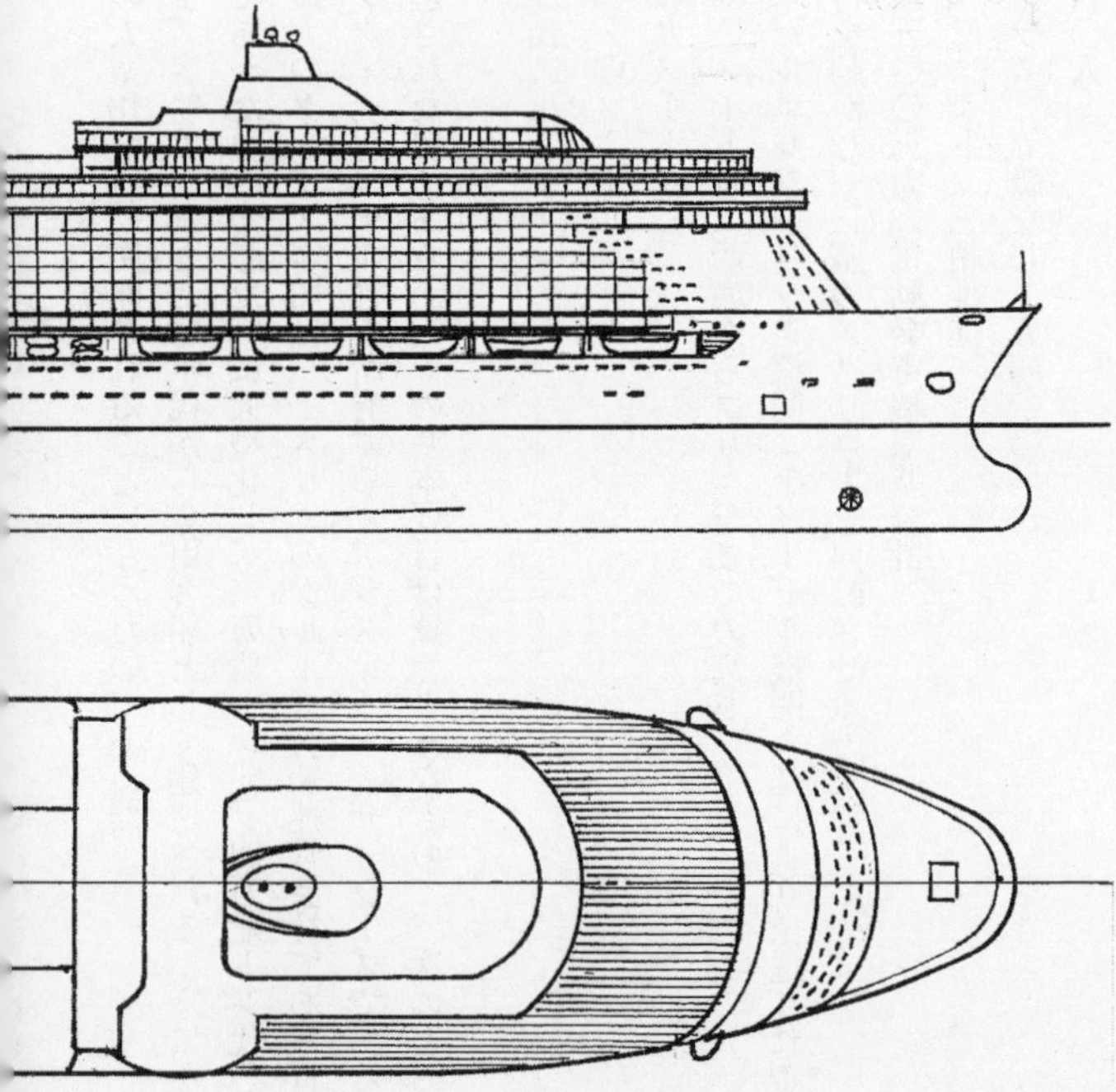

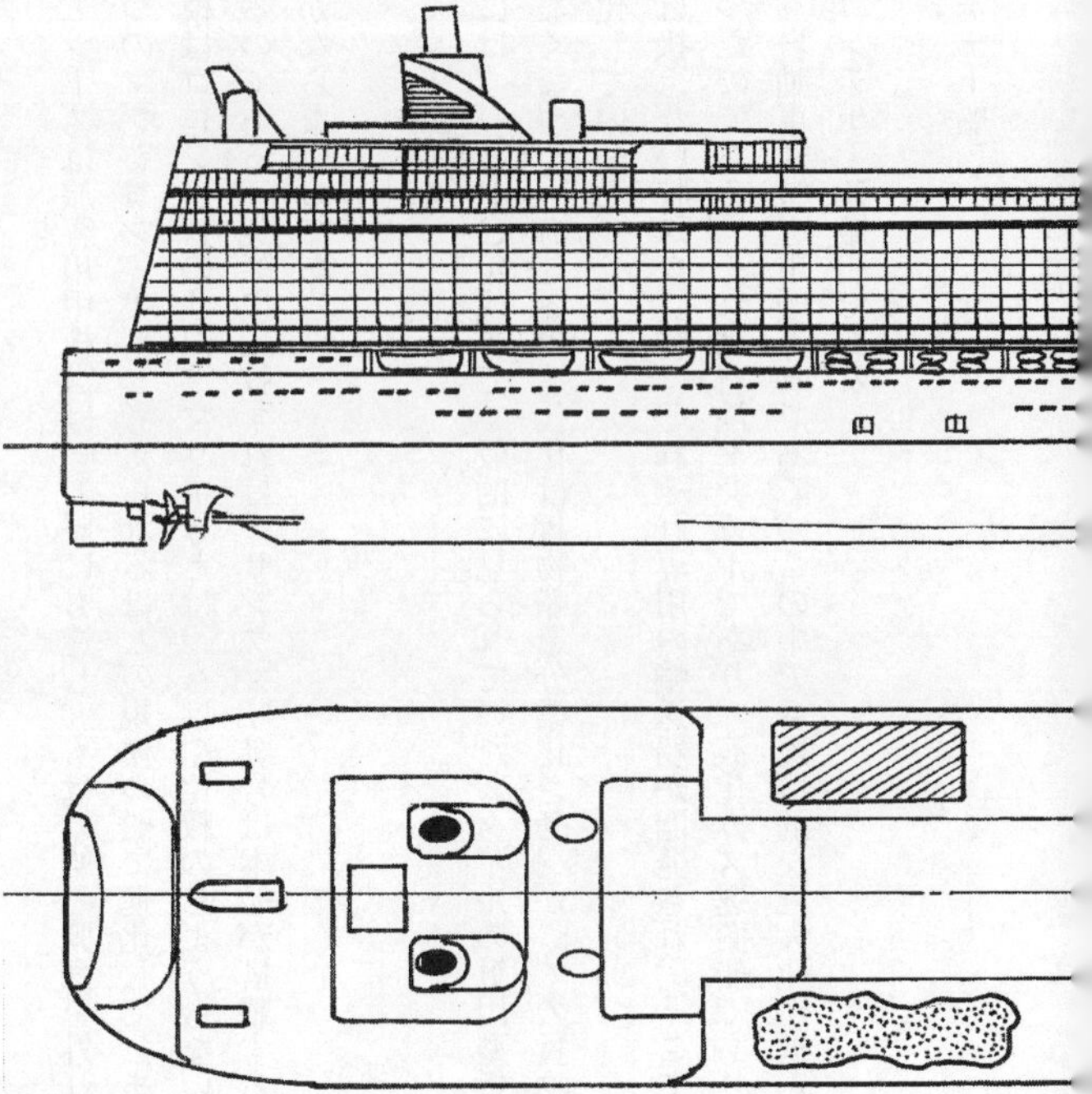

オアシス・オブ・ザ・シーズは旅客用甲板数は一七層にも達し、もはや船の概念を外れ、海上の巨大構造物、一つのマンション・集落と考えられるほどの規模の船に進化してしまったのだ。そしてその規模はコロンブスのサンタマリア号とは、もはや比較のしようもないほどの巨大さとなっているのである。実際に比較すれば、サンタマリア号は本船が搭載する救命艇ほどの大きさにしかならないのである。

世界最大の貨物船

現在の世界の海運界には、一九七〇年代まで一般的に見られていたスタイルの汎用型貨物船というものは存在しなくなった。海運界の近代化は貨物船を分業化させ、かつての貨物船はコンテナー船へと変化していった。

また一般貨物としては扱えない特殊な貨物はそれぞれ専用の輸送船が開発され、そこでの進化を遂げることになったのである。それは石油タンカーであり、液化ガス運搬船であり、鉱物運搬専用船であり、自動車運搬専用船等々である。この中でも驚愕的な巨大化が進んだのがオイルタンカーとコンテナー運搬船である。

イ、世界最大のコンテナー船

現在の世界経済活動を支えている最大の輸送媒体はコンテナー船である。かつては様々な貨物が一隻の貨物船の船倉に、船に固定されたデリックを使い、いちいち積み下ろされていた。つまり雑多な貨物の混載であった。

一九六〇年後半頃から生産者が単一の商品をそのまま専用のコンテナーに積み込み、このコンテナーを運ぶ専用の船を造り運ぶことを始めたのであった。この方法であれば、船への貨物の積み下ろしの煩雑さはなくなり、港で下ろされたコンテナーはそのまま専用トラックで消費者に運び込むことができる。輸送時間の大幅な短縮となり、しかも荷物の破損も激減するのである。さらに輸送コストの大幅な低減にもつながるのである。

この海上コンテナー輸送方式は大量消費の時代にたちまちマッチし、一九八〇年代に入る頃には一般貨物の輸送はほとんどが、世界的にもコンテナー輸送に変化し、コンテナー輸送専用貨物船が急増することになったのである。

その一方で流通コストの削減と輸送時間の短縮からコンテナー輸送専用貨物船はしだいに大型化し、かつ高速化してゆくことになったのであった。

コンテナー輸送専用貨物船は当初の一万総トン前後であったものがたちまち二万総トン前後に拡大し、さらに現在では一〇万総トン級またはそれ以上の超大型専用船が出現しているのである。そしてコンテナー専用貨物船の速力もしだいに高速化し、二〇ノット前後であったものが最速の船では三〇ノットを超える時代に突入しているのである。

## 第52図　デンマーク コンテナー船
## マースク・トリプルE

| | |
|---|---|
| 全　　長 | 400m |
| 全　　幅 | 59m |
| 総トン数 | 170794トン |
| 主 機 関 | ディーゼル機関　2基（2軸推進） |
| 最大出力 | 109000馬力 |
| 航海速力 | 19ノット |
| 載荷コンテナー | 18000個 |

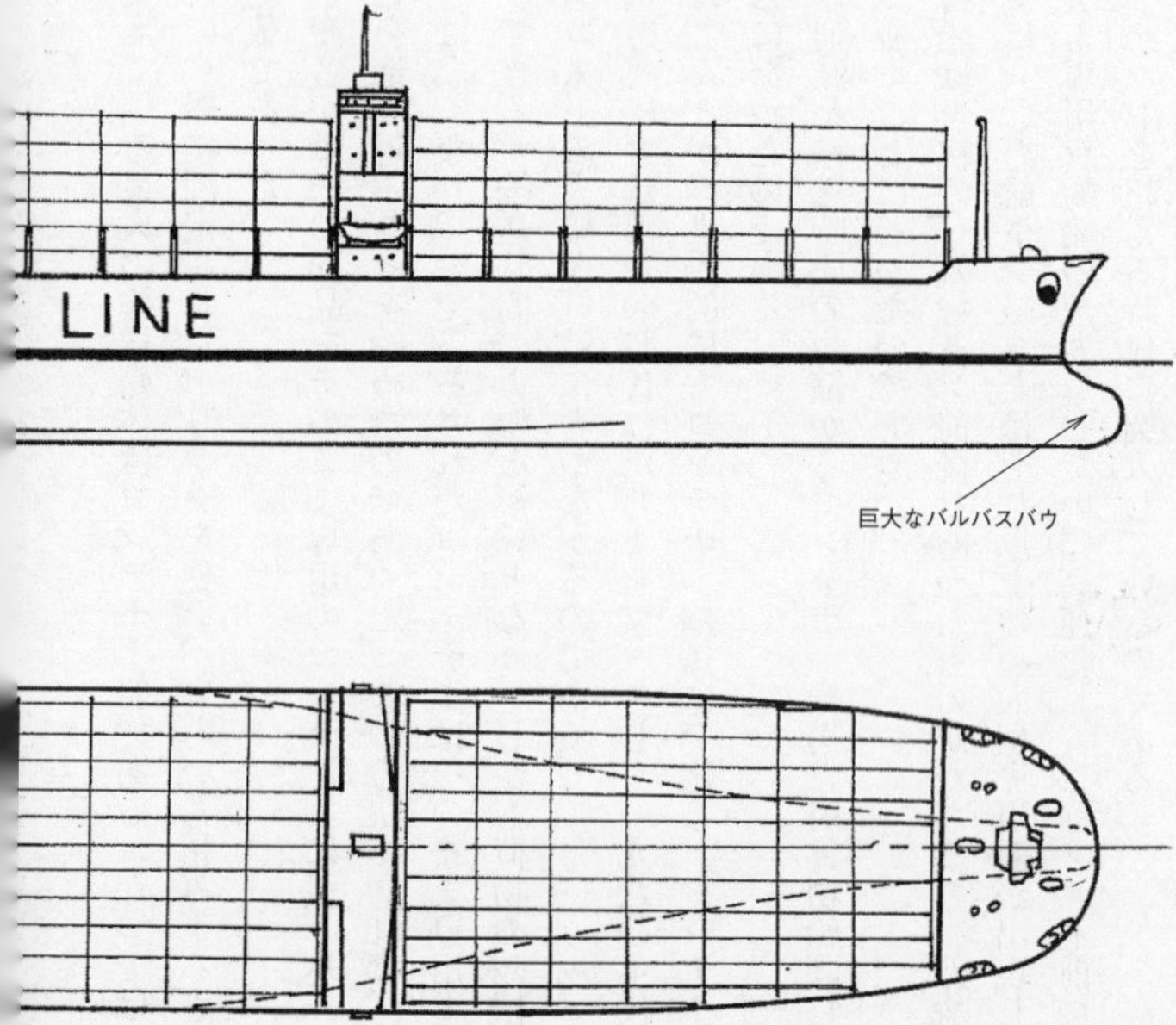

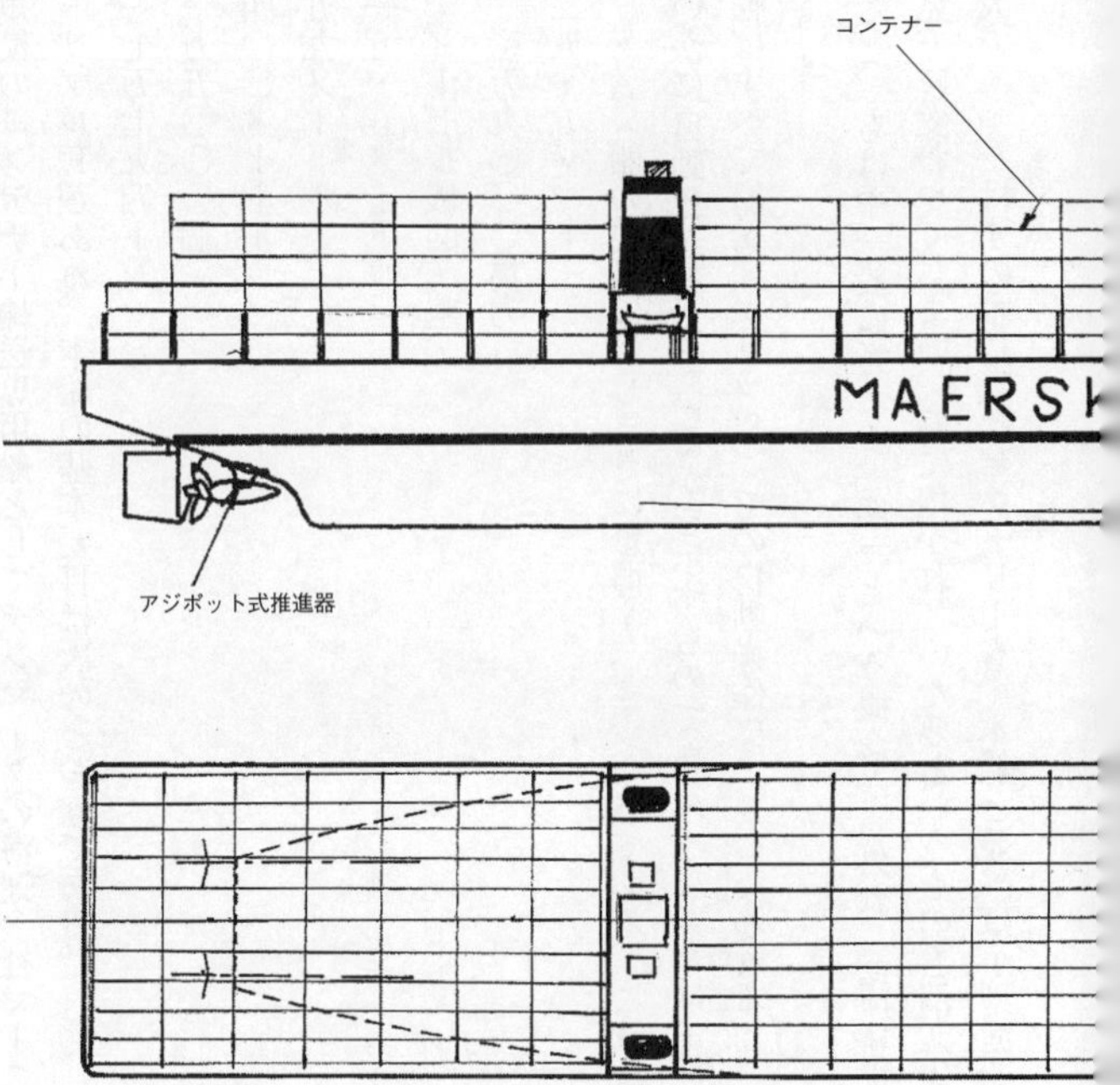
コンテナー
MAERSK
アジポット式推進器

さて現在世界最大規模のコンテナー輸送専用船としてデンマークの海運会社マースク・ライン社のマースク・トリプルEがある。本船の基本要目は次のとおりである。

総トン数　一七万七九四トン
コンテナー　一万五〇〇〇個
全長　四〇〇メートル
全幅　五九メートル
吃水　一五・五メートル
主機関　ディーゼル機関二基、
最大出力　一〇万九〇〇〇馬力
最高速力　二五・五ノット
乗組員　一三名（船の規模に対しまさに驚愕すべき少なさである。これは本船がいかに自動化が進んでいるかを示すものである。たとえば主機関の運転はすべて船橋〈ブリッジ〉での自動操作により行なわれる）。

この規模の船になると、もはや一般に考える「船」という概念から外れ、「海に浮かぶ巨大な建造物」という見方に変わってしまい、船に抱かれていた夢というものも消え失せてしまうほどである。巨大であったはずの木造戦艦ビクトリーも、本船と並べば小型漁船と思われるほどの小さなものになってしまうのである。

ロ、世界最大の油槽船

ノルウェー船籍のノック・ネヴィスは一九七九年に日本で建造された。本船は現在に至るまで世界最大規模の石油タンカーであるとともに、海上に浮かぶ「船」と呼ばれるものとしては世界で最大のものである。

ノック・ネヴィスの全長は四五八・五メートル、全幅は六八・八メートル、吃水は二四・六メートルに達する。そして吃水があまりにも深いので一般の港への寄港は不可能で、石油積み出し港と、日本の特定の港の間の石油輸送にしか使えない超・超巨大石油タンカーなのである。総トン数二六万八五二トンで、搭載石油量は約五六万トンに達するのである。本船の主機関は蒸気タービン機関が採用され、最大出力は五万馬力、航海速力は一五・三ノットとなっている。

本船の甲板面積はサッカーコート三面が優に準備できるほどの広さで、その巨大さがわかるのである。

船の規模の単位は、現在の艦艇や前世紀の帆船が排水量（排水トン）で示されているのに対し、十九世紀中頃から「商船」の規模を表わす数値として、世界的には総トン数が使われている。排水量（排水トン）とは、一定の容量の容器に水を一杯に張り、重さを測ろうとす

## 第53図　ノルウェー油槽船ノック・ネヴィス

全　　長　458.5m
全　　幅　68.80m
総トン数　260851 トン
載貨重量　564763 トン
主 機 関　蒸気タービン機関　1 基
最大出力　50000 馬力
航海速力　15.3 ノット

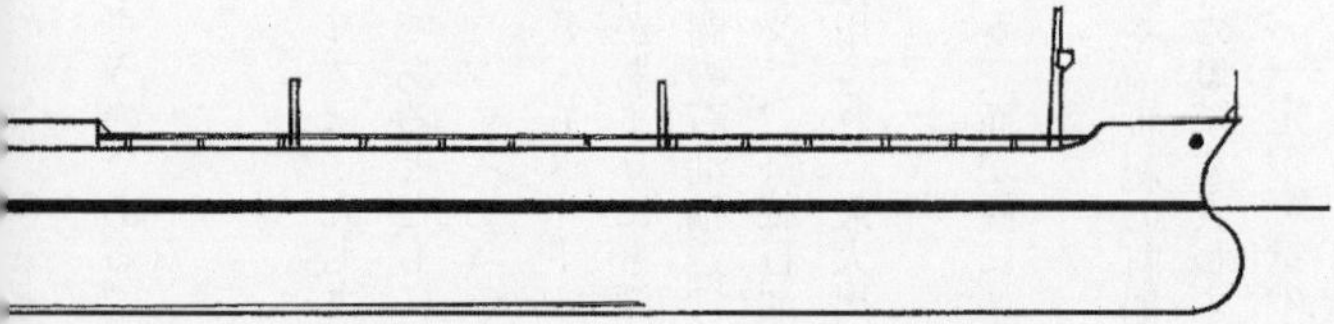

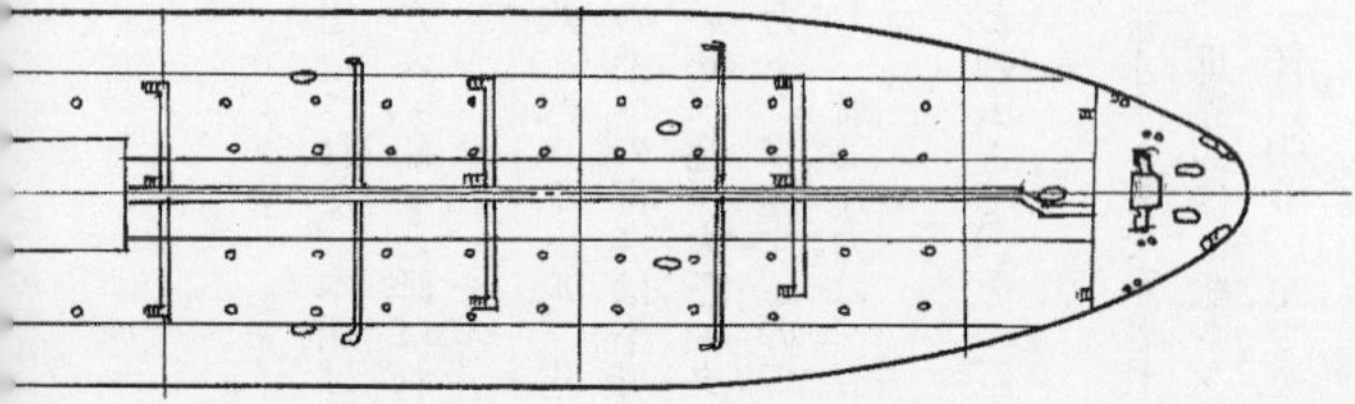

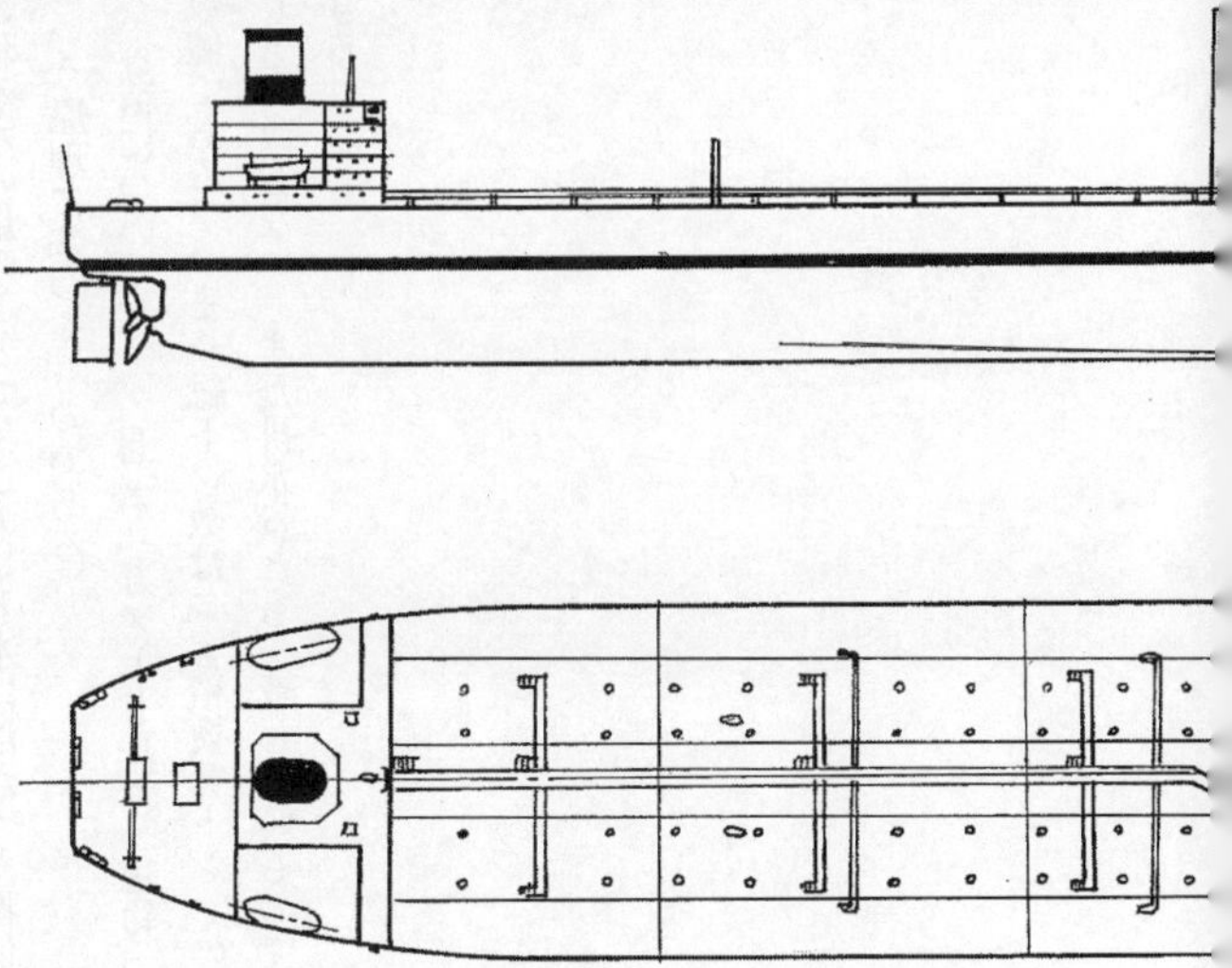

る物体を浮かべたときに排水される水の量のことで、この量と水に浮かべた物体の量が一致する（アルキメデスの原理）という原理に基づくものである。

一方総トン数とはその船の全容積について、二・七三立方メートル（一辺約一・四メートル）を一トンと換算して示す数値である。つまり総トン数は「容積換算トン」のことであり、実際のその船の重量とは必ずしも一致しない。また排水量とも一致しないものであるが、近似値として比較することはできる。

# 第八章　幻の巨大商船

客船オーシャニック

イギリスの大海運会社ホワイトスター・ライン社は、一九一一年から一九一五年にかけて四万総トン級の巨大客船オリンピック級三隻を建造した。巨額を投資して建造したこの三隻も、タイタニックを海難事故で失い、ブリタニックを戦禍で失い、同社の経営状況は極度に悪化した。

しかしホワイトスター・ライン社はこの三隻を建造中に、ドイツが五万総トン級の大型豪華客船三隻を建造する予定であるとの情報を入手していた。またライバルのキュナード・ライン社がモーリタニアやルシタニアを上回る高速巨大客船を建造する計画を持っているとの情報も得ていた。

ホワイトスター社は経営危機のなかで、一九二〇年に起死回生の対策としてドイツがすでに建造した五万総トン級客船（ファーテルラント級。戦後、イギリスとアメリカに戦争賠償品として無償供与）を上回る六万総トン級の大型客船の建造の計画作業を開始したのだ。そして一九二六年に設計を完了し、一九二八年には起工にこぎつけたのであった。船名はオーシャニックと命名された。

本船の規模はこのときまでに世界最大規模の船舶（客船）であった、ドイツのファーテルラント級を大幅に上回るものとなっていた。本船の基本要目は次のとおりであった。

総トン数　六万総トン
全長　三〇六メートル
全幅　三六・四メートル
主機関　ディーゼル・エレクトリック方式四基　四軸推進
最大出力　一六万馬力
最高速力　三〇ノット
旅客定員　各等合計二〇〇〇名

オーシャニックはその寸法からも、当時のいかなる軍艦よりも大型で、その主機関の出力も抜きんでた強大さであった。とくに本船で注目すべきものはその主機関にあった。

ディーゼル・エレクトリック機関とは、ディーゼル機関で発電機を作動させ、そこで発生する電力で電動機を作動させてスクリューを回転させるという方式の機関である。本型式の主機関は船の速力調整や機動・停止が容易であるという利点を持っている。また動力にディーゼル機関を使うために、蒸気タービン機関に比較し燃料の消費量が大幅に減少するという経済的な利点も持つのである。

ただ本船の場合、その規模があまりにも巨大であることに一抹の不安は存在した。一度に四七基のディーゼル機関を運転すること、さらに最大出力四万馬力を発揮する発電機四基を駆動させることに、未知の不安が存在したのだ。

とくにディーゼル機関が開発されてから日が浅い時期に、多数の大出力のディーゼル機関を船内で一気に稼働させるということは、まったくの未知への挑戦であり海運関係者は危惧の念をもって注目していたのである。また客船であるために四七基の大出力のディーゼル機関を最大出力で運転させることは、その騒音と船体に与える振動が大きな不安をもたらしたのである。現在のディーゼル機関でも、これだけ多数の機関の運転を一気に行なった場合には、その騒音と振動は計り知れないものがあるはずである。

オーシャニックの建造が開始されて一年後の一九二八年七月に、本船の建造は突然、中止された。この頃すでに世界的規模の経済恐慌が吹き荒れており、ホワイトスター・ライン社もそのあおりを受けていたのだ。同社は二隻の巨船の損失による財務的負担は、すでに同社の存続を危うくする状態になっており、起死回生の策といえどもオーシャニックの建造を続

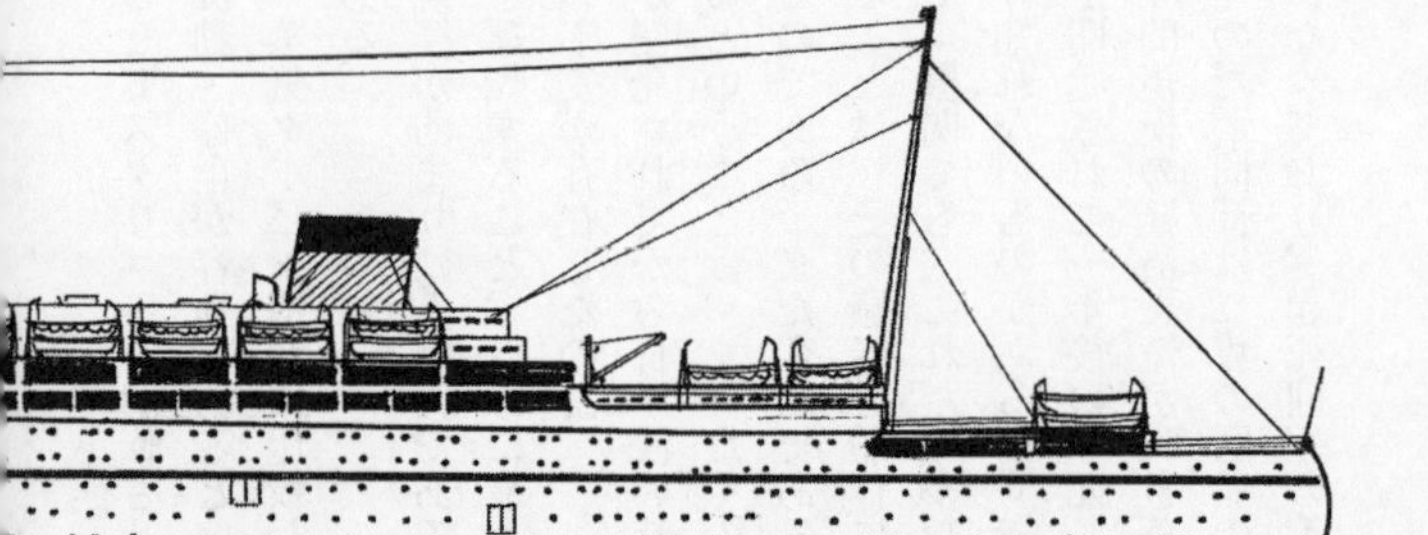

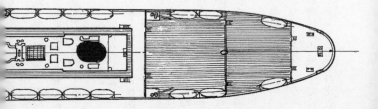

## 第54図　イギリス客船オーシャニック

全　　長　306.0m
全　　幅　36.4m
総トン数　60000トン
主機関　ディーゼルエレクトリック機関　4基
（4軸推進）
最大出力　160000馬力
最高速力　30ノット
乗客定員　各等合計2000名

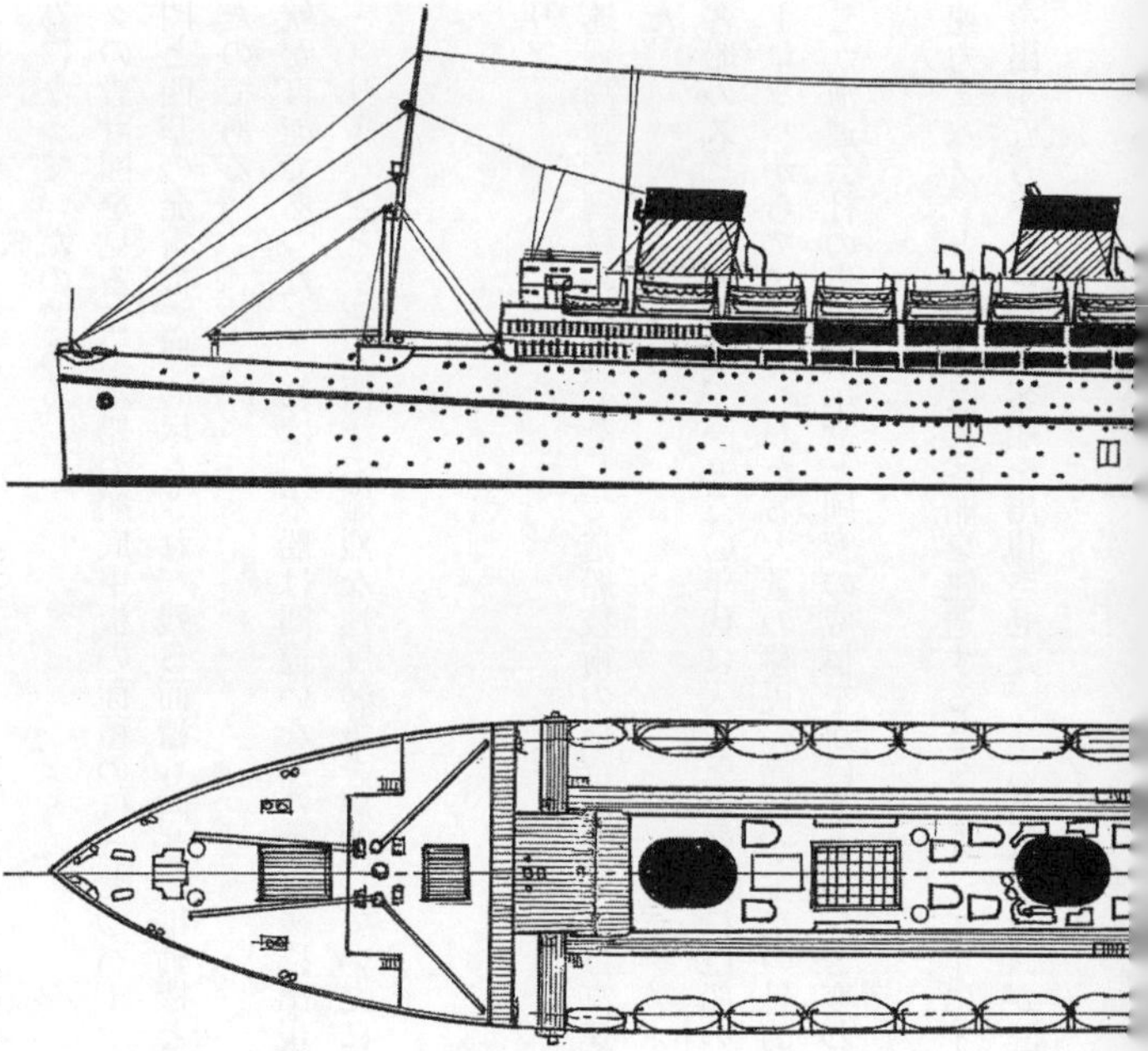

けることはもはや自殺行為になっていたのである。

今に残るオーシャニックの設計図を見ると、本船の船底甲板の面積のほぼ七〇パーセントは四七基のディーゼル機関と四基の発電機で埋め尽くされ、残る面積も四基の電動機とギヤボックスで占められていたのである。

本船が完成し順調な運航が可能であったとすれば、本船は間違いなくその直後に出現したノルマンジーやクイーン・メリーなどと、北大西洋で熾烈な速度競争を展開していたに違いないのだ。

客船アメリカとビクトリア

高出力の舶用機関の発達、高強度鋼材の出現、そして造船技術の飛躍的な発達は高速・巨大船舶の建造を可能にした。

北大西洋航路における客船のスピード競争は、一九三〇年代に入ると必然的に巨船の誕生につながっていった。ヨーロッパからアメリカへわたる大量の移民の輸送が本来の目的であった客船の建造が、いつしか海運会社の自己顕示欲と国家の威信をかけたものへと変わっていた。

ドイツが一九二九年に速力二八ノットを超す巨大客船を建造すると、一九三二年にイタリアが二九ノット台の速力を出す五万トンを超す客船を出現させた。するとフランスが三〇ノットの高速の七万総トン級の巨大客船を就航させた。ところがその翌年の一九三五年にはイギリスが満を持して、三一ノット、八万総トンという巨大客船を就航させ速度記録と巨大船の王者となった。

五万総トン級の巨船を就航させながらその後敗者の位置にあったドイツは、新興ナチス・ドイツの国威発揚の意味からも、是が非でもこの高速・巨大客船競争に勝利をつかみたかった。そこでナチス・ドイツは、とてつもない計画を実行に移そうとしたのである。

その巨船とは八万総トンで最高速力三七ノットという、巨大商船ではあり得ない駆逐艦並みの高速を発揮させようと、巨船開発プロジェクトチームをスタートさせたのだ。

本船の総トン数は八万トン、最大出力三〇万馬力という信じられない大馬力の機関で、最高速力三七ノットを出そうというのである。この発想は当時の船舶設計者にとってはまさに常識外の船なのである。

一九三七年当時の世界で最も速力の早い大型船舶は、総トン数換算で一万トン、速力三五〜三六ノットの巡洋艦であった。しかし巡洋艦や駆逐艦は確かに三五ノット以上の速力を出すことはできるが、それは戦闘時のわずかな時間の間のことで、この巨大客船のように数日間も連続で三七ノットの速力を出すことは、艦艇では搭載燃料量が限定されるために不可能なのだ。

三七ノットとは時速に換算して約六九・三キロである。海上が無風状態であっても船上で

第55図　ドイツ客船ビクトリア

全　　長　328.0m
全　　幅　34.0m
総トン数　80000トン
主 機 関　蒸気タービン機関　5基
　　　　　（5軸推進）
最大出力　300000馬力
最高速力　37ノット
乗客定員　各等合計1400名

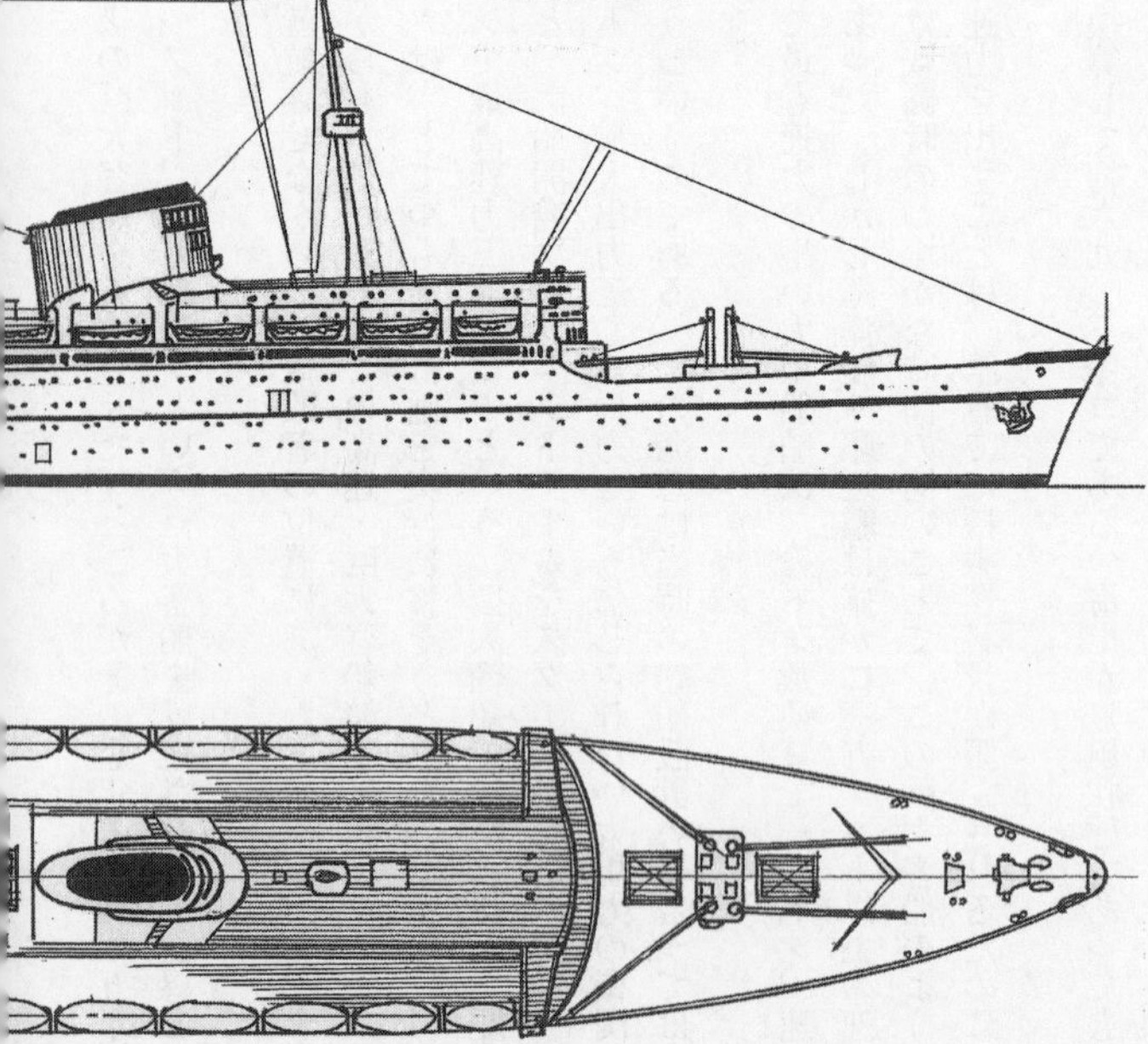

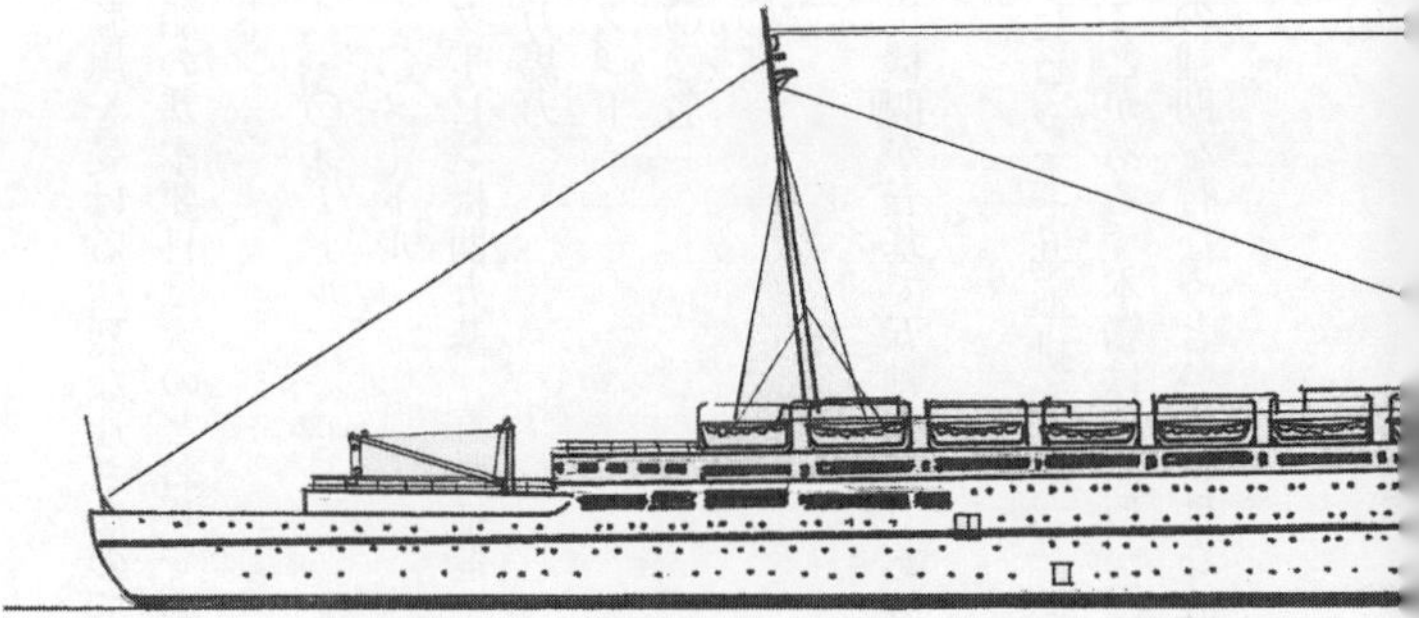

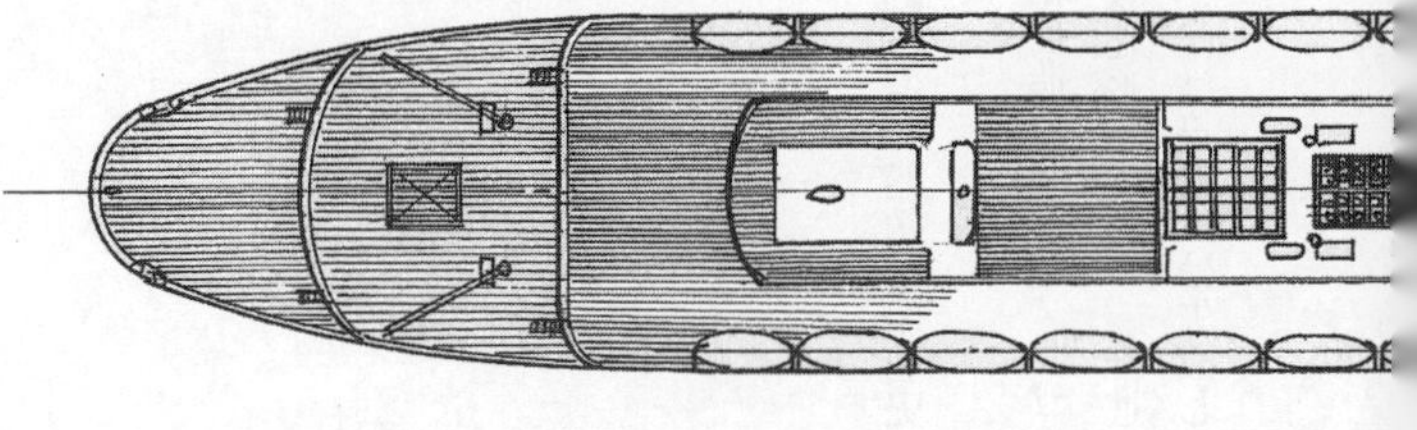

は秒速一九メートルの強風を受ける猛烈な速さなのである。

最終的に決定した本船の基本要目は次のとおりであった。

総トン数　八万トン
全長　三二八・〇メートル
全幅　三四・〇メートル
主機関　蒸気タービン機関五基　五軸推進
最大出力　三〇万馬力
最高速力　三七ノット
旅客定員　一四〇〇名
乗組員　五〇〇名

本船の最大の特徴は主機関が五基で五軸推進であることだ。五軸推進の船舶は船舶史上初めての例となる。

（注）一八八八年にロシアで基準排水量三五五〇トン、六軸推進の砲艦（ノブゴロド級）が建造されたことがある。本艦は平面型が円型という特殊な形状の船で、推進器の推力の強弱で操舵の補助を行なうという特殊な設計であったが、結果的には失敗した。

本船は北ドイツ・ロイト社の発注で、実質設計はドイツのデシマーク社が行なった。そして設計に際し船体の線型を決定するために、一九三八年五月に全長八六七二メートルという世界最大の水槽の建設に着手したのだ。

この二隻の巨船の船名はアメリカとビクトリアと決まっていた。しかし第二次世界大戦の勃発により本船の建造計画は一時中断、という決定が下されたのである。そしてその後の推移から本船を建造する夢は永遠に閉ざされることになった。

仮に本船が完成していれば、イギリスのクイーン・メリーもクイーン・エリザベスも、フランスのノルマンジーもその速力は軽く抜き去られることになっていたのである。そして大戦後にアメリカが建造した五万総トン級の最速の巨大客船ユナイテッド・ステーツと、抜きつ抜かれつの速度競争が展開されていたかもしれないのである。

本船については完成予想の側面図だけが知られている。

客船プレジデント・ワシントン

アメリカの巨大客船の建造の歴史は浅い。アメリカ最初の大型客船といえる船は、一九三二年に大西洋横断航路用に建造された二万四〇〇〇総トンのマンハッタン級である。その後、第二次世界大戦勃発直前に三万四〇〇〇総トン級の客船アメリカが建造されたのが最大であった。

戦争終結後の一九五七年に、アメリカのユナイテッドステーツ・ライン社が北大西洋航路用の五万総トン級の大型客船を建造し、最高速力じつに三八・八ノット（時速七一・八キロ）という商船としての最高速度記録を樹立した。しかし北大西洋の客船の速度記録はすでに過去のものとなり、世界の海運会社の興味を惹くものとはなっていなかったのだ。北大西洋航路の速度記録に一度も挑戦できなかったアメリカの、一つの「意地」の現われであったといえるものであった。

アメリカは太平洋横断の航空輸送がまだ未発達であった一九五〇年代に、大型客船による太平洋横断記録を樹立すべく巨大高速客船の建造を手掛けたのであった。建造を計画したのは戦前より北太平洋航路に多くの商船を配船していたプレジデント・ライン社で、アメリカの民間商船に関わるすべての行政をつかさどるアメリカ海事委員会がこれに協力したのであった。

建造が計画された巨大客船は総トン数四万トン台とされた。船名はプレジデント・ワシントンである。太平洋航路ではこれまで就航したことがない規模の巨大客船であった。この客船のアウトラインは次のとおりである。

総トン数　四万三〇〇〇トン
全長　二九一・四メートル
全幅　三二・四メートル

主機関　　蒸気タービン機関四基　四軸推進
最大出力　一五万馬力
最高速力　二九ノット
旅客定員　一四五〇名

本船の船体の縦横比率は八・九九と、大型客船としては巡洋艦並みに極めて細長い船体で、高速力が期待され、三〇ノットに達することも予想されたのである。

しかし本船は建造されることはなかった。大型旅客機によるノンストップの太平洋横断の時代はすでに目前に迫っていたのである。


一九六〇年代に建造が計画された日本の巨大客船

日本が建造を計画した幻の巨大客船といえば、一九四〇年まで建造が進められていた、北太平洋航路用の総トン数二万七五〇〇トンの橿原丸と出雲丸である。この二隻は建造途中で航空母艦「隼鷹」と「飛鷹」に改造され、日本海軍の航空戦力の中心として活躍したことは承知のとおりである。

その後戦後になっても新しい巨大客船の建造の計画は日本にはまったくなかった。海外渡航旅客の輸送も、すでに客船から航空機の時代に移行しつつあったためでもあった。

第56図　幻に終わった日本の巨大客船完成予想図

全　　長　220m
全　　幅　28m
総トン数　32400トン
主 機 関　蒸気タービン機関　2基
最大出力　61000馬力
最高速力　24ノット
旅客定員　各等合計1200名

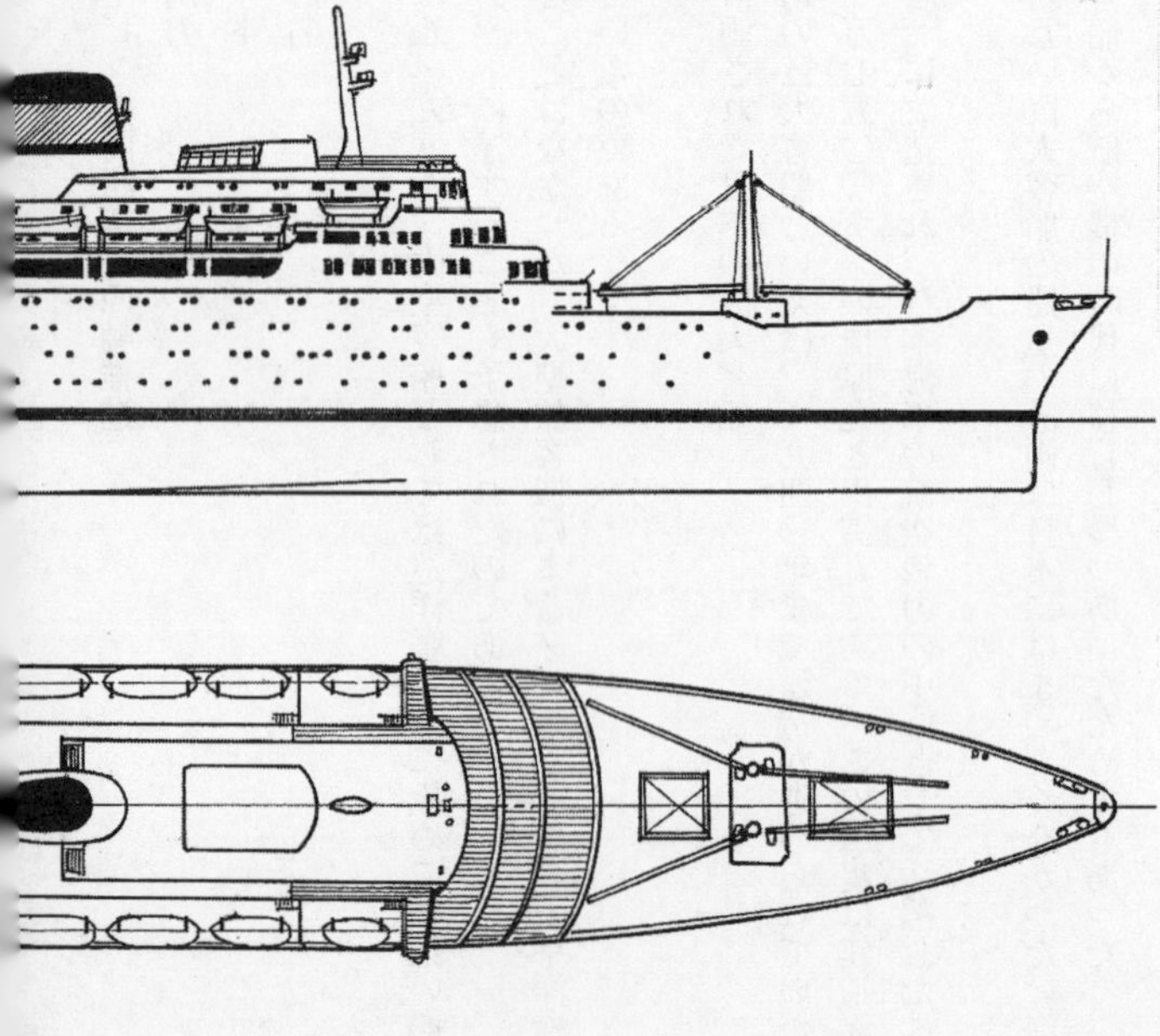

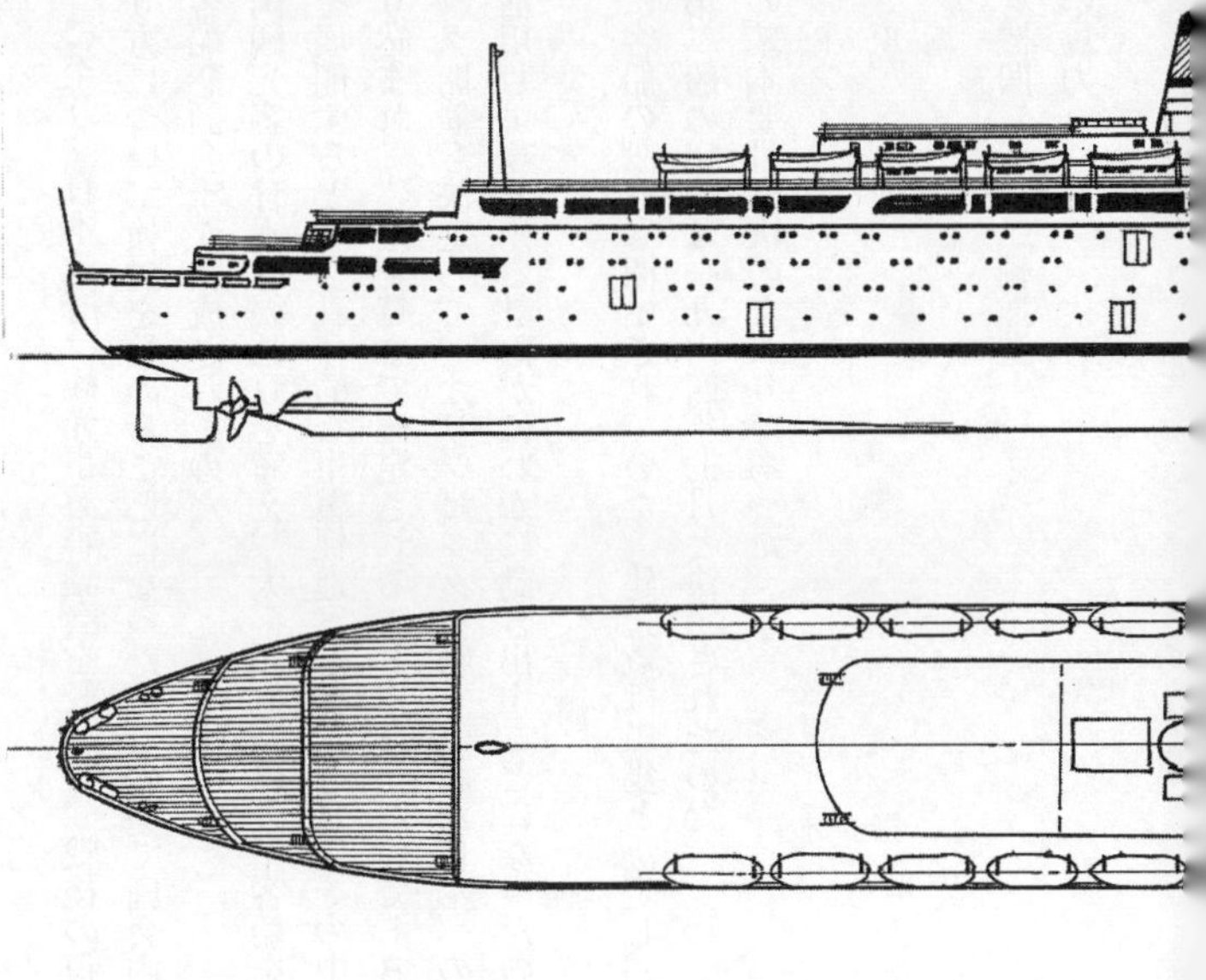

一九五三年（昭和二十八年）に至り、日本政府は観光事業審議会を設立し、戦後の復興にともなう観光事業の今後の在り方について検討を始めることになった。この中で国会内には超党派で組織された「太平洋客船懇話会」が結成されたのだ。

この懇話会が中心となり外国観光客の日本への誘致を考え、太平洋航路に大型客船を配置し、積極的な観光客誘致事業を展開するという具体的な事業促進案が採択され、その中に大型客船の建造計画が正式に盛り込まれ、建造予算まで確定されることになったのである。ときあたかも東京でのオリンピック開催も決定して、オリンピック見物を兼ねた日本への観光客輸送にこの客船を最大限に活用しようとする計画がにわかに動き出すことになったのである。

一九五八年の段階ではすでに客船の設計も開始されていた。建造数は二隻と決定し、第一船の完成は一九六三年七月、第二船の完成は一九六四年七月と決定されたのだ。

計画されたこの二隻の客船の基本要目は次のとおりであった。

| | |
|---|---|
| 総トン数 | 三万二四〇〇トン |
| 全長 | 二二〇メートル |
| 全幅 | 二八メートル |
| 主機関 | 蒸気タービン機関二基　二軸推進 |
| 最大出力 | 六万一〇〇〇馬力 |

最高速力　　二四ノット
旅客定員　　各等合計一二〇〇名

本船の基本図面も完成し、起工まぢかの一九五九年九月、日本は史上最大級の規模の台風（伊勢湾台風）の来襲を受けた。被害状況は日本の災害史上最悪となった。

政府はこの台風の災害復旧に最大限の予算をつぎ込むことにしたが、このために巨大客船の建造に予定されていた予算は消え去り、二隻の巨大客船も自然消滅となったのである。

# あとがき

葦の船から巨大オイルタンカーに発展するまでに約六〇〇〇年の時間が流れているが、舟が船となりしだいに大型化してゆくのは、この五〇〇年の間と言ってよさそうである。しかし本格的な船の巨大化はこの一〇〇年の間に起きているのである。

船を造る材料が木材しかなかった時代から鉄、さらには鉄鋼の時代に入ると、ほぼ同時に発明された蒸気機関の発達とともに船の大型化は急速に進んだ。

船の大型化はまず軍艦から始まったといえよう。国家の存続を海上の覇権にかけるために、軍艦は各国が競って大型化してゆくことになった。敵に打ち勝つためにはより大型の艦を造り、より強力な大砲をしかも多数搭載しなければならない。軍艦が大型化してゆくのは当然であった。大砲の口径は三〇センチから四〇センチ、さらに五〇センチへと巨大化した。より強力な大砲を多数搭載する戦艦を多数保有することが最強国家の象徴である。「大艦巨砲主義」の到来である。

しかしこの構想も航空機の驚異的な発達の下にもろくも崩れ去った。巨大戦艦は無用の長物となり果てたのである。現代の巨大艦船の代表は航空母艦でありオイルタンカーであり、海上コンテナー運搬船であり、レジャーの極致であるクルーズのための巨大客船である。

しかし急速な発展を遂げる世の中ではこれらの巨大艦船もいつかは歴史の中に埋没されてしまうかもしれないのだ。次に現われる巨大船舶は何か。人口の急速な増加に備えた「動く巨大マンション」としての船。環境保全のために海上に造り出す様々な工場施設を搭載したプラント船かもしれない。さらには動く空港としての超々巨大船も登場するかもしれない。船の巨大化は今後も続くであろう。そこには奇想天外な巨大船も出現するかもしれないのだ。船の世界にはつねに夢が存在するものである。

参考文献＊『帆船（万有ガイドシリーズ・11）』学館＊『戦艦（万有ガイドシリーズ・32）』小学館＊『航空母艦（万有ガイドシリーズ・24）』小学館＊杉浦昭典『帆船』舟艇協会出版部＊三浦昭男『北太平洋定期客船史』出版共同社＊『未完成艦名鑑（1906～1945）光栄＊L.PAINE『SHIPS of the WORLD an HISTORICAL ENCYCLOPEDIA』CONWAY＊『THE GUINESS BOOK of SHIPS and SHIPPING』GUINESS＊W. H. MILLER『GERMAN OCEAN LINERS of the 20th CENTURY』PSL＊『BATTLE SHIPS』NAVAL INSTITUTE PRESS＊『BATTLESHIPS of the U.S.NAVY in WW II』BONANZA＊『THE ENCYCLOPEDIA OF SHIPS』SB＊H.B.CALVER『THE BOOK OF OLD SHIPS FROM EGYPTIAN GALLEYS TO CLIPPERSHIPS』＊L.DUNN『MERCHANTSHIPS of the WORLD（1910～1929）』BLANDFORD＊『KDF SCHIF UND NEUBAUTEN PROJEKTE (AMERICA UND VIKTORIA)』

ＮＦ文庫書き下ろし作品

NF文庫

巨大艦船物語

二〇一八年一月二十二日　第一刷発行

著　者　大内建二

発行者　皆川豪志

発行所　株式会社　潮書房光人新社

〒100-8077　東京都千代田区大手町一-七-二

電話／〇三-六二八一-九八九一(代)

印刷・製本　モリモト印刷株式会社

定価はカバーに表示してあります

乱丁・落丁のものはお取りかえ致します。本文は中性紙を使用

ISBN978-4-7698-3046-7　C0195

http://www.kojinsha.co.jp

NF文庫

## 刊行のことば

第二次世界大戦の戦火が熄《や》んで五〇年——その間、小社は夥しい数の戦争の記録を渉猟し、発掘し、常に公正なる立場を貫いて書誌とし、大方の絶讃を博して今日に及ぶが、その源は、散華された世代への熱き思い入れであり、同時に、その記録を誌して平和の礎とし、後世に伝えんとするにある。

小社の出版物は、戦記、伝記、文学、エッセイ、写真集、その他、すでに一、〇〇〇点を越え、加えて戦後五〇年になんなんとするを契機として、「光人社NF（ノンフィクション）文庫」を創刊して、読者諸賢の熱烈要望におこたえする次第である。人生のバイブルとして、心弱きときの活性の糧《かて》として、散華の世代からの感動の肉声に、あなたもぜひ、耳を傾けて下さい。